从0到1

微视频版

HTML+CSS+JavaScript
快速上手

莫振杰 著

人民邮电出版社
北京

图书在版编目（CIP）数据

从0到1：HTML+CSS+JavaScript快速上手 / 莫振杰著. -- 北京：人民邮电出版社，2019.12
ISBN 978-7-115-51974-0

Ⅰ．①从… Ⅱ．①莫… Ⅲ．①超文本标记语言—程序设计②网页制作工具③JAVA语言—程序设计 Ⅳ．①TP312.8②TP393.092.2

中国版本图书馆CIP数据核字(2019)第201909号

内 容 提 要

作者根据自己多年的前后端开发经验，站在完全零基础读者的角度，详尽介绍了 HTML、CSS 和 JavaScript 的基础知识，以及大量的开发技巧。

全书分为三大部分：第一部分是 HTML 基础，主要介绍各种标签的使用；第二部分是 CSS 基础，主要介绍样式布局操作；第三部分是 JavaScript 基础，主要介绍 JavaScript 语法基础的核心技术。对于书中每一章，作者还结合实际工作及前端面试，精心挑选了大量高质量的练习题，读者可以边学边练，以更好地掌握本书内容。

本书为每一节内容录制了高质量的视频课，并配备了所有案例的源码。此外，为了方便高校老师教学，本书还提供了配套的 PPT 课件。本书适合完全零基础的初学者使用，可以作为前端开发人员的参考书，也可以作为大中专院校相关专业的教学参考书。

◆ 著　　　莫振杰

责任编辑　俞　彬

责任印制　马振武

◆ 人民邮电出版社出版发行　　北京市丰台区成寿寺路 11 号
邮编 100164　电子邮件 315@ptpress.com.cn
网址 http://www.ptpress.com.cn
固安县铭成印刷有限公司印刷

◆ 开本：787×1092　1/16
印张：36.5　　　　　　　2019 年 12 月第 1 版
字数：1005 千字　　　　2025 年 3 月河北第 22 次印刷

定价：79.80 元

读者服务热线：(010)81055410　印装质量热线：(010)81055316
反盗版热线：(010)81055315

如果你想要快速上手前端开发，又岂能错过"从 0 到 1"系列？

这是一本非常有个性的书，学起来非常轻松！当初看到这本书时，我们很惊喜，简直像是发现了新大陆。

你随手翻几页，就能看出来作者真的是用"心"去写的。

作为忠实的读者，很幸运能够参与本书的审稿及设计。事实上，对于这样一本难得的好书，相信你看了之后，也会非常乐意帮忙将它完善得更好。

————五叶草团队

前言

　　一本好书不仅可以让读者学得轻松，更重要的是可以让读者少走弯路。如果你需要的不是大而全，而是恰到好处的前端开发教程，那么不妨试着看一下这本书。

　　本书和"从 0 到 1"系列中的其他图书，大多都是源于我在绿叶学习网分享的超人气在线教程。由于教程的风格独一无二、质量很高，因而累计获得超过 100000 读者的支持。更可喜的是，我收到过几百封的感谢邮件，大多来自初学者、已经工作的前端工程师，还有不少高校老师。

　　我从开始接触前端开发时，就在记录作为初学者所遇到的各种问题。因此，我非常了解初学者的心态和困惑，也非常清楚初学者应该怎样才能快速而无阻碍地学会前端开发。我用心总结了自己多年的学习和前端开发经验，完全站在初学者的角度而不是已经学会的角度来编写本书。我相信，本书会非常适合零基础的读者轻松地、循序渐进地展开学习。

　　之前，我问过很多小伙伴，看"从 0 到 1"这个系列图书时是什么感觉。有人回答说："初恋般的感觉。"或许，本书不一定十全十美，但是肯定会让你有初恋般的怦然心动。

配套习题

　　每章后面都有习题，这是我和一些有经验的前端工程师精心挑选、设计的，有些来自实际的前端开发工作和面试题。希望小伙伴们能认真完成每章练习，及时演练、巩固所学知识点。习题答案放于本书的配套资源中，具体下载方式见下文。

配套视频课程

　　为了更好地帮助零基础的小伙伴快速上手，全书每一节都录制了配套的高质量视频，小伙伴们可扫描书中相应位置二维码观看。

配套网站

　　绿叶学习网（www.lvyestudy.com）是我开发的一个开源技术网站，该网站不仅可以为大家提供丰富的学习资源，还为大家提供了一个高质量的学习交流平台，上面有非常多的技术"大牛"。小伙伴们有任何技术问题都可以在网站上讨论、交流，也可以加 QQ 群讨论交流：519225291、593173594（只能加一个 QQ 群）。

配套资源下载及使用说明

　　本书的配套资源包括习题答案、源码文件、配套 PPT 教学课件。扫描下方二维码，关注微信公众号"职场研究社"并回复"51974"，即可获得资源下载方式。

职场研究社

特别鸣谢

　　本书的编写得到了很多人的帮助。首先要感谢人民邮电出版社的赵轩编辑和罗芬编辑，有他们的帮助本书才得以顺利出版。

　　感谢五叶草团队的一路陪伴，感谢韦雪芳、陈志东、秦佳、程紫梦、莫振浩，他们花费了大量时间对本书进行细致的审阅，并给出了诸多非常棒的建议。

　　最后要感谢我的挚友郭玉萍，她为"从 0 到 1"系列图书提供了很多帮助。在人生的很多事情上，她也一直在鼓励和支持着我。认识这个朋友，也是我这几年中特别幸运的事。

　　由于水平有限，书中难免存在不足之处。小伙伴们如果遇到问题或有任何意见和建议，可以发送电子邮件至 lvyestudy@foxmail.com，与我交流。此外，也可以访问绿叶学习网（www.lvyestudy.com），了解更多前端开发的相关知识。

作者

目录

第一部分 HTML 基础

第二部分　CSS 基础

第三部分　JavaScript 基础

第一部分
HTML 基础

第 1 章
HTML 简介

1.1 前端技术简介

在学习 HTML 之前,我们先来讲一下网站开发的基础知识。了解这些基础知识,对于你的网站开发学习之路是非常重要的。这不但能让你知道该学什么以及如何学,也能让你少走很多弯路。

1.1.1 从"网页制作"到"前端开发"

1. Web 1.0 时代的"网页制作"

网页制作是 Web 1.0 时代(即 2005 年之前)的产物,那个时候的网页主要是静态页面。所谓的静态页面,指的是仅仅供用户浏览而无法与服务器进行数据交互的页面。例如,一篇博文,就是一个展示性的静态网页。

在 Web 1.0 时代,用户能够做的唯一一件事就是浏览这个网页的文字和图片。用户只能浏览网页,却不能在网页上发布评论或交流(与服务器进行数据交互)。现在在网页上发布评论早已司空见惯,而在很多年前的 Web 1.0 时代的网站中,是极其少见的。

估计很多小伙伴都听过"网页三剑客",这个组合就是 Web 1.0 时代的网站开发工具。网页三剑客指的是"Dreamweaver、Fireworks、Flash"这 3 款软件,如图 1-1 所示。

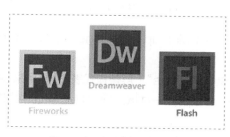

图 1-1 网页制作"旧三剑客"

2．Web 2.0 时代的"前端开发"

现在常说的"前端开发"是从"网页制作"演变而来的。互联网于十多年前进入了 Web 2.0 时代，在 Web 2.0 时代，网页分为两种：一种是"静态页面"，另一种是"动态页面"。

静态页面仅可供用户浏览，不具备与服务器交互的功能。而动态页面不仅可以供用户浏览，还可以与服务器进行交互。换句话说，动态页面是在静态页面的基础上增加了与服务器交互的功能。举个简单的例子，如果你想登录 QQ 邮箱，就得输入账号和密码，然后单击"登录"按钮，这样服务器会对你的账号和密码进行验证，成功后才可以登录。

在 Web 2.0 时代，如果仅使用"网页三剑客"来做开发，是不能满足大量数据交互开发需求的。现在我们所说的"页面开发"，无论是从开发难度，还是开发方式上，都更接近传统的网站后台开发。因此，我们不再叫"网页制作"，而是叫"前端开发"。对于处于 Web 2.0 时代的你，如果要学习网站开发技术，就不要再相信所谓的"网页三剑客"了，因为这个组合已经是上一个互联网时代的产物了。此外，这个组合开发出来的网站，其问题也非常多，如代码冗余、可读性差、维护困难等。

1.1.2　从"前端开发"到"后端开发"

1．前端开发

既然所谓的"网页三剑客"已经满足不了现在的前端开发需求，那么我们现在究竟要学习哪些技术呢？

对于前端开发来说，最核心的 3 个技术分别是 HTML、CSS 和 JavaScript（简称 JS），也叫"新三剑客"，如图 1-2 所示。

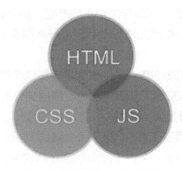

图 1-2　前端开发"新三剑客"

HTML，全称是"Hyper Text Markup Language"（超文本标记语言），HTML 是一门描述性语言。

CSS，即"Cascading Style Sheets"（层叠样式表），是用来控制网页外观的一种技术。

JavaScript 是什么？ JavaScript 是一种嵌入到 HTML 页面中的脚本语言，由浏览器一边解释一边执行。

现在，我们知道了前端最核心的 3 个技术是 HTML、CSS 和 JavaScript。它们三者有什么区别呢？

"HTML用于控制网页的结构，CSS用于控制网页的外观，而JavaScript控制着网页的行为。"

给大家打个比方加以说明，制作网页就好像是盖房子，盖房子的时候，我们都是先把结构建好（HTML）。之后，再给房子装修（CSS），例如，给窗户装上窗帘、在地板上铺瓷砖。装修好之后，当夜幕降临之时，我们要开灯（JavaScript）才能把屋子照亮。

我们再回到实际的例子中去，看一下绿叶学习网（本书配套网站）的导航栏。"前端入门"这一栏目具有以下4个基本特点。

- ▶ 字体类型是微软雅黑。
- ▶ 字体大小是14px。
- ▶ 背景颜色是淡绿色。
- ▶ 鼠标移到上面，背景色变成蓝色。

小伙伴们可能会疑惑：这些效果是怎么做出来的呢？其实思路与"盖房子"是一样的。我们先用HTML来搭建网页的结构，在默认情况下，字体类型、字体大小、背景颜色如图1-3所示。

前端技术

图1-3　默认外观

然后，我们使用CSS来修饰一下字体类型、字体大小和背景颜色，如图1-4所示。

前端入门

图1-4　使用CSS进行修饰

最后，再使用JavaScript来定义鼠标的行为，当鼠标移到上面时，背景颜色会变成蓝色，最终效果如图1-5所示。

图1-5　加入JavaScript

到这里，大家应该都知道一个缤纷绚丽的网页是怎么做出来的了吧？理解这个过程，对于后面的学习非常重要。

对于前端开发来说，即使你精通HTML、CSS和JavaScript，也称不上是一位真正的前端工程师。除了上述3种技术，我们还得学习一些其他技术，如jQuery、Vue.js、SEO和性能优化等。建议小伙伴们把HTML、CSS和JavaScript学好之后，再慢慢去接触这些技术。

2. 后端开发

掌握了前端技术，差不多你就可以开发一个属于自己的网站了。不过这个时候做出来的是一个静态网站，它的唯一功能是供用户浏览，而不能与服务器进行交互。在静态网站中，用户能做的事情是非常少的。因此，如果想开发一个用户体验更好、功能更强大的网站，我们就必须学习一些后端技术。

那后端技术又是什么样的技术呢？举个简单的例子，很多网站都有注册功能，只有用户注册之后，才具有某些权限。例如，你要使用 QQ 空间，就得注册一个 QQ 才能使用。这个注册以及登录的功能就是用后端技术做的。又如你在淘宝上可以轻松方便地购物，这些功能依靠后端技术处理才能实现。下面给大家介绍几种常见的后端技术。

PHP，是较为通用的开源脚本语言之一，其语法吸收了 C、Java 和 Perl 语言的特点，使用广泛，易于学习，适用于 Web 开发领域。

JSP，有点类似 ASP 技术，它可以在传统的网页 HTML 文件中插入 Java 程序段（Scriptlet）和 JSP 标记（tag），从而形成 JSP 文件。用 JSP 开发的 Web 应用是跨平台的，既可以在 Windows 系统下运行，也能在其他操作系统（如 Linux）上运行。

ASP.NET，其前身就是我们常说的 ASP 技术，像绿叶学习网，就是使用 ASP.NET 开发的。

此外，很多人认为"网站就是很多网页的集合"，其实这个理解是不太恰当的。准确地说，网站是前端与后端的结合。

1.1.3　学习路线

与 Web 开发相关的技术实在太多了，很多小伙伴完全不知道怎么入门。即使上网问别人，得到的回答也是五花八门，令人十分困惑。下面是我们推荐的学习路线。

```
HTML→CSS→JavaScript→jQuery→HTML5→CSS3→ES6→移动Web→Vue.js
```

这是一条比较理想的前端开发的学习路线。除了掌握这些技术，后期我们可能还需要学习使用一些前端构建工具，如 webpack、gulp 和 babel 等。学完并且能够熟练使用之后，你才算是一位真正意义上的前端工程师。针对这条路线，我们为小伙伴们打造了这套"从 0 到 1"系列图书。

在 HTML 刚入门的时候，你不一定要把 HTML 学精通了再去学 CSS（这也不可能），这是一种最笨也是最浪费时间的学习模式。对于初学者来说，千万别想着精通了一门技术，再去精通另一门技术。在 Web 领域，不少技术之间都有着交叉关系，只有"通"十行才可能做到"精"一行。

如果你走别的路线，可能会走很多弯路。这条路线是我从初学前端，到开发了各种类型的网站以及写了十多个在线技术教程和多本书籍的经验总结。当然，这条路线只是一个建议，并非是一个强制性要求。

接下来，就让我们迈入前端开发学习的第一步——HTML 入门。

1.2　什么是 HTML

HTML 全称是"Hyper Text Markup Language（超文本标记语言）"，是网页的标准语言。HTML 并不是一门编程语言，而是一门描述性的标记语言。

▶ 语法

<标签符>内容</标签符>

▶ 说明

标签符一般都是成对出现的，包含一个"开始符号"和一个"结束符号"。结束符号只是在开始符号前面多加了一条斜杠"/"。当浏览器收到 HTML 文本后，就会解析里面的标签符，然后把标签符对应的功能表达出来。

举个例子，我们一般用"<em> 绿叶学习网 </em>"来定义文字为斜体。当浏览器遇到标签对时，就会把标签中的文字用斜体显示出来。

<em>绿叶学习网</em>

当浏览器遇到上面这行代码时，就会得到图 1-6 所示的斜体文字效果。

图 1-6　浏览器解析后的效果

那么学习 HTML 究竟要学些什么呢？用一句简单的话来说，就是学习各种标签，来搭建网页的"骨架"。在 HTML 中，标签有很多种，如文字标签、图片标签、表单标签等。

HTML 是一门描述性的语言，就是用标签来说话。举个例子，如果你要在浏览器显示一段文字，就应该使用"段落标签（p）"；如果要在浏览器显示一张图片，就应该使用"图片标签（img)"。你想显示的东西不同，使用的标签也会不同。

总而言之，学习 HTML 就是学习各种各样的标签，然后针对你想显示的东西，对应地使用正确的标签，非常简单。

此外，很多时候，我们也把"标签"说成"元素"，如把"p 标签"说成"p 元素"。标签和元素，其实说的是一个意思，仅仅是叫法不同罢了。不过"标签"的叫法更加形象，它说明了 HTML 是用来"标记"的，用来标记这是一段文字还是一张图片，从而让浏览器将代码解释成页面效果呈现给用户。

1.3 常见问题

1. HTML 的学习门槛高吗？

学习 HTML 不需要任何编程基础，即使是小学生也可以学。当年我读大学的时候，讲计算机网络这门课的教授就说，他见过有些小学生都会做网页了！而我那时候都不知道什么是 HTML。

后来自己接触了很多前端知识后，才明白大学为什么很少涉及 HTML、CSS 这些课程。因为这些东西是非常简单的。不要抱怨自己学不会，那是因为你没有足够用心。

图 1-7　让人不得不服的《宝宝的网页设计》

2．学完这本书，要花多少时间？我能达到什么水平？

即使没有基础，只要认真学，一周就可以入门了。当然，仅仅学完这个教程，也只是入门程度，只能制作一些简单的网页。如果想要达到实际工作的水平，我们还需要学习 CSS 进阶的内容才行。

3．书中每一章后面的习题有必要做吗？

必须要做！这本书中每一章后面的练习题都是我与其他几个前端工程师精心挑选和设计出来的，这些习题来自于真正的前端开发工作，甚至不少还是面试题。希望小伙伴们认真把每一道题都做一遍。

4．现在都有 HTML5 了，为什么还要学 HTML 呢？

HTML 是从 HTML4.01 升级到 HTML5 的。我们常说的 HTML，指的是 HTML4.01，而 HTML5 一般指的是相对于 HTML4.01"新增加的内容"，并不是指 HTML4.01 被淘汰了。准确地说，你要学的 HTML，其实是 HTML4.01 加上 HTML5。

市面上的很多技术图书，都把"HTML5+CSS3+JavaScript"放到一本书里面介绍，其实这是误人子弟的做法。因为 5 本书都不可能把这些技术介绍完整，更不用说一本就能让你从入门到精通了。

之前好多小伙伴以为只要学 HTML5 就行了，没必要再去学 HTML。殊不知没有 HTML 基础，你是学不懂 HTML5 的。

5．如果我想达到真正的前端工程师水平，还要继续学习哪些内容呢？

可以看一下"从 0 到 1"系列的其他图书，这个系列的所有图书都是我一人"操刀"。本书只是一个入门篇，如果想要达到真正工作的水平，大家接下来应该学习 jQuery、HTML5、CSS3、ES6、Vue.js 等。

最后还有一点要说明，之前有些人问："为什么不把入门和进阶的内容都放到一本书里面？"。其实这样也是为了让大家有一个循序渐进的学习过程。

第 2 章

开发工具

2.1 开发工具

目前，前端开发工具非常多，如 Dreamweaver、Sublime Text、Atom、HBuilder、Vscode 等。对于有经验的开发者来说，使用哪一款工具都可以。不过对于完全没有基础的小伙伴，推荐使用 HBuilder。

这里有个情况有必要跟初学者说明一下。如果选择了 Dreamweaver 作为开发工具，一定不要使用它的界面操作的方式来开发网页，如图 2-1 所示，这种开发方式已经被摒弃很久了。

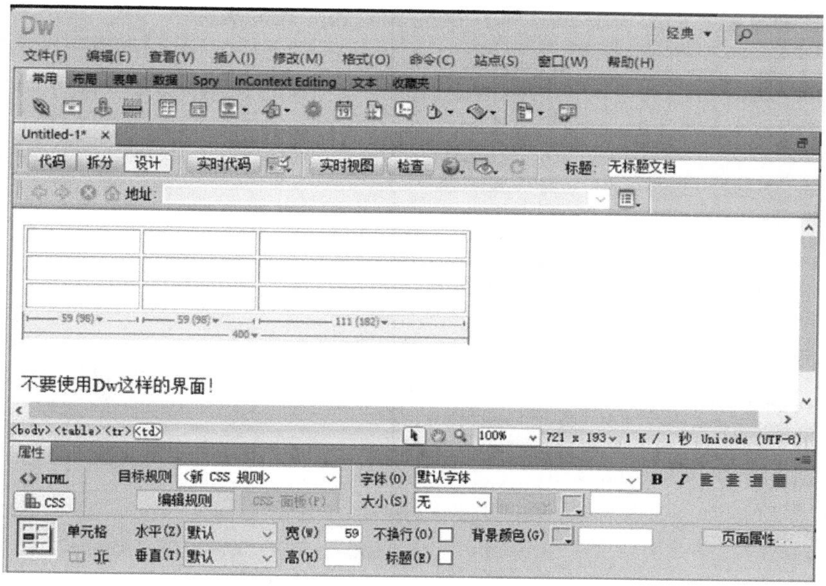

图 2-1　不要使用 Dreamweaver 界面操作的方式来开发网页

大家不要觉得 Dreamweaver 那种用鼠标"点点点"的方式开发网页既简单又快速。等你学了一段时间就会发现，你学到的根本就不是技术，而只是软件操作！采用界面操作的方式开发网页，跟当前实际工作中的前端开发是完全脱轨的。这样开发出来的网站，其可读性和可维护性非常差。可读性和可维护性，是 Web 开发中极为重要的两个东西。相信大家学到后面，应该会有很深的理解。

Dreamweaver 是一款不错的开发工具，这里并非反对大家使用 Dreamweaver，而是反对大家使用 Dreamweaver 那种"点点点"的界面操作方式来开发网页。对于刚刚接触 HTML 的小伙伴来说，Dreamweaver 易于上手。不过还是强烈建议大家一定要用"代码方式"写页面，而不是用"鼠标单击方式"写页面。

我自己从事前端开发很多年了，对实际工作还是非常清楚的。在真正的开发工作中，很少有前端工程师使用 Dreamweaver，更多的是使用 HBuilder、Sublime Text、Vscode、Webstorm。这里给初学者一个建议：使用 HBuilder，因为 HBuilder 上手最简单。学到后期，推荐使用 Vscode、Sublime Text 或 Webstorm，这 3 个更能满足真正的前端开发需要。

2.2 使用 HBuilder

不管使用哪款开发工具，在开发的时候，我们都需要新建一个 HTML 页面，然后再在这个页面中编写代码。

HBuilder 是专为前端打造的开发工具，上手非常快，也是初学者的首选。这一节我们来介绍一下怎么在 HBuilder 中新建一个 HTML 页面。

① **新建 Web 项目**：在 HBuilder 的左上方，依次单击【文件】→【新建】→【Web 项目】，如图 2-2 所示。

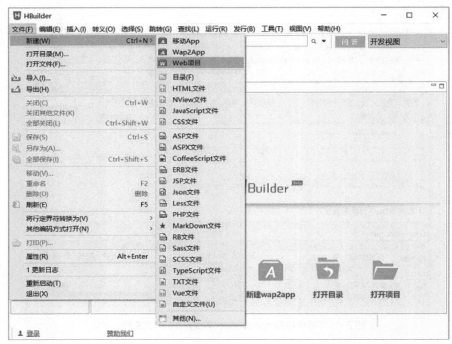

图 2-2 新建 Web 项目

② **选择文件路径及命名文件夹**：在对话框中，给文件夹命名，并且选择文件夹路径（也就是文件存放的位置）。然后单击【完成】按钮，如图 2-3 所示。

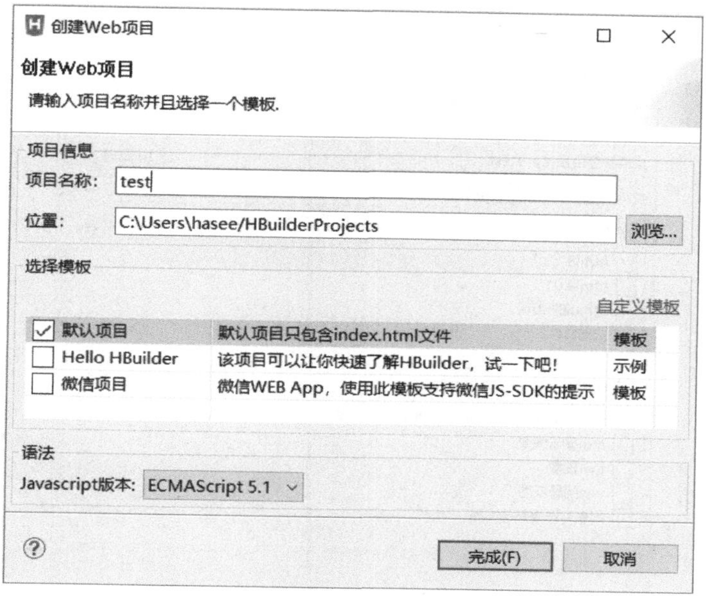

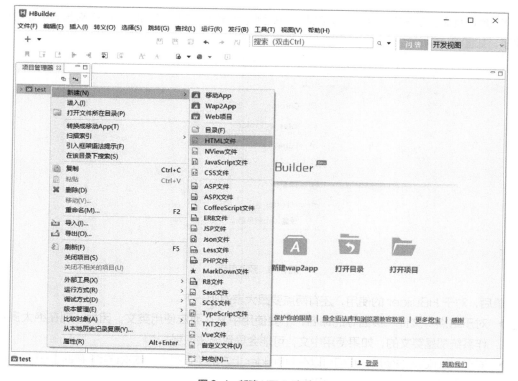

图 2-3　选择文件路径及命名文件夹

③ **新建 HTML 文件**：在 HBuilder 左侧的项目管理器中，选中 test 文件夹，然后单击右键，依次选择【新建】→【HTML 文件】，如图 2-4 所示。

图 2-4　新建 HTML 文件

④ **选择文件路径及给 HTML 文件命名**：在对话框中选择文件夹路径（也就是 HTML 文件存放的位置），并且给 HTML 文件填写一个名字（建议使用英文），然后单击【完成】按钮，如图 2-5 所示。

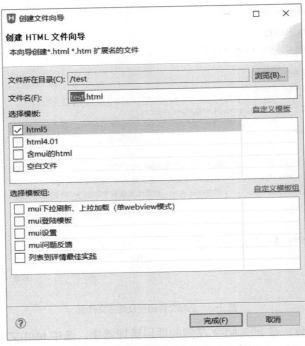

图 2-5　选择文件路径及给 HTML 文件命名

⑤ **预览页面**：在 HBuilder 上方工具栏中找到【预览】按钮，单击就可以在浏览器中查看页面效果了，如图 2-6 所示。

图 2-6　预览页面

最后，对于 HBuilder 的使用，还有两点要跟大家说明一下。

▶ 对于站点、文件、页面等的命名，不要使用中文，而应使用英文。因为，现在绝大多数操作系统都是英文的，如果使用中文，可能会导致无法识别。

▶ 对于 HBuilder 的使用，我们可以在 HBuilder 上方的工具栏中，依次选择【帮助】→【HBuilder 入门】，里面有比较详细的使用教程。

第 3 章
基本标签

3.1 HTML 结构

图 3-1 是 HTML 的基本结构，从中我们可以看出，一个页面是由 4 个部分组成的。

▶ 文档声明：<!DOCTYPE html>。

▶ html 标签对：<html></html>。

▶ head 标签对：<head></head>。

▶ body 标签对：<body></body>。

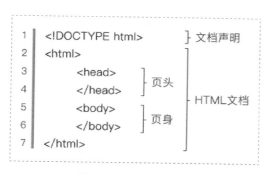

图 3-1　HTML 基本结构

一个完整的 HTML 页面，其实就是由一对对的标签组成的（当然也有例外）。接下来，我们简单介绍一下这 4 个部分的作用。

1. 文档声明

<!DOCTYPE html> 是一个文档声明，表示这是一个 HTML 页面。

2. HTML 标签

HTML 标签的作用，是告诉浏览器，这个页面是从 <html> 开始，然后到 </html> 结束的。在实际开发中，我们可能会经常看到这样一行代码。

```
<html xmlns="http://www.w3.org/1999/xhtml">
```

这句代码的作用是告诉浏览器，当前页面使用的是 W3C 的 XHTML 标准。这个我们了解即可，不用深究。一般情况下，我们不需要加上 xmlns="http://www.w3.org/1999/xhtml" 这一句。

3.　head 标签

<head></head> 是网页的"头部"，用于定义一些特殊的内容，如页面标题、定时刷新、外部文件等。

4.　body 标签

<body></body> 是网页的"身体"。对于一个网页来说，大部分代码都是在这个标签内部编写的。

此外，对于 HTML 结构，有以下 2 点要跟大家说明。

▸ 对于 HTML 结构，虽然大多数开发工具都会自动生成，但是作为初学者，大家一定要能够默写出来，这是需要记忆的（其实也很简单）。

▸ 记忆标签时，有一个小技巧：根据英文意思来记忆。比如 head 表示"页头"，body 表示"页身"。

下面我们使用 HBuilder 新建一个 HTML 页面，然后在里面输入以下代码。

```
<!DOCTYPE html>
<html>
<head>
    <title>这是网页的标题</title>
</head>
<body>
    <p>这是网页的内容</p>
</body>
</html>
```

浏览器预览效果如图 3-2 所示。

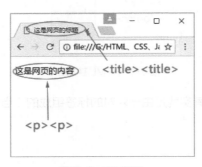

图 3-2　实际例子

▼ 分析

title 标签是 head 标签的内部标签，其中 <title></title> 标签内定义的内容是页面的标题。这个标题不是文章的标题，而是显示在浏览器栏目的那个标题。

　　<p></p> 是段落标签，用于定义一段文字。对于这些标签的具体用法，我们在后面章节会详细介绍，这里只需要简单了解就可以。

【解惑】

在初学阶段，想要熟练掌握 HTML 和 CSS，是不是应该使用记事本来编写呢？

　　这是初学者最常问的一个问题。我的建议：完全没有必要！因为，使用开发工具编写，虽然有代码提示，但是随着你编写的代码越来越多，你可以牢牢地把 HTML 和 CSS 都记住的。

3.2　head 标签

　　在上一节中，我们学习了 HTML 页面的基本结构，也知道 head 标签是比较特殊的。事实上，只有一些特殊的标签才能放在 head 标签内，其他大部分标签都是放在 body 标签内的。

　　这一节涉及的内容比较抽象，也缺乏实操性，因为这些标签都是在实战开发时才用得到，而练习中一般用不到。那么，为什么要在教程初期就给大家介绍 head 标签呢？其实，这也是为了让小伙伴们有一个清晰流畅的学习思路，先把"页头"学了，再来学"页身"。

　　在这一节的学习中，我们只需要了解 head 标签内部都有哪些子标签，这些标签都有什么用就可以了。记不住没关系，至少有个大概的印象。等我们学到后面，需要用到的时候，再回来翻一下这里。

　　在 HTML 中，一般来说，只有 6 个标签能放在 head 标签内。

- ▶ title 标签。
- ▶ meta 标签。
- ▶ link 标签。
- ▶ style 标签。
- ▶ script 标签。
- ▶ base 标签。

　　接下来，我们来给大家详细介绍这 6 个标签。

3.2.1　title 标签

　　在 HTML 中，title 标签唯一的作用就是定义网页的标题。

▼ **举例**

```
<!DOCTYPE html>
<html>
<head>
    <title>绿叶学习网</title>
</head>
<body>
```

```
    <p>绿叶学习网，给你初恋般的前端教程。</p>
</body>
</html>
```

浏览器预览效果如图 3-3 所示。

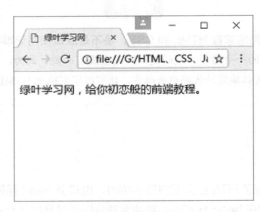

图 3-3　title 标签

▶ **分析**

在这个页面中，网页标题就是"绿叶学习网"。在学习的过程中，为了方便，我们没必要在每一个页面都写上 title。不过在实际开发中，是要求在每一个页面都写上 title 的。

3.2.2　meta 标签

在 HTML 中，meta 标签一般用于定义页面的特殊信息，如页面关键字、页面描述等。这些信息不是提供给用户看的，而是提供给搜索引擎蜘蛛（如百度蜘蛛、谷歌蜘蛛）看的。简单地说，meta 标签就是用来告诉"搜索蜘蛛"这个页面是做什么的。

其中，在 Web 技术中，我们一般形象地称搜索引擎为"搜索蜘蛛"或"搜索机器人"。

在 HTML 中，meta 标签有两个重要的属性：name 和 http-equiv。

1. name 属性

我们先来看一个简单实例，代码如下。

```
<!DOCTYPE html>
<html>
<head>
    <!--网页关键字-->
    <meta  name="keywords" content="绿叶学习网,前端开发,后端开发"/>
    <!--网页描述-->
    <meta  name="description" content="绿叶学习网是一个富有活力的Web技术学习网站"/>
    <!--本页作者-->
    <meta  name="author" content="helicopter">
    <!--版权声明-->
    <meta  name="copyright" content="本站所有教程均为原创,版权所有,禁止转载。否则必将追究法律责任。"/>
```

```
</head>
<body>
</body>
</html>
```

通过上面这个简单的例子，我们来总结一下 meta 标签的 name 属性的几个取值，如表 3-1 所示。

表 3-1 name 属性取值

属性值	说明
keywords	网页的关键字，可以是多个
description	网页的描述
author	网页的作者
copyright	版权信息

表 3-1 只是列举了最常用的几个属性值。在实际开发中，我们一般只会用到 keywords 和 description。也就是说记住这两个就可以了，其他的都不用考虑。

2. http-equiv 属性

在 HTML 中，meta 标签的 http-equiv 属性只有两个重要作用：定义网页所使用的编码，定义网页自动刷新跳转。

定义网页所使用的编码

▼ 语法

```
<meta http-equiv="Content-Type" content="text/html; charset=utf-8"/>
```

▼ 说明

这段代码告诉浏览器，该页面所使用的编码是 utf-8。不过在 HTML5 标准中，上面这句代码可以简写成下面这样。

```
<meta charset="utf-8"/>
```

如果你发现页面打开是乱码，很可能就是没有加上这一句代码。在实际开发中，为了确保不出现乱码，我们必须要在每一个页面中加上这句代码。

定义网页自动刷新跳转

▼ 语法

```
<meta http-equiv="refresh" content="6;url=http://www.lvyestudy.com"/>
```

▼ 说明

这段代码表示当前页面在 6 秒后会自动跳转到 http://www.lvyestudy.com 这个页面。实际上，很多"小广告"网站就是用这种方式来实现页面定时跳转的。

▼ 举例

```
<!DOCTYPE html>
```

```html
<html >
<head>
    <meta  http-equiv="refresh" content="6;url=http://www.lvyestudy.com"/>
</head>
<body>
    <p>这个页面在 6 秒之后自动跳转到绿叶学习网首页 </p>
</body>
</html>
```

▼ 分析

我们可以在 HBuilder 中输入这段代码，然后在浏览器中打开，6 秒后，页面就会跳转到绿叶学习网首页。

3.2.3　style 标签

在 HTML 中，style 标签用于定义元素的 CSS 样式，在 HTML 中不需要深入研究，等学到了 CSS 时我们再详细介绍。

▼ 语法

```html
<!DOCTYPE html>
<html >
<head>
    <style  type="text/css">
        /*这里写 CSS 样式 */
    </style>
</head>
<body>
</body>
</html>
```

3.2.4　script 标签

在 HTML 中，script 标签用于定义页面的 JavaScript 代码，也可以引入外部 JavaScript 文件。等学到了 JavaScript 时我们会详细介绍，这里不需要深究。

▼ 语法

```html
<!DOCTYPE html>
<html >
<head>
    <script>
        /*这里写 JavaScript 代码*/
    </script>
</head>
<body>
</body>
</html>
```

3.2.5　link 标签

在 HTML 中，link 标签用于引入外部样式文件（CSS 文件）。这也是属于 CSS 部分的内容，这里不需要深究。

▌ **语法**

```
<!DOCTYPE html>
<html >
<head>
    <link type="text/css" rel="stylesheet" href="css/index.css">
</head>
<body>
</body>
</html>
```

3.2.6　base 标签

这个标签一点意义都没有，可以直接忽略，我们只需要知道有这么一个标签就行了。

3.3　body 标签

在 HTML 中，head 标签表示页面的"头部"，而 body 标签表示页面的"身体"。
在后面的章节中，我们学习的所有标签都是位于 body 标签内部的。
之前我们已经接触过 body 标签，下面再来看一个简单例子。

▌ **举例**

```
<!DOCTYPE html>
<html>
<head>
    <meta charset="utf-8" />
    <title>body标签</title>
</head>
<body>
    <h3>静夜思</h3>
    <p>床前明月光，疑是地上霜。</p>
    <p>举头望明月，低头思故乡。</p>
</body>
</html>
```

浏览器预览效果如图 3-4 所示。

静夜思

床前明月光，疑是地上霜。

举头望明月，低头思故乡。

图 3-4　body 标签

▌ 分析

<meta charset="utf-8" /> 的作用是防止页面出现乱码，在每一个 HTML 页面中，我们都要加上这句代码。此外，<meta charset="utf-8" /> 这一句必须放在 title 标签以及其他 meta 标签前面，这一点大家要记住。

h3 标签是一个"第 3 级标题标签"，一般用于显示"标题内容"，在后面"4.2 标题标签"这一节中我们再给大家详细介绍。

3.4　HTML 注释

在实际开发中，我们需要在一些关键的 HTML 代码旁边标明一下这段代码是干什么的，这个时候就要用到"HTML 注释"了。

在 HTML 中，对一些关键代码进行注释有很多好处，如方便理解、方便查找以及方便同一个项目组的人员快速理解你的代码。

▌ 语法

```
<!--注释的内容-->
```

▌ 说明

<!----> 又叫注释标签。<!-- 表示注释的开始，--> 表示注释的结束。

▌ 举例

```
<!DOCTYPE html>
<html>
<head>
    <meta charset="utf-8" />
    <title>HTML注释</title>
</head>
<body>
    <h3>静夜思</h3>                    <!--标题标签-->
    <p>床前明月光，疑是地上霜。</p>        <!--文本标签-->
    <p>举头望明月，低头思故乡。</p>        <!--文本标签-->
</body>
</html>
```

在浏览器的预览效果如图 3-5 所示。

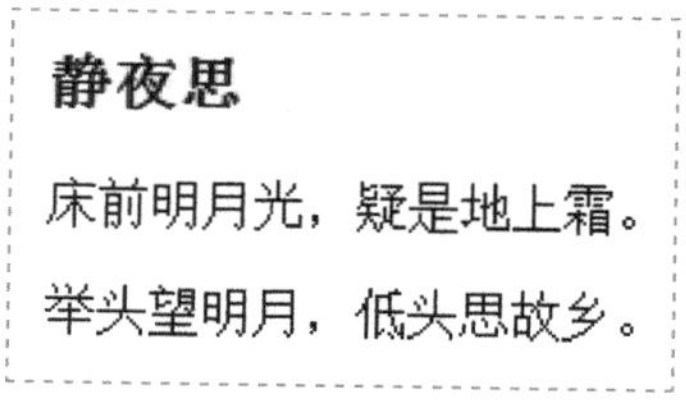

静夜思

床前明月光，疑是地上霜。

举头望明月，低头思故乡。

图 3-5　HTML 注释

▶ **分析**

从上面我们可以看出，用 "<!--" 和 "-->" 注释的内容不会显示在浏览器中。在 HTML 中，浏览器遇到 HTML 标签就会进行解释，然后显示 HTML 标签中的内容。但是浏览器遇到 "注释标签" 就会自动跳过，因此不会显示注释标签中的内容。或者我们可以这样理解，HTML 标签是给浏览器看的，注释标签是给程序员看的。

为关键代码添加注释是一个良好的编程习惯。在实际开发中，对功能模块代码进行注释尤为重要。因为一个页面的代码往往都是几百上千行，如果你不对关键代码进行注释，那么回头去看自己写的代码时，都会看不懂，更别说团队开发了。不注释的后果是，当其他队友来维护你的项目时，需要花大量时间来理解你的代码，这样时间成本会很高。

此外要说明的是，并不是每一行代码都需要注释。只有重要的、关键的代码才需要注释。

3.5　本章练习

一、单选题

1. 下面哪一个标签不能放在 head 标签内？（　　　）

　　A．title 标签　　　　　　　　　　　　B．style 标签

　　C．body 标签　　　　　　　　　　　　D．script 标签

2. 如果网页中出现乱码，我们一般使用（　　　）来解决。

　　A．<meta charset="utf-8" />

　　B．<style type="text/css"></style>

　　C．<script></script>

　　D．<link type="text/css" rel="stylesheet" href="css/index.css">

3. 下面选项中，属于 HTML 正确注释方式的是（　　　）。

　　A．// 注释内容　　　　　　　　　　　　B．/* 注释内容 */

　　C．<!-- 注释内容 -->　　　　　　　　　D．// 注释内容 //

二、编程题

不借助开发工具代码提示，默写 HTML 基本结构。

注：本书所有练习题的答案请见本书的配套资源，配套资源的具体下载方式见前言。

第 4 章

文本

4.1 文本简介

4.1.1 页面组成元素

在 HTML 中，我们主要学习怎么来做一个静态页面。从我们平常浏览网页的经验中可知，大多数静态页面都是由以下 4 种元素组成的。

▶ 文字。

▶ 图片。

▶ 超链接。

▶ 音频和视频。

因此，如果要开发一个页面，就得认真学习用来展示这些内容的标签。

此外，我们还需要注意一点：不是"会动"的页面就叫动态页面。静态页面和动态页面的区别在于**是否与服务器进行数据交互**。下面列出的 5 种情况都不一定是动态页面。

▶ 带有音频和视频。

▶ 带有 Flash 动画。

▶ 带有 CSS 动画。

▶ 带有 JavaScript 特效。

特别提醒大家一下，即使你的页面用了 JavaScript，也不是动态页面，除非你还用到了后端技术。之前记得有小伙伴学了点 JavaScript 特效就到处炫耀自己会做动态页面了，其实他连静态页面和动态页面都没分清。

4.1.2 HTML 文本

我们先来看一个纯文本的网页，如图 4-1 所示，然后通过分析这个网页，得出在“文本”这一章我们究竟要学什么内容。

各科小常识
语文
三国演义是中国四大古典名著之一，元末明初小说家罗贯中所著。是中国第一部章回体历史演义的小说，描写了从东汉末年到西晋初年近100年的历史风云。
数学
勾股定理直角三角形：$a^2+b^2=c^2$.
英语
No pain , No gain.
化学
H_2SO_4是一种重要的工业原料，可用于制作肥料、洗涤剂等。
经济
版权符号：©
注册商标：®

图 4-1 纯文本网页（没有加入分析）

分析

通过对该网页进行分析（如图 4-2 所示），我们可以知道，在这一章中至少要学习以下 6 个方面的内容。

各科小常识
标题标签
语文
三国演义是中国四大古典名著之一，元末明初小说家罗贯中所著。是中国第一部章回体历史演义的小说，描写了从东汉末年到西晋初年近100年的历史风云。
段落标签
数学
勾股定理直角三角形：$a^2+b^2=c^2$.
文本标签（上标标签）
英语
No pain , No gain.
水平线标签
化学
H_2SO_4是一种重要的工业原料，可用于制作肥料、洗涤剂等。
文本标签（下标标签）
经济
版权符号：©
注册商标：®
特殊符号

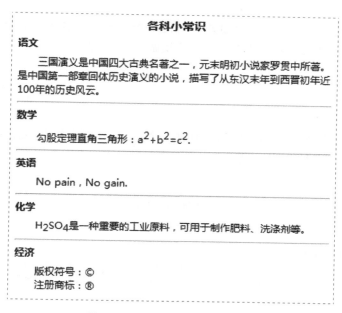

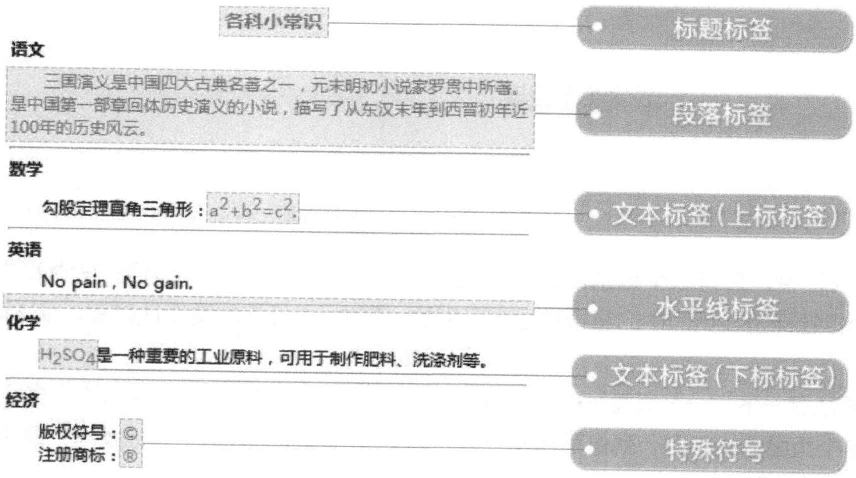

图 4-2 纯文本网页（加入分析）

- ▶ 标题标签。
- ▶ 段落标签。
- ▶ 换行标签。
- ▶ 文本标签。
- ▶ 水平线标签。
- ▶ 特殊符号。

在这一章的学习中，别忘了多与上面这个分析图进行对比，然后看看我们都学了哪些内容。学完这一章，我们最基本的任务就是把这个纯文本网页做出来，加油！

4.2　标题标签

图 4-3 是绿叶学习网（本书配套网站）中的一个页面，我们从中可以看出：对于一个 HTML 页面来说，一般都会有各种级别的标题。

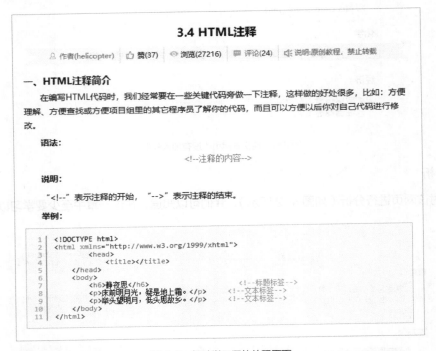

图 4-3　绿叶学习网的教程页面

在 HTML 中，共有 6 个级别的标题标签：h1、h2、h3、h4、h5、h6。其中 h 是 header 的缩写。6 个标题标签在页面中的重要性是有区别的，其中 h1 标签的重要性最高，h6 标签的重要性最低。

这里要注意一下，一个页面一般只能有一个 h1 标签，而 h2 到 h6 标签可以有多个。其中，h1 表示的是这个页面的大标题。就像写作文一样，你见过哪篇作文有两个大标题吗？但是，一篇作文却可以有多个小标题。

▶ **举例**

```
<!DOCTYPE html>
<html>
<head>
    <meta charset="utf-8" />
    <title>标题标签</title>
</head>
<body>
    <h1>这是一级标题</h1>
    <h2>这是二级标题</h2>
    <h3>这是三级标题</h3>
    <h4>这是四级标题</h4>
    <h5>这是五级标题</h5>
    <h6>这是六级标题</h6>
</body>
</html>
```

浏览器预览效果如图 4-4 所示。

图 4-4　标题标签

▶ **分析**

从预览图可以看出，标题标签的级别越大，字体也越大。标题标签 h1~h6 也是有一定顺序的，h1 用于大标题，h2 用于二级标题……以此类推。在一个 HTML 页面中，这 6 个标题标签不需要全部都用上，而是应该根据需要来决定使用。

h1~h6 标题标签看起来很简单，但是在搜索引擎优化中却扮演着非常重要的角色。对于这些深入的内容，如果放在这里讲解，估计大家会看得一头雾水。因此，我们放到本系列书进阶篇的《从 0 到 1：CSS 进阶之旅》中再做详细介绍。

【解惑】

有些初学者很容易将 title 标签和 h1 标签混淆，认为网页不是有 title 标签来定义标题吗？为什么要用 h1 标签呢？

title 标签和 h1 标签是不一样的。title 标签用于显示地址栏的标题，而 h1 标签用于显示文章的标题，如图 4-5 所示。

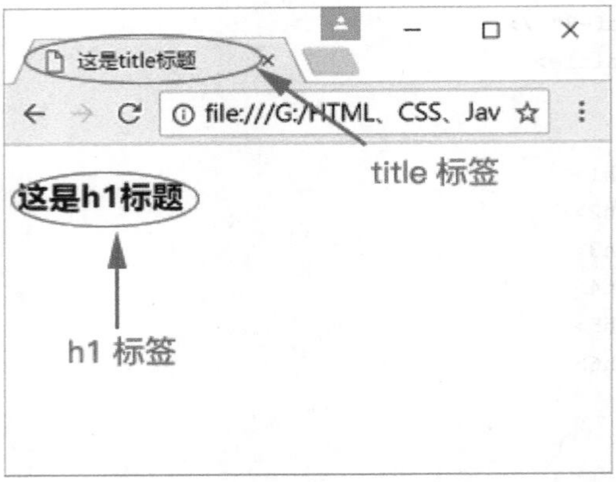

图 4-5 区分 title 标签和 h1 标签

4.3 段落标签

4.3.1 段落标签 <p></p>

在 HTML 中，我们可以使用“p 标签”来显示一段文字。

语法

```
<p>段落内容</p>
```

举例

```
<!DOCTYPE html>
<html>
<head>
    <meta charset="utf-8" />
    <title>段落标签</title>
</head>
<body>
    <h3>爱莲说</h3>
    <p>水陆草木之花，可爱者甚蕃。晋陶渊明独爱菊。自李唐来，世人甚爱牡丹。予独爱莲之出淤泥而不染，濯清涟而不妖，中通外直，不蔓不枝，香远益清，亭亭净植，可远观而不可亵玩焉。</p>
    <p>予谓菊，花之隐逸者也；牡丹，花之富贵者也；莲，花之君子者也。噫！菊之爱，陶后鲜有闻；莲之爱，同予者何人？牡丹之爱，宜乎众矣。</p>
</body>
</html>
```

浏览器的预览效果如图 4-6 所示。

爱莲说

水陆草木之花，可爱者甚蕃。晋陶渊明独爱菊。自李唐来，世人甚爱牡丹。予独爱莲之出淤泥而不染，濯清涟而不妖，中通外直，不蔓不枝，香远益清，亭亭净植，可远观而不可亵玩焉。

予谓菊，花之隐逸者也；牡丹，花之富贵者也；莲，花之君子者也。噫！菊之爱，陶后鲜有闻；莲之爱，同予者何人？牡丹之爱，宜乎众矣。

图 4-6　p 标签效果

▶ **分析**

从上面的预览效果可以看出，段落标签会自动换行，并且段落与段落之间有一定的间距。

到这里，可能有些小伙伴会问："如果想要改变文字的颜色和大小，该怎么做呢？"大家别忘了：**HTML 用于控制网页的结构，CSS 用于控制网页的外观**。文字的颜色和大小属于网页的外观，这些都是与 CSS 有关的内容。在 HTML 学习中，只需要关心用什么标签就行了。对于外观的控制，我们在本书的 CSS 部分中再给大家详细介绍。

4.3.2　换行标签

从上面我们知道，段落标签是会自动换行的。那么，如果想随意地对文字进行换行处理，可以怎么做呢？大家先来看一段代码。

▶ **举例**

```
<!DOCTYPE html>
<html>
<head>
    <meta charset="utf-8" />
    <title>换行标签</title>
</head>
<body>
    <h3>静夜思</h3>
    <p>床前明月光，疑是地上霜。举头望明月，低头思故乡。</p>
</body>
</html>
```

浏览器预览效果如图 4-7 所示。

静夜思

床前明月光，疑是地上霜。举头望明月，低头思故乡。

图 4-7　一段文本

▶ **分析**

如果想对上面的诗句进行换行，有两种方法：一种是"使用两个 p 标签"，另外一种是"使用 br 标签"。

在 HTML 中，我们可以使用 br 标签来给文字换行。其中
 是自闭合标签，br 是 break（换行）的缩写。对于自闭合标签，我们在后面"4.7 自闭合标签"这一节再给大家详细介绍。

▶ **举例：使用两个 p 标签**

```
<!DOCTYPE html>
<html>
<head>
    <meta charset="utf-8" />
    <title></title>
</head>
<body>
    <h3>静夜思</h3>
    <p>床前明月光，疑是地上霜。</p>
    <p>举头望明月，低头思故乡。</p>
</body>
</html>
```

浏览器预览效果如图 4-8 所示。

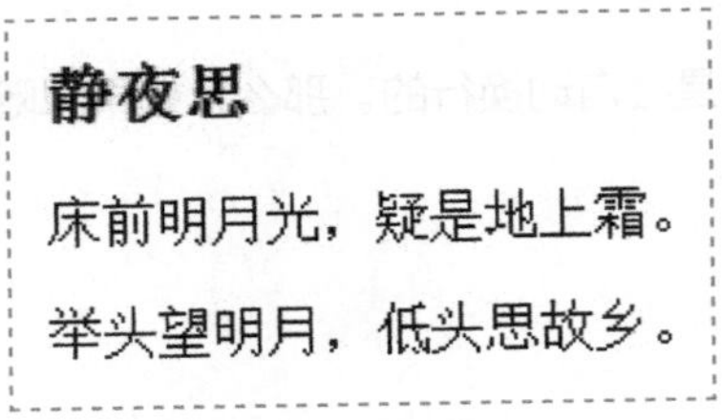

静夜思

床前明月光，疑是地上霜。

举头望明月，低头思故乡。

图 4-8　使用 p 标签

▶ **举例：使用 br 标签**

```
<!DOCTYPE html>
<html>
<head>
    <meta charset="utf-8" />
    <title>换行标签</title>
</head>
<body>
    <h3>静夜思</h3>
    <p>床前明月光，疑是地上霜。<br/>举头望明月，低头思故乡。</p>
</body>
</html>
```

浏览器预览效果如图 4-9 所示。

静夜思

床前明月光，疑是地上霜。
举头望明月，低头思故乡。

图 4-9　使用 br 标签

▼ **分析**

从上面两个例子可以明显看出：使用 p 标签会导致段落与段落之间有一定的间隙，而使用 br 标签则不会。

br 标签是用来给文字**换行**的，而 p 标签是用来给文字**分段**的。如果你的内容是两段文字，则不需要使用 br 标签换行那么麻烦，而是直接用两个 p 标签就可以了。

4.4　文本标签

在 HTML 中，我们可以使用"文本标签"来对文字进行修饰，如粗体、斜体、上标、下标等。常用的文本标签有以下 8 种。

- ▶ 粗体标签：strong、b。
- ▶ 斜体标签：i、em、cite。
- ▶ 上标标签：sup。
- ▶ 下标标签：sub。
- ▶ 中划线标签：s。
- ▶ 下划线标签：u。
- ▶ 大字号标签：big。
- ▶ 小字号标签：small。

4.4.1　粗体标签

在 HTML 中，我们可以使用"strong 标签"或"b 标签"来对文本进行加粗。

▼ **举例**

```
<!DOCTYPE html>
<html>
<head>
    <meta charset="utf-8" />
    <title>粗体标签</title>
</head>
<body>
    <p>这是普通文本</p>
    <strong>这是粗体文本</strong><br/>
```

```
    <b>这是粗体文本</b>
</body>
</html>
```

浏览器预览效果如图 4-10 所示。

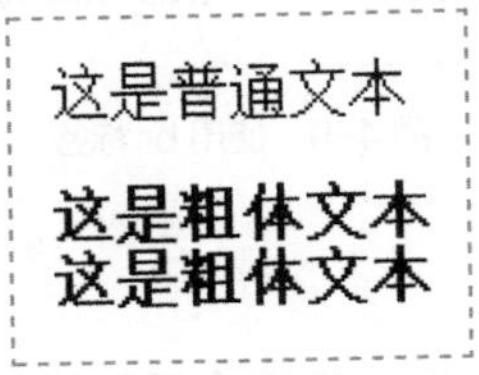

这是普通文本

这是粗体文本
这是粗体文本

图 4-10　粗体标签效果

▶ **分析**

从预览图可以看出，strong 标签和 b 标签的加粗效果是一样的。在实际开发中，如果想要对文本实现加粗效果，尽量使用 strong 标签，而不要使用 b 标签。这是因为 strong 标签比 b 标签更具有语义性。

此外，大家可以尝试把上面代码中的
 去掉，再看看预览效果是怎样的。

4.4.2　斜体标签

在 HTML 中，我们可以使用 i 标签、em 标签或 cite 标签来实现文本的斜体效果。

▶ **举例**

```html
<!DOCTYPE html>
<html>
<head>
    <meta charset="utf-8" />
    <title>斜体标签</title>
</head>
<body>
    <i>斜体文本</i><br/>
    <em>斜体文本</em><br/>
    <cite>斜体文本</cite>
</body>
</html>
```

浏览器预览效果如图 4-11 所示。

斜体文本
斜体文本
斜体文本

图 4-11　斜体标签效果

▶ **分析**

在实际开发中，如果想要实现文本的斜体效果，尽量使用 em 标签，而不要用 i 标签或 cite 标签。这也是因为 em 标签比其他两个标签的语义性更好。

此外，大家可以尝试把上面代码中的
 去掉，再看看预览效果是怎样的。

4.4.3　上标标签

在 HTML 中，我们可以使用"sup 标签"来实现文本的上标效果。sup，是 superscripted（上标）的缩写。

▶ **举例**

```
<!DOCTYPE html>
<html>
<head>
    <meta charset="utf-8" />
    <title>上标标签</title>
</head>
<body>
    <p>(a+b)<sup>2</sup>=a<sup>2</sup>+b<sup>2</sup>+2ab</p>
</body>
</html>
```

浏览器预览效果如图 4-12 所示。

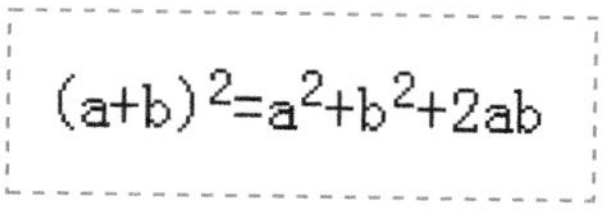

$$(a+b)^2 = a^2 + b^2 + 2ab$$

图 4-12　sup 标签效果

▶ **分析**

如果你想要将某个数字或某些文字变成上标，只要把这个数字或文字放在 标签内就可以了。

4.4.4　下标标签

在 HTML 中，我们可以使用"sub 标签"来实现文本的下标效果。sub，是 subscripted（下标）的缩写。

▶ **举例**

```
<!DOCTYPE html>
<html>
<head>
    <meta charset="utf-8" />
```

```
    <title>下标标签</title>
</head>
<body>
    <p>H<sub>2</sub>SO<sub>4</sub>指的是硫酸分子</p>
</body>
</html>
```

浏览器预览效果如图 4-13 所示。

$$H_2SO_4 指的是硫酸分子$$

图 4-13　sub 标签效果

▼ 分析

如果你想要将某个数字或某些文字变成下标，只要把这个数字或文字放在 `<sub></sub>` 标签内就可以了。

4.4.5　中划线标签

在 HTML 中，我们可以使用"s 标签"来实现文本的中划线效果。

▼ 举例

```
<!DOCTYPE html>
<html>
<head>
    <meta charset="utf-8" />
    <title>删除线标签</title>
</head>
<body>
    <p>新鲜的新西兰奇异果</p>
    <p><s>原价：￥6.50/kg</s></p>
    <p><strong>现在仅售：￥4.00/kg</strong></p>
</body>
</html>
```

浏览器预览效果如图 4-14 所示。

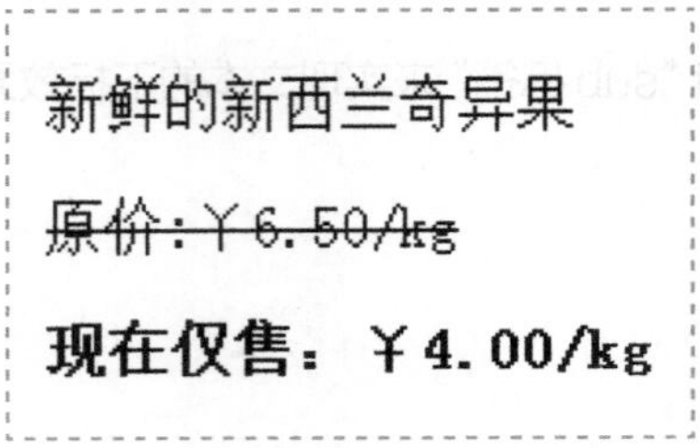

新鲜的新西兰奇异果

原价：~~￥6.50/kg~~

现在仅售：￥4.00/kg

图 4-14　s 标签效果

▶ **分析**

中划线效果一般用于显示那些不正确或者不相关的内容，常用于商品促销的标价中。大家在各种电商网站购物时，肯定经常可以见到这种效果。

不过等学了 CSS 之后，对于删除线效果，一般会用 CSS 来实现，几乎不会用 s 标签来实现。

4.4.6　下划线标签

在 HTML 中，我们可以使用"u 标签"来实现文本的下划线效果。

▶ **举例**

```
<!DOCTYPE html>
<html>
<head>
    <meta charset="utf-8" />
    <title>下划线标签</title>
</head>
<body>
    <p><u>绿叶学习网</u>是一个精品的技术分享网站。</p>
</body>
</html>
```

浏览器预览效果如图 4-15 所示。

<u>绿叶学习网</u>是一个精品的技术分享网站。

图 4-15　u 标签效果

▶ **分析**

等学了 CSS 之后，对于下划线效果，一般会用 CSS 来实现，几乎不会用 u 标签来实现。

4.4.7　大字号标签和小字号标签

在 HTML 中，我们可以使用"big 标签"来实现字体的变大效果，还可以使用"small 标签"来实现字体的变小效果。

▶ **举例**

```
<!DOCTYPE html>
<html>
<head>
    <meta charset="utf-8" />
    <title>big标签和small标签</title>
</head>
<body>
    <p>普通字体文本 </p>
```

```
    <big>大字号文本</big><br/>
    <small>小字号文本</small>
</body>
</html>
```

浏览器预览效果如图 4-16 所示。

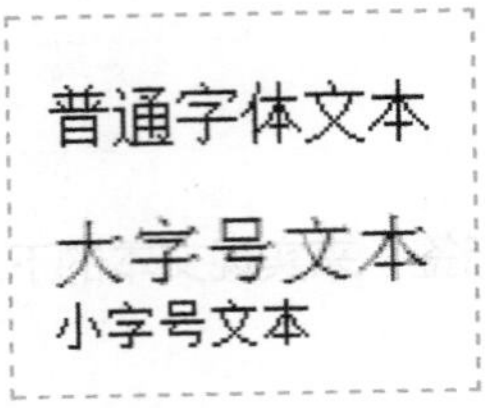

普通字体文本

大字号文本

小字号文本

图 4-16   big 标签和 small 标签效果

▶ 分析

在实际开发中，对于字体大小的改变，我们几乎不会用 big 标签和 small 标签来实现，而是使用 CSS 来实现，因此这里只需要简单了解一下即可。

在这一节中，我们只需要掌握表 4-1 中的几个重要标签就可以了，其他标签的效果完全可以使用 CSS 来实现，因此可以直接忽略。

表 4-1   重要的文本标签

标签	语义	说明
strong	strong（强调）	粗体
em	emphasized（强调）	斜体
sup	superscripted（上标）	上标
sub	subscripted（下标）	下标

此外还要说一下，这些标签是需要记忆的。小伙伴们可以根据标签的语义（也就是英文意思）来辅助记忆，这是最有效的记忆方法。

4.5   水平线标签

在 HTML 中，我们可以使用"hr 标签"来实现一条水平线的效果。hr，是 horizon（水平线）的缩写。

▶ 语法

```
<hr/>
```

▶ 举例

```
<!DOCTYPE html>
<html>
<head>
    <meta charset="utf-8" />
    <title>水平线标签</title>
```

```
</head>
<body>
    <h3>静夜思</h3>
    <p>床前明月光，疑是地上霜。</p>
    <p>举头望明月，低头思故乡。</p>
    <hr/>
    <h3>春晓</h3>
    <p>春眠不觉晓，处处闻啼鸟。</p>
    <p>夜来风雨声，花落知多少。</p>
</body>
</html>
```

浏览器预览效果如图 4-17 所示。

静夜思

床前明月光，疑是地上霜。

举头望明月，低头思故乡。

───────────────

春晓

春眠不觉晓，处处闻啼鸟。

夜来风雨声，花落知多少。

图 4-17　hr 标签

▶ **分析**

像绿叶学习网上面的很多水平线效果，其实都可以使用 hr 标签来实现。

4.6　div 标签

在 HTML 中，我们可以使用"div 标签"来划分 HTML 结构，从而配合 CSS 来整体控制某一块的样式。

div，全称 division（分区），用来划分一个区域。我们常见的"div+css"中的"div"指的就是这一节介绍的 div 标签。其中，div 标签内部可以放入绝大多数其他的标签，如 p 标签、strong 标签和 hr 标签等。

▶ **举例**

```
<!DOCTYPE html>
<html>
<head>
    <meta charset="utf-8" />
    <title>div标签</title>
</head>
<body>
    <!--这是第一首诗-->
    <h3>静夜思</h3>
    <p>床前明月光，疑是地上霜。</p>
```

```
    <p>举头望明月，低头思故乡。</p>
    <hr/>
    <!--这是第二首诗-->
    <h3>春晓</h3>
    <p>春眠不觉晓，处处闻啼鸟。</p>
    <p>夜来风雨声，花落知多少。</p>
</body>
</html>
```

浏览器预览效果如图 4-18 所示。

静夜思

床前明月光，疑是地上霜。

举头望明月，低头思故乡。

───────────────

春晓

春眠不觉晓，处处闻啼鸟。

夜来风雨声，花落知多少。

图 4-18　没有加入 div 标签的效果

�▼ 分析

对于上面这段代码，我们发现 HTML 代码结构比较凌乱。下面我们可以使用 div 标签来划分一下区域，代码如下。

```
<!DOCTYPE html>
<html>
<head>
    <meta charset="utf-8" />
    <title>div标签</title>
</head>
<body>
    <!--这是第一首诗-->
    <div>
        <h3>静夜思</h3>
        <p>床前明月光，疑是地上霜。</p>
        <p>举头望明月，低头思故乡。</p>
    </div>
    <hr/>
    <!--这是第二首诗-->
    <div>
        <h3>春晓</h3>
        <p>春眠不觉晓，处处闻啼鸟。</p>
        <p>夜来风雨声，花落知多少。</p>
    </div>
</body>
</html>
```

这两段代码的预览效果是一样的，不过实际代码却不一样。使用 div 标签来划分区域，使得代码更具有逻辑性。当然，div 标签最重要的用途是划分区域，然后结合 CSS 针对该区域进行样式控制，这一点等我们学了 CSS 就知道了。

4.7　自闭合标签

在前面的学习中，我们接触的大部分标签都是成对出现的，这些标签都有一个"开始符号"和一个"结束符号"。不过细心的小伙伴也发现了，有些标签是没有结束符号的，如
 和 <hr/>。

在 HTML 中，标签分为两种：一般标签和自闭合标签。那么它们之间有什么区别呢？我们先来看一个例子。

▼ 举例

```
<!DOCTYPE html>
<html>
<head>
    <meta charset="utf-8" />
    <title>自闭合标签</title>
</head>
<body>
    <div>
        <h3>绿叶学习网</h3>
        <hr/>
        <p>"绿叶，给你初恋般的感觉。"</p>
    </div>
</body>
</html>
```

浏览器预览效果如图 4-19 所示。

绿叶学习网

"绿叶，给你初恋般的感觉。"

图 4-19　自闭合标签

▼ 分析

从上面的代码我们可以看出，div 标签的"开始符号"和"结束符号"之间是可以插入其他标签或文字的，但是 meta 标签和 hr 标签中不能插入其他标签或文字。

现在我们来总结一下"一般标签"和"自闭合标签"的特点。

- ▶ **一般标签**：由于有开始符号和结束符号，因此可以在内部插入其他标签或文字。
- ▶ **自闭合标签**：由于只有开始符号而没有结束符号，因此不可以在内部插入标签或文字。所谓的"自闭合"，指的是本来要用一个配对的结束符号来关闭，然而它却"自己"关闭了。

在 HTML 中，常见的自闭合标签如表 4-2 所示。

表 4-2　自闭合标签

标签	说明
\<meta/>	定义网页的信息（供搜索引擎查看）
\<link/>	引入"外部 CSS 文件"
\ 	换行标签
\<hr/>	水平线标签
\<img/>	图片标签
\<input/>	表单标签

　　这里列举的这些标签，是为了方便小伙伴们了解，而不是让大家去记忆的。把 HTML 标签分为"一般标签"和"自闭合标签"，可以让大家对 HTML 标签有更深入的认识。上表中有些标签还没学过，我们在后面会给大家详细介绍。

4.8　块元素和行内元素

　　块元素和行内元素，是 HTML 中极其重要的概念，同时也是学习 CSS 的重要基础知识。对于这一节的内容，小伙伴们要重点掌握，千万不要跳过了。

　　在之前的学习中，小伙伴们可能会发现：在浏览器预览效果，有些元素是独占一行的，其他元素不能与这个元素位于同一行，如 p、div、hr 等；而有些元素不是独占一行的，其他元素可以与这个元素位于同一行，如 strong、em 等。特别注意一下，这里所谓的"独占一行"，并不是在 HTML 代码里独占一行，而是在浏览器显示效果中独占一行。

　　其中，标签也叫作"元素"，如 p 标签又叫 p 元素。叫法不同，意思相同。这一节使用"元素"来称呼，也是让大家熟悉这两种叫法。

　　在 HTML 中，根据元素的表现形式，一般可以分为两类（暂时不考虑 inline-block）。

- ▶ 块元素（block）。
- ▶ 行内元素（inline）。

4.8.1　块元素

　　在 HTML 中，块元素在浏览器显示状态下将占据整一行，并且排斥其他元素与其位于同一行。一般情况下，块元素内部可以容纳其他块元素和行内元素。HTML 中常见的块元素如表 4-3 所示。

表 4-3　HTML 中常见的块元素

块元素	说明
h1~h6	标题元素
p	段落元素
div	div 元素
hr	水平线
ol	有序列表
ul	无序列表

表 4-3 列举的是 HTML 入门阶段常见的块元素，并不是全部。光说不练假把式，咱们还是先来看一个例子。

▶ **举例**

```html
<!DOCTYPE html>
<html>
<head>
    <meta charset="utf-8" />
    <title>块元素和行内元素</title>
</head>
<body>
    <div>
        <h3>绿叶学习网</h3>
        <p>"绿叶，给你初恋般的感觉。"</p>
        <strong>绿叶学习网</strong>
        <em>"绿叶，给你初恋般的感觉。"</em>
    </div>
</body>
</html>
```

浏览器预览效果如图 4-20 所示。

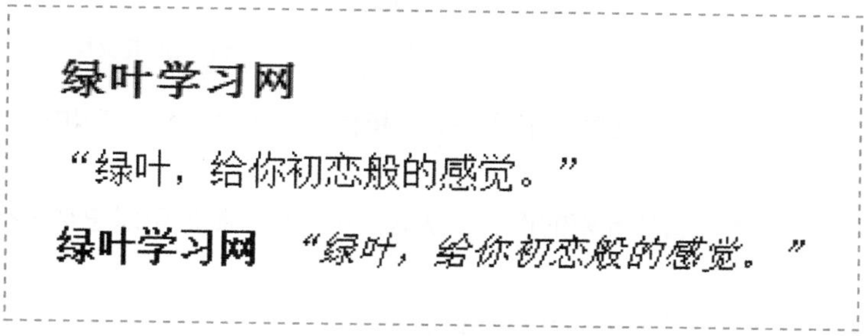

绿叶学习网

"绿叶，给你初恋般的感觉。"

绿叶学习网　　*"绿叶，给你初恋般的感觉。"*

图 4-20　块元素和行内元素

▶ **分析**

图 4-21　分析图

如图 4-21 所示，为每一个元素加入虚线框来分析它们的结构，从中我们可以得出以下结论。

▶ h3 和 p 是块元素，它们的显示效果都是独占一行的，并且排斥任何元素与它们位于同一行；strong 和 em 是行内元素，即使代码不位于同一行，它们的显示效果也是位于同一行的（显示效果与代码是否位于同一行没有关系）。

▶ h3、p、strong 和 em 元素都是在 div 元素内部的，也就是说，块元素内部可以容纳其他块
元素和行内元素。

由此，我们可以总结出块元素具有以下两个特点。

▶ 块元素独占一行，排斥其他元素（包括块元素和行内元素）与其位于同一行。

▶ 块元素内部可以容纳其他块元素和行内元素。

4.8.2　行内元素

在 HTML 中，行内元素与块元素恰恰相反，行内元素是可以与其他行内元素位于同一行的。
此外，行内元素内部（标签内部）只可以容纳其他行内元素，不可以容纳块元素。HTML 中常见的
行内元素如表 4-4 所示。

表 4-4　HTML 中常见的行内元素

行内元素	说明
strong	粗体元素
em	斜体元素
a	超链接
span	常用行内元素，结合 CSS 定义样式

在学完 CSS 之后，建议再回头看一下这一节，相信大家就会对块元素和行内元素有非常深的
了解。

对于行内元素效果，可以看块元素的例子，从这个例子中，我们可以总结出行内元素具有以下
两个特点。

▶ 行内元素可以与其他行内元素位于同一行。

▶ 行内元素内部可以容纳其他行内元素，但不可以容纳块元素。

块元素和行内元素非常复杂，大家在这一节重点理解其概念就行了，不需要去记忆块元素有哪
些、行内元素有哪些。

4.9　特殊符号

4.9.1　网页中的"空格"

在网页排版中，为了让段落美观一些，我们都会让每一个段落的首行缩进两个字的空格。不过
在默认情况下，p 标签的段落文字的"首行"是不会缩进的，下面先来看一个例子。

▼ 举例

```
<!DOCTYPE html>
<html>
```

```
    <head>
        <meta charset="utf-8" />
        <title> 网页中的 "空格"</title>
    </head>
    <body>
        <h3>爱莲说</h3>
        <p>水陆草木之花，可爱者甚蕃。晋陶渊明独爱菊。自李唐来，世人甚爱牡丹。予独爱莲之出淤泥而不染，濯清涟
而不妖，中通外直，不蔓不枝，香远益清，亭亭净植，可远观而不可亵玩焉。</p>
        <p>予谓菊，花之隐逸者也；牡丹，花之富贵者也；莲，花之君子者也。噫！菊之爱，陶后鲜有闻；莲之爱，同予
者何人？牡丹之爱，宜乎众矣。</p>
    </body>
</html>
```

浏览器预览效果如图 4-22 所示。

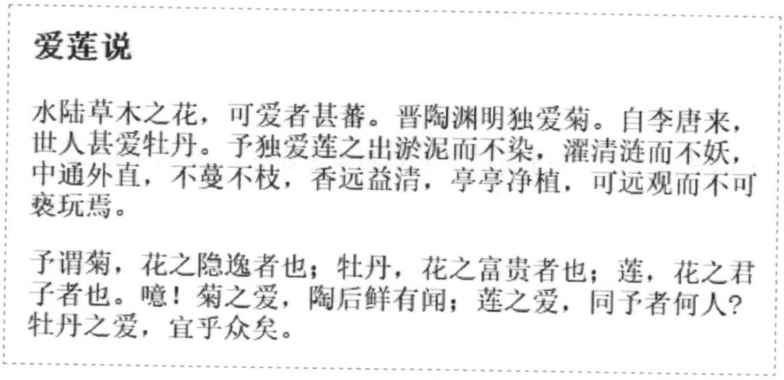

爱莲说

水陆草木之花，可爱者甚蕃。晋陶渊明独爱菊。自李唐来，
世人甚爱牡丹。予独爱莲之出淤泥而不染，濯清涟而不妖，
中通外直，不蔓不枝，香远益清，亭亭净植，可远观而不可
亵玩焉。

予谓菊，花之隐逸者也；牡丹，花之富贵者也；莲，花之君
子者也。噫！菊之爱，陶后鲜有闻；莲之爱，同予者何人？
牡丹之爱，宜乎众矣。

图 4-22　段落效果

▌ 分析

如果要让每一个段落的首行都缩进两个字的空格，我们可能会想通过在代码中按下 "space 键"来
实现。事实上，这是无效的做法。在 HTML 中，空格也是需要用代码来实现的。其中，空格的代码是
" "。

▌ 举例

```
<!DOCTYPE html>
<html>
<head>
    <meta charset="utf-8" />
    <title> 网页中的 "空格"</title>
</head>
<body>
    <h3>爱莲说</h3>
    <p>           水陆草木之花，可爱者甚蕃。晋陶渊明独爱菊。自李
唐来，世人甚爱牡丹。予独爱莲之出淤泥而不染，濯清涟而不妖，中通外直，不蔓不枝，香远益清，亭亭净植，可远观而不可
亵玩焉。</p>
    <p>           予谓菊，花之隐逸者也；牡丹，花之富贵者也；莲，
花之君子者也。噫！菊之爱，陶后鲜有闻；莲之爱，同予者何人？牡丹之爱，宜乎众矣。</p>
    </body>
</html>
```

浏览器预览效果如图 4-23 所示。

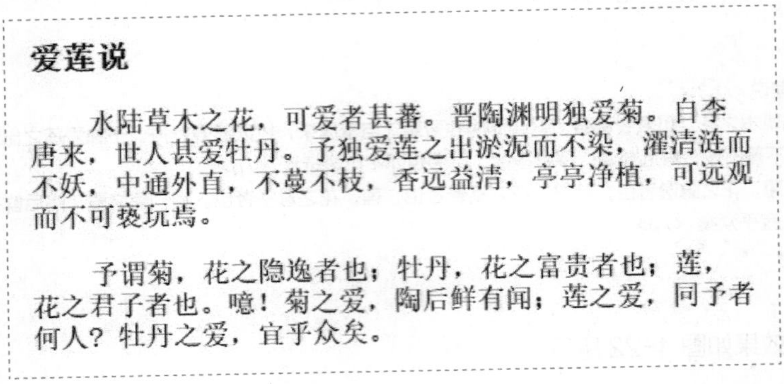

爱莲说

　　水陆草木之花，可爱者甚蕃。晋陶渊明独爱菊。自李唐来，世人甚爱牡丹。予独爱莲之出淤泥而不染，濯清涟而不妖，中通外直，不蔓不枝，香远益清，亭亭净植，可远观而不可亵玩焉。

　　予谓菊，花之隐逸者也；牡丹，花之富贵者也；莲，花之君子者也。噫！菊之爱，陶后鲜有闻；莲之爱，同予者何人？牡丹之爱，宜乎众矣。

图 4-23　加入 " "

▶ **分析**

其中，1 个汉字约等于 3 个 " "。因此如果想要往 p 标签内加入两个汉字的空格，那么我们需要往 p 标签内加入 6 个 " "。

4.9.2　网页中的"特殊符号"

经常使用 Word 的小伙伴都知道，当没法使用输入法来输入某些字符（如欧元符号€、英镑符号£等）时，我们可以通过 Word 内部提供的特殊字符来辅助插入。但对于一个网页来说，就完全不是这么一回事了。

在 HTML 中，如果想要显示一个特殊符号，也是需要通过代码来实现的。这些特殊符号对应的代码，都是以 "&" 开头，并且以 ";"（英文分号）结尾的。这些特殊符号，可以分为两类。

- ▶ 容易通过输入法输入的，不必使用代码实现，如表 4-5 所示。
- ▶ 难以通过输入法输入的，需要使用代码实现，如表 4-6 所示。

表 4-5　HTML 特殊符号（易输入）

特殊符号	说明	代码
"	双引号（英文）	&quot;
'	左单引号	&lsquo;
'	右单引号	&rsquo;
×	乘号	&times;
÷	除号	&divide;
>	大于号	&gt;
<	小于号	&lt;
&	"与"符号	&amp;
—	长破折号	&mdash;
|	竖线	|

表4-6   HTML特殊符号（难输入）

特殊符号	说明	代码
§	分节符	&sect;
©	版权符	&copy;
®	注册商标	&reg;
™	商标	&trade;
€	欧元	&euro;
£	英镑	&pound;
¥	日元	&yen;
°	度	&deg;

实际上，空格" "也是一个特殊符号。

▶ 举例

```
<!DOCTYPE html>
<html>
<head>
    <meta charset="utf-8" />
    <title>特殊符号</title>
</head>
<body>
    <p>欧元符号：&euro;</p>
    <p>英镑符号：&pound;</p>
</body>
</html>
```

浏览器预览效果如图4-24所示。

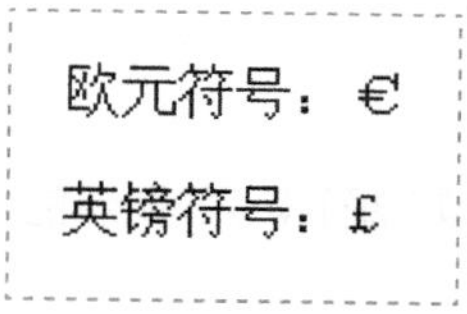

欧元符号：€

英镑符号：£

图4-24 特殊符号效果

▶ 分析

这个例子的特殊符号效果，使用下面的代码同样能够实现，浏览器预览效果是一样的。

```
<!DOCTYPE html>
<html>
<head>
    <meta charset="utf-8" />
    <title>特殊符号</title>
</head>
<body>
    <p>欧元符号：€</p>
    <p>英镑符号：£</p>
</body>
</html>
```

对于这一节，我们只需要记忆"空格"这一个特殊符号，其他特殊符号不需要记忆，等需要时再回这里查一下就可以了。

4.10 本章练习

一、单选题

1. 选出你认为最合理的定义标题的方法（   ）。

   A. `<div>` 文章标题 `</div>`   B. `<p><b>` 文章标题 `</b></p>`

   C. `<h1>` 文章标题 `</h1>`   D. `<strong>` 文章标题 `</strong>`

2. 如果想要得到粗体效果，我们可以使用（   ）标签来实现。

   A. `<strong></strong>`   B. `<em></em>`

   C. `<sup></sup>`   D. `<sub></sub>`

3. 下面有关自闭合标签，说法不正确的是（   ）。

   A. 自闭合标签只有开始符号没有结束符号

   B. 自闭合标签可以在内部插入文本或图片

   C. meta 标签是自闭合标签

   D. hr 标签是自闭合标签

4. 在浏览器默认情况下，下面有关块元素和行内元素的说法不正确的是（   ）。

   A. 块元素独占一行   B. 块元素内部可以容纳块元素

   C. 块元素内部可以容纳行内元素   D. 行内元素可以容纳块元素

5. 下面的标签中，哪一个不是块元素？（   ）

   A. strong   B. p   C. div   D. hr

二、编程题

使用这一章学到的各种文本标签，实现图 4-25 所示的网页效果。

图 4-25 请利用本章所学知识，实现此效果

第 5 章 列表

5.1 列表简介

列表是网页中最常用的一种数据排列方式，我们在浏览网页时，经常可以看到各种列表的身影，如图 5-1 和图 5-2 所示。

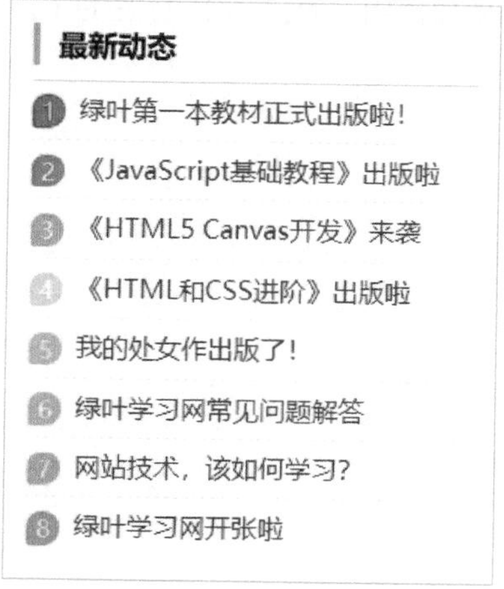

最新动态
1 绿叶第一本教材正式出版啦！
2 《JavaScript基础教程》出版啦
3 《HTML5 Canvas开发》来袭
4 《HTML和CSS进阶》出版啦
5 我的处女作出版了！
6 绿叶学习网常见问题解答
7 网站技术，该如何学习？
8 绿叶学习网开张啦

图 5-1　绿叶学习网的文字列表

在线工具
更多>>
RUN CODE
在线测试
在线调色板
JSON
json编辑器
程序员老黄历

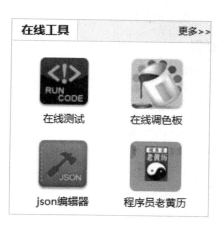

图 5-2　绿叶学习网的图片列表

在 HTML 中，列表共有 3 种：有序列表、无序列表和定义列表。

在有序列表中，列表项之间有先后顺序之分。在无序列表中，列表项之间没有先后顺序之分。而定义列表是一组带有特殊含义的列表，一个列表项中包含“条件”和“列表”两部分。

很多人在别的书看到还有“目录列表 dir”和“菜单列表 menu”。事实上，这两种列表在 HTML5 标准中已经被废除了，现在都是用无序列表 ul 来代替，因此我们不会再浪费篇幅来介绍。

5.2 有序列表

5.2.1 有序列表简介

在 HTML 中，有序列表中的各个列表项是有顺序的。有序列表从 <ol> 开始，到 </ol> 结束。在有序列表中，一般采用数字或字母作为顺序，默认采用数字顺序。

▼ 语法

```
<ol>
    <li>列表项</li>
    <li>列表项</li>
    <li>列表项</li>
</ol>
```

▼ 说明

ol，即 ordered list（有序列表）。li，即 list（列表项）。理解标签的语义更有利于记忆。

在该语法中，<ol> 和 </ol> 标志着有序列表的开始和结束，而 <li> 和 </li> 标签表示这是一个列表项。一个有序列表可以包含多个列表项。

注意，ol 标签和 li 标签需要配合一起使用，不可以单独使用，而且 <ol> 标签的子标签也只能是 li 标签，不能是其他标签。

▼ 举例

```
<!DOCTYPE html>
<html>
<head>
    <meta charset="utf-8" />
    <title>有序列表</title>
</head>
<body>
    <ol>
        <li>HTML</li>
        <li>CSS</li>
        <li>JavaScript</li>
        <li>jQuery</li>
        <li>Vue.js</li>
    </ol>
</body>
</html>
```

浏览器预览效果如图 5-3 所示。

```
1.  HTML
2.  CSS
3.  JavaScript
4.  jQuery
5.  Vue.js
```

图 5-3　有序列表

▶ 分析

有些初学的小伙伴会问，是不是只能使用数字来表示列表项的顺序？能不能用"a、b、c"这种英文字母的形式来表示顺序呢？当然可以！这就需要用到下面介绍的 type 属性了。

5.2.2　type 属性

在 HTML 中，我们可以使用 type 属性来改变列表项符号。在默认情况下，有序列表使用数字作为列表项符号。

▶ 语法

```
<ol type="属性值">
    <li>列表项</li>
    <li>列表项</li>
    <li>列表项</li>
</ol>
```

▶ 说明

在有序列表中，type 属性取值如表 5-1 所示。

表 5-1　type 属性取值

属性值	列表项符号
1	阿拉伯数字：1、2、3……（默认值）
a	小写英文字母：a、b、c……
A	大写英文字母：A、B、C……
i	小写罗马数字：i、ii、iii……
I	大写罗马数字：I、II、III……

对于有序列表的列表项符号，等学了 CSS 之后，我们可以不再使用 type 属性，而应使用 list-style-type 属性。

▶ 举例

```
<!DOCTYPE html>
<html>
<head>
    <meta charset="utf-8" />
```

```
    <title>type属性 </title>
</head>
<body>
    <ol type="a">
        <li>HTML</li>
        <li>CSS</li>
        <li>JavaScript</li>
        <li>jQuery</li>
        <li>Vue.js</li>
    </ol>
</body>
</html>
```

浏览器预览效果如图 5-4 所示。

```
a.  HTML
b.  CSS
c.  JavaScript
d.  jQuery
e.  Vue.js
```

图 5-4　有序列表 type 属性效果

5.3　无序列表

5.3.1　无序列表简介

　　无序列表，很好理解，有序列表的列表项是有一定顺序的，而无序列表的列表项是没有顺序的。默认情况下，无序列表的列表项符号是●，我们可以通过 type 属性来改变其样式。

� 语法

```
<ul>
    <li>列表项</li>
    <li>列表项</li>
    <li>列表项</li>
</ul>
```

▷ 说明

　　ul，即 unordered list（无序列表）。li，即 list（列表项）。

　　在该语法中，<ul> 和 </ul> 标志着一个无序列表的开始和结束，<li> 表示这是一个列表项。一个无序列表可以包含多个列表项。

　　注意，ul 标签和 li 标签也需要配合一起使用，不可以单独使用，而且 ul 标签的子标签也只能是

li 标签，不能是其他标签。这一点与有序列表是一样的。

▌ 举例

```
<!DOCTYPE html>
<html>
<head>
    <meta charset="utf-8" />
    <title>无序列表</title>
</head>
<body>
    <ul>
        <li>HTML</li>
        <li>CSS</li>
        <li>JavaScript</li>
        <li>jQuery</li>
        <li>Vue.js</li>
    </ul>
</body>
</html>
```

浏览器预览效果如图 5-5 所示。

- HTML
- CSS
- JavaScript
- jQuery
- Vue.js

图 5-5　无序列表效果

5.3.2　type 属性

与有序列表一样，我们可以使用 type 属性来定义列表项符号。

▌ 语法

```
<ul type="属性值">
    <li>列表项</li>
    <li>列表项</li>
    <li>列表项</li>
</ul>
```

▌ 说明

在无序列表中，type 属性取值如表 5-2 所示。

表 5-2　type 属性取值

属性值	列表项符号
disc	实心圆●（默认值）
circle	空心圆○
square	正方形■

与有序列表一样，对于无序列表的列表项符号，等学了 CSS 之后，我们可以不再使用 type 属性，而应使用 list-style-type 属性。

▌ 举例

```
<!DOCTYPE html>
<html>
<head>
    <meta charset="utf-8" />
    <title>type属性</title>
</head>
<body>
    <ul type="circle">
        <li>HTML</li>
        <li>CSS</li>
        <li>JavaScript</li>
        <li>jQuery</li>
        <li>Vue.js</li>
    </ul>
</body>
</html>
```

浏览器预览效果如图 5-6 所示。

图 5-6　无序列表 type 属性

5.3.3　深入无序列表

在实际的前端开发中，无序列表比有序列表更为实用。更准确地说，一般使用的都是无序列表，几乎用不到有序列表。不说别的，就拿绿叶学习网来说，主导航、工具栏、动态栏等地方都用到了无序列表，如图 5-7 所示。凡是需要显示列表数据的地方都用到了，可谓无处不在！

图 5-7　绿叶学习网

　　下面，我们再来看看大型网站在哪些地方用到了无序列表，如图 5-8、图 5-9 和图 5-10
所示。

图 5-8　百度

图 5-9　淘宝

图 5-10　腾讯

可能很多人都疑惑：这些效果是怎样用无序列表做出来的呢？网页外观，当然都是用 CSS 来实现的！现在不懂没关系，为了早日做出这种美观的效果，小伙伴们好好加油把 CSS 学好！

此外，对于无序列表来说，还有以下两点需要注意。

- ▶ ul 元素的子元素只能是 li，不能是其他元素。
- ▶ ul 元素内部的文本，只能在 li 元素内部添加，不能在 li 元素外部添加。

▼ 举例：ul 的子元素只能是 li，不能是其他元素

```
<!DOCTYPE html>
<html>
<head>
    <meta charset="utf-8" />
    <title></title>
</head>
<body>
    <ul>
        <div>前端最核心3个技术: </div>
        <li>HTML</li>
        <li>CSS</li>
        <li>JavaScript</li>
    </ul>
</body>
</html>
```

浏览器预览效果如图 5-11 所示。

前端最核心3个技术：
- HTML
- CSS
- JavaScript

图 5-11　ul 内直接插入 div 效果

▼ 分析

上面的代码是错误的，因为 ul 元素的子元素只能是 li 元素，不能是其他元素。正确做法如下。

```
<div>前端最核心3个技术: </div>
<ul>
    <li>HTML</li>
    <li>CSS</li>
```

```
    <li>JavaScript</li>
</ul>
```

举例：文本不能直接放在 ul 元素内

```
<!DOCTYPE html>
<html>
<head>
    <meta charset="utf-8" />
    <title></title>
</head>
<body>
    <ul>
        前端最核心 3 个技术：
        <li>HTML</li>
        <li>CSS</li>
        <li>JavaScript</li>
    </ul>
</body>
</html>
```

浏览器预览效果如图 5-12 所示。

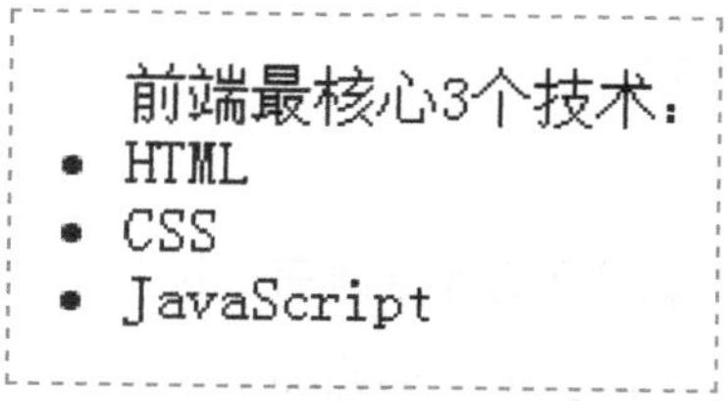

图 5-12 ul 内直接插入文本的效果

分析

上面的代码也是错误的，因为文本不能直接放在 ul 元素内。正确的做法同上例分析中的示范。

5.4 定义列表

在 HTML 中，定义列表由两部分组成：名词和描述。

语法

```
<dl>
    <dt>名词</dt>
    <dd>描述</dd>
    ……
</dl>
```

说明

dl 即 definition list（定义列表），dt 即 definition term（定义名词），而 dd 即 definition description（定义描述）。

在该语法中，<dl> 标记和 </dl> 标记分别定义了定义列表的开始和结束，dt 标签用于添加要解释的名词，而 dd 标签用于添加该名词的具体解释。

▌ **举例**

```
<!DOCTYPE html>
<html>
<head>
    <meta charset="utf-8" />
    <title>定义列表</title>
</head>
<body>
    <dl>
        <dt>HTML</dt>
        <dd>制作网页的标准语言，控制网页的结构</dd>
        <dt>CSS</dt>
        <dd>层叠样式表，控制网页的样式</dd>
        <dt>JavaScript</dt>
        <dd>脚本语言，控制网页的行为</dd>
    </dl>
</body>
</html>
```

浏览器预览效果如图 5-13 所示。

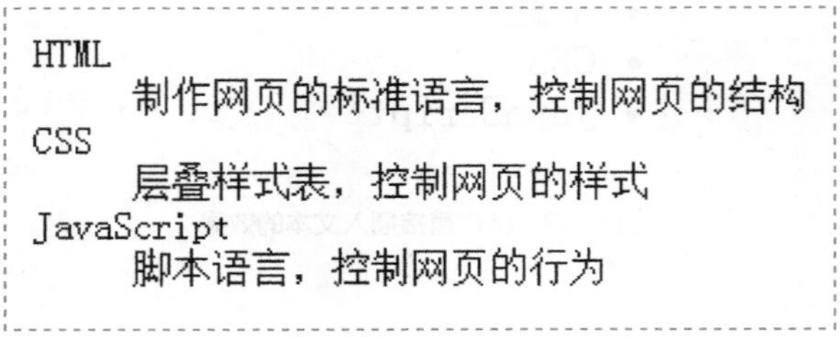

```
HTML
        制作网页的标准语言，控制网页的结构
CSS
        层叠样式表，控制网页的样式
JavaScript
        脚本语言，控制网页的行为
```

图 5-13　定义列表

▌ **分析**

在实际开发中，定义列表虽然用得比较少，但是在某些高级效果（如自定义表单）中也会用到。在 HTML 入门阶段，我们了解一下就行。

5.5　HTML 语义化

前面我们学习了不少标签，很多人由于不熟悉标签的语义，有时会用某一个标签来代替另一个标签实现相同的效果。举个简单的例子，想要实现有序列表的效果，有些小伙伴可能会使用下面的代码来实现。

▌ **举例**

```
<!DOCTYPE html>
<html>
```

```
<head>
    <meta charset="utf-8" />
    <title></title>
</head>
<body>
    <div>1.HTML</div>
    <div>2.CSS</div>
    <div>3.JavaScript</div>
    <div>4.jQuery</div>
    <div>5.Vue.js</div>
</body>
</html>
```

浏览器预览效果如图 5-14 所示。

图 5-14　使用 div 实现的列表

▶ 分析

乍一看，代码不同，但是与使用 ul 和 li 实现的效果差不多。心里暗暗窃喜："这方法太棒了，估计也就只有我能想得出来！"曾经我也这样自诩过，实在惭愧。

用某一个标签来代替另外一个标签实现相同的效果，大多数初学者都可能遇到过这种情况。正是这种错误思维，导致很多人在学习 HTML 时，没有认真地把每一个标签的语义理解清楚，糊里糊涂就学过去了。能用某一个学过的标签来代替，就懒得认真学新的标签，这是 HTML 学习中最大的误区。

不少人可能会问："对于大多数标签实现的效果，使用 div 和 span 这两个就可以做到，为什么还要费心费力去学习那么多标签？"这个问题刚好戳中了 HTML 的精髓。说得一点都没错，你可以用 div 来代替 p，也可以使用 p 来代替 h1，但是这样就违背了 HTML 这门语言的初衷。

HTML 的精髓就在于标签的语义。在 HTML 中，大部分标签都有它自身的语义。例如，p 标签，表示的是 paragraph，标记的是一个段落；h1 标签，表示的是 header1，标记的是一个最高级标题。但 div 和 span 是无语义的标签，我们应该优先使用其他有语义的标签。

语义化是非常重要的一个思想。在整站开发中，编写的代码往往成千上万行，你现在的几行代码无法与其相提并论。如果全部使用 div 和 span 来实现，我相信你会看得头晕。要是某一行代码出错了怎么办？你怎么快速地找到那一行代码呢？除了可读性，语义化对于搜索引擎优化（即 SEO）来说，也是极其重要的。

HTML 很简单，因此很多初学者往往会忽略学习它的目的和重要性。我们学习 HTML 的目的并不是记住所有的标签，而是在你需要的地方能使用正确的语义化标签。把标签用在对的地方，这才是学习 HTML 的目的所在。

5.6 本章练习

一、单选题

1. 在下面几种列表形式中，哪一种在 HTML5 中已经被废弃了。（　　　）
   A. 有序列表 ol
   B. 无序列表 ul
   C. 定义列表 dl
   D. 目录列表 dir
2. 下面哪种列表是我们在实际开发中用得最多的？（　　　）
   A. 有序列表 ol
   B. 无序列表 ul
   C. 定义列表 dl
   D. 目录列表 dir
3. 下面有关 ul 元素（不考虑嵌套列表）的说法不正确的是（　　　）。
   A. ul 元素的子元素只能是 li，不能是其他元素
   B. ul 元素内部的文本，只能在 li 元素内部添加，不能在 li 元素外部添加
   C. 绝大多数列表都是使用 ul 元素来实现的，而不是 ol 元素
   D. 我们可以在 ul 元素中直接插入 div 元素
4. 下面有关 HTML 语义化，不正确的是（　　　）。
   A. 对于大多数标签实现的效果，我们完全可以使用 div 和 span 来代替实现
   B. 学习 HTML 的目的在于在需要的地方，能使用正确的标签
   C. 语义化对于搜索引擎优化来说是非常重要的
   D. 语义化的目的在于提高可读性和可维护性

二、编程题

图 5-15 是一个问卷调查网页，请制作出来。要求：（1）大标题用 h1 标签；（2）小题目用 h3 标签；（3）前两个问题使用有序列表；（4）最后一个问题使用无序列表。

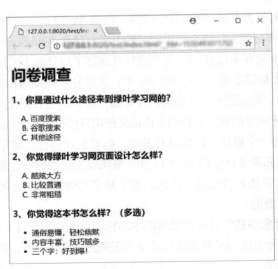

图 5-15　问卷调查网页

第 6 章

表格

6.1　表格简介

在早些年的 Web 1.0 时代，表格常用于网页布局。但是在 Web 2.0 中，这种方式已经被抛弃了，网页布局都是使用 CSS 来实现的（学了 CSS 就会知道）。但是，这并不代表表格就一无是处了，表格在实际开发中用得非常多，因为使用表格可以更清晰地排列数据，如图 6-1 所示。

前端开发核心技术	
技术	**说明**
HTML	网页的结构
CSS	网页的外观
JavaScript	网页的行为

图 6-1　绿叶学习网中的表格

6.2　基本结构

在 HTML 中，一个表格一般由以下 3 个部分组成。

▶ 表格: table 标签。

▶ 行: tr 标签。

▶ 单元格: td 标签。

▌语法

```
<table>
    <tr>
        <td>单元格1</td>
```

```
        <td>单元格 2</td>
    </tr>
    <tr>
        <td>单元格 3</td>
        <td>单元格 4</td>
    </tr>
</table>
```

▶ 说明

tr 指的是 table row（表格行）。td 指的是 table data cell（表格单元格）。

<table> 和 </table> 表示整个表格的开始和结束，<tr> 和 </tr> 表示行的开始和结束，而 <td> 和 </td> 表示单元格的开始和结束。

在表格中，有多少组"<tr></tr>"，就表示有多少行。

▶ 举例

```
<!DOCTYPE html>
<html>
<head>
    <meta charset="utf-8" />
    <title>表格基本结构</title>
    <!--这里使用CSS为表格加上边框-->
    <style type="text/css">
        table,tr,td{border:1px solid silver;}
    </style>
</head>
<body>
    <table>
        <tr>
            <td>HTML</td>
            <td>CSS</td>
        </tr>
        <tr>
            <td>JavaScript</td>
            <td>jQuery</td>
        </tr>
    </table>
</body>
</html>
```

浏览器预览效果如图 6-2 所示。

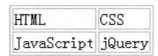

图 6-2　表格基本结构

▶ 分析

默认情况下，表格是没有边框的。在这个例子中，我们使用 CSS 加入边框，是想让大家更清楚地看到一个表格结构。对于表格的边框、颜色、大小等的设置，我们在 CSS 中会学到，这里不需要理解那一句 CSS 代码。

在 HTML 学习中，我们只需要知道表格用的是什么标签就行了。记住，学习 HTML 时，只考虑结构就行了，学习 CSS 时，再考虑样式。

6.3 完整结构

上一节介绍了表格的"基本结构"，但是一个表格的"完整结构"不是只有 table、tr、td，还包括 caption、th 等。

6.3.1 表格标题：caption

在 HTML 中，表格一般都会有一个标题，我们可以使用 caption 标签来实现。

▼ 语法

```
<table>
    <caption>表格标题</caption>
    <tr>
        <td>单元格1</td>
        <td>单元格2</td>
    </tr>
    <tr>
        <td>单元格3</td>
        <td>单元格4</td>
    </tr>
</table>
```

▼ 说明

一个表格只能有一个标题，也就是只能有一个 caption 标签。在默认情况下，标题位于整个表格的第一行。

▼ 举例

```
<!DOCTYPE html>
<html>
<head>
    <meta charset="utf-8" />
    <title>表格标题</title>
    <!--这里使用CSS为表格加上边框-->
    <style type="text/css">
        table,tr,td{border:1px solid silver;}
    </style>
</head>
<body>
    <table>
        <caption>考试成绩表</caption>
```

```
            <tr>
                <td>小明</td>
                <td>80</td>
                <td>80</td>
                <td>80</td>
            </tr>
            <tr>
                <td>小红</td>
                <td>90</td>
                <td>90</td>
                <td>90</td>
            </tr>
            <tr>
                <td>小杰</td>
                <td>100</td>
                <td>100</td>
                <td>100</td>
            </tr>
        </table>
    </body>
</html>
```

浏览器预览效果如图 6-3 所示。

考试成绩表

小明	80	80	80
小红	90	90	90
小杰	100	100	100

图 6-3　表格标题

▼ **分析**

默认情况下，表格是没有边框的。在这个例子中，我们使用 CSS 加入边框是想让大家更清楚地看到一个表格的结构。

6.3.2　表头单元格：th

在 HTML 中，单元格其实有两种：一种是"表头单元格"，使用的是 th 标签；另一种是"表行单元格"，使用的是 td 标签。

th 指的是 table header cell（表头单元格）。td 指的是 table data cell（表行单元格）。

▼ **语法**

```
<table>
    <caption>表格标题</caption>
    <tr>
        <th>表头单元格1</th>
        <th>表头单元格2</th>
```

```
    </tr>
    <tr>
        <td>表行单元格1</td>
        <td>表行单元格2</td>
    </tr>
    <tr>
        <td>表行单元格3</td>
        <td>表行单元格4</td>
    </tr>
</table>
```

▼ 说明

th 和 td 在本质上都是单元格，但是并不代表两者可以互换，它们具有以下区别。

▶ 显示上：浏览器会以"粗体"和"居中"来显示 th 标签中的内容，但是 td 标签不会。

▶ 语义上：th 标签用于表头，而 td 标签用于表行。

当然，对于表头单元格，我们可能会使用 td 来代替 th，但是不建议这样做。因为在"5.5 HTML 语义化"这一节我们已经明确说过：学习 HTML 的目的就是，在需要的地方能用正确的标签（也就是语义化）。

▼ 举例

```html
<!DOCTYPE html>
<html>
<head>
    <meta charset="utf-8" />
    <title>表头单元格</title>
    <!--这里使用CSS为表格加上边框-->
    <style type="text/css">
        table,tr,td,th{border:1px solid silver;}
    </style>
</head>
<body>
    <table>
        <caption>考试成绩表</caption>
        <tr>
            <th>姓名</th>
            <th>语文</th>
            <th>英语</th>
            <th>数学</th>
        </tr>
        <tr>
            <td>小明</td>
            <td>80</td>
            <td>80</td>
            <td>80</td>
        </tr>
        <tr>
            <td>小红</td>
            <td>90</td>
```

```
            <td>90</td>
            <td>90</td>
        </tr>
        <tr>
            <td>小杰</td>
            <td>100</td>
            <td>100</td>
            <td>100</td>
        </tr>
    </table>
</body>
</html>
```

浏览器预览效果如图 6-4 所示。

考试成绩表

姓名	语文	英语	数学
小明	80	80	80
小红	90	90	90
小杰	100	100	100

图 6-4　表头单元格

▌ **分析**

默认情况下，表格是没有边框的。在这个例子中，我们使用 CSS 加入边框是想让大家更清楚地看到一个表格的结构。

6.4　语义化

一个完整的表格包含：table、caption、tr、th、td。为了更进一步地对表格进行语义化，HTML 引入了 thead、tbody 和 tfoot 这 3 个标签。

thead、tbody 和 tfoot 把表格划分为 3 部分：表头、表身、表脚。有了这些标签，表格语义更加良好，结构更加清晰，也更具有可读性和可维护性。

▌ **语法**

```
<table>
    <caption>表格标题</caption>
    <!--表头-->
    <thead>
        <tr>
            <th>表头单元格1</th>
            <th>表头单元格2</th>
        </tr>
    </thead>
    <!--表身-->
```

```
        <tbody>
            <tr>
                <td>表行单元格1</td>
                <td>表行单元格2</td>
            </tr>
            <tr>
                <td>表行单元格3</td>
                <td>表行单元格4</td>
            </tr>
        </tbody>
        <!--表脚-->
        <tfoot>
            <tr>
                <td>标准单元格5</td>
                <td>标准单元格6</td>
            </tr>
        </tfoot>
</table>
```

▉ 举例

```
<!DOCTYPE html>
<html>
<head>
    <meta charset="utf-8" />
    <title>表格语义化</title>
    <!--这里使用CSS为表格加上边框-->
    <style type="text/css">
        table,tr,td,th{border:1px solid silver;}
    </style>
</head>
<body>
    <table>
        <caption>考试成绩表</caption>
        <thead>
            <tr>
                <th>姓名</th>
                <th>语文</th>
                <th>英语</th>
                <th>数学</th>
            <tr>
        </thead>
        <tbody>
            <tr>
                <td>小明</td>
                <td>80</td>
                <td>80</td>
                <td>80</td>
            </tr>
            <tr>
                <td>小红</td>
```

```
                    <td>90</td>
                    <td>90</td>
                    <td>90</td>
                </tr>
                <tr>
                    <td>小杰</td>
                    <td>100</td>
                    <td>100</td>
                    <td>100</td>
                </tr>
            </tbody>
            <tfoot>
                <tr>
                    <td>平均</td>
                    <td>90</td>
                    <td>90</td>
                    <td>90</td>
                </tr>
            </tfoot>
        </table>
    </body>
</html>
```

浏览器预览效果如图 6-5 所示。

考试成绩表

姓名	语文	英语	数学
小明	80	80	80
小红	90	90	90
小杰	100	100	100
平均	90	90	90

图 6-5　表格语义化

▼ 分析

　　表脚（tfoot）往往用于统计数据。对于 thead、tbody 和 tfoot 标签，不一定需要全部都用上，如 tfoot 就很少用。一般情况下，我们根据实际需要来使用这些标签。

　　thead、tbody 和 tfoot 标签也是表格中非常重要的标签，它从语义上区分了表头、表身和表脚，很多人容易忽略它们。

　　此外，thead、tbody 和 tfoot 除了可以使代码更具有语义，还有另外一个重要作用：方便分块来控制表格的 CSS 样式。

【解惑】

　　对于表格的显示效果来说，thead、tbody 和 tfoot 标签加了和没加是一样的，那为什么还要用呢？

　　单纯从显示效果来说，确实如此。曾经作为初学者，我也有过这样的疑问。但是加了之后，可以让你的代码更具有逻辑性，并且还可以很好地结合 CSS 来分块控制样式。

6.5　合并行：rowspan

在设计表格时，有时我们需要将"横向的 N 个单元格"或者"纵向的 N 个单元格"合并成一个单元格（类似 Word 的表格合并），这个时候就需要用到"合并行"或"合并列"。这一节，我们先来介绍一下合并行。

在 HTML 中，我们可以使用 rowspan 属性来合并行。所谓的合并行，指的是将"纵向的 N 个单元格"合并。

▼ 语法

```
<td rowspan="跨域的行数"></td>
```

▼ 举例

```
<!DOCTYPE html>
<html>
<head>
    <meta charset="utf-8" />
    <title>rowspan属性</title>
    <style type="text/css">
        table,tr,td{border:1px solid silver;}
    </style>
</head>
<body>
    <table>
        <tr>
            <td>姓名:</td>
            <td>小明</td>
        </tr>
        <tr>
            <td rowspan="2">喜欢水果:</td>
            <td>苹果</td>
        </tr>
        <tr>
            <td>香蕉</td>
        </tr>
    </table>
</body>
</html>
```

浏览器预览效果如图 6-6 所示。

图 6-6　合并行效果

▸ **分析**

这里为了简化例子，就不直接用标准语义来写了，但是小伙伴们在实际开发中要记得语义化。

在这个例子中，如果我们将 rowspan="2" 删除，预览效果就会变成如图 6-7 所示。

姓名：	小明
喜欢水果：	苹果
香蕉	

图 6-7　删除 rowspan="2" 后的效果

所谓的合并行，其实就是将表格相邻的 N 个行合并。在这个例子中，rowspan="2" 实际上是让加上 rowspan 属性的这个 td 标签跨越两行。

6.6　合并列：colspan

在 HTML 中，我们可以使用 colspan 属性来合并列。所谓的合并列，指的是将"横向的 N 个单元格"合并。

▸ **语法**

```
<td colspan=" 跨域的列数 "></td>
```

▸ **举例**

```
<!DOCTYPE html>
<html>
<head>
    <meta charset="utf-8" />
    <title>colspan属性</title>
    <style type="text/css">
        table,tr,td{border:1px solid silver;}
    </style>
</head>
<body>
    <table>
        <tr>
            <td colspan="2">前端开发技术</td>
        </tr>
        <tr>
            <td>HTML</td>
            <td>CSS</td>
        </tr>
        <tr>
            <td>JavaScript</td>
            <td>jQuery</td>
        </tr>
    </table>
</body>
</html>
```

浏览器预览效果如图 6-8 所示。

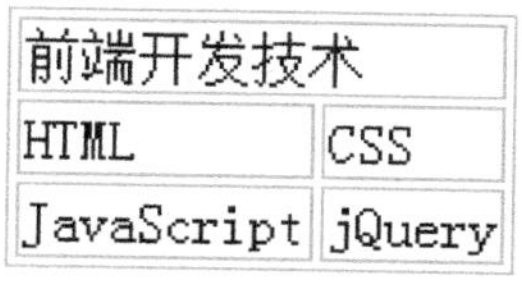
前端开发技术
HTML
CSS
JavaScript
jQuery

图 6-8　合并列效果

分析

如果我们将 colspan="2" 删除，预览效果就会变成如图 6-9 所示。

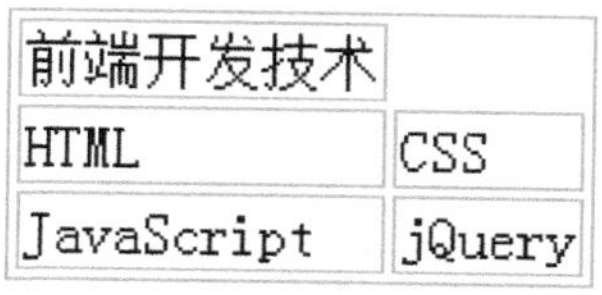
前端开发技术
HTML
CSS
JavaScript
jQuery

图 6-9　删除 colspan="2" 后的效果

小伙伴们好好琢磨一下上面这个例子，尝试自己写一下。在实际开发中，合并行与合并列用得很少，如果忘了，直接回来这里查一下即可。

此外，对于 rowspan 和 colspan，我们可以根据其英文意思进行记忆。其中，rowspan 表示 “row span”，colspan 表示 “column span”。

6.7　本章练习

一、单选题

下面有关表格的说法，正确的是（　　）。

A．表格已经被抛弃了，现在没必要学　　B．我们可以使用表格来布局

C．表格一般用于展示数据　　D．表格最基本的 3 个标签是 tr、th、td

二、编程题

利用这一章学到的知识，制作如图 6-10 所示的表格效果，并且要求代码语义化。

http://localhost:63
学生成绩表
姓名
性别
成绩
张三
男
250
李四
男
520
平均分
385
100%

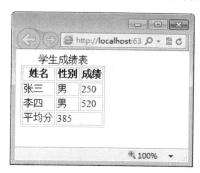

图 6-10　表格效果

第 7 章

图片

7.1　图片标签

任何网页都少不了图片，一个图文并茂的页面，可以使用户体验更好。如果想让网站获得更多的流量，也可以从"图文并茂"这个角度挖掘一下。

在 HTML 中，我们可以使用 img 标签来显示一张图片。对于 img 标签，我们只需要掌握它的 3 个属性：src、alt 和 title。

```
<img src="" alt="" title="" />
```

7.1.1　src 属性

src 用于指定这个图片所在的路径，这个路径可以是相对路径，也可以是绝对路径。对于路径，我们会在下一节中详细介绍。

▼ 语法

```
<img src="图片路径" />
```

▼ 说明

所谓的"图片路径"，指的就是"图片地址"，这两个叫法是一样的意思。任何一张图片必须指定 src 属性才可以显示。也就是说，src 是 img 标签必不可少的属性。

▼ 举例

```
<!DOCTYPE html>
<html>
<head>
    <meta charset="utf-8" />
    <title></title>
```

```
</head>
<body>
    <img src="img/haizei.png">
</body>
</html>
```

浏览器预览效果如图 7-1 所示。

图 7-1　src 属性

▌ 分析

"img/haizei.png"就是这个图片的路径，小伙伴们暂时不懂没关系，下一节我们会给大家介绍。

在这个例子中，如果我们把"img/haizei.png"去掉，此时图片就不会显示出来了。

7.1.2　alt 属性和 title 属性

alt 和 title 都用于指定图片的提示文字。一般情况下，alt 和 title 的值是相同的。不过两者也有很大的区别。

▶ alt 属性用于图片描述，这个描述文字是给**搜索引擎**看的。当图片无法显示时，页面会显示 alt 中的文字。

▶ title 属性也用于图片描述，不过这个描述文字是给**用户**看的。当鼠标指针移到图片上时，会显示 title 中的文字。

▌ 举例：alt 属性

```
<!DOCTYPE html>
<html>
<head>
    <meta charset="utf-8" />
    <title></title>
</head>
<body>
    <img src="img/haizei.png" alt="海贼王之索隆" />
```

```
</body>
</html>
```

浏览器预览效果如图 7-2 所示。

图 7-2　alt 属性

▶ 分析

仔细一看，怎么加上 alt 属性和没加上是一样的效果呢？实际上，当我们把"img/haizei.png"去掉（也就是图片无法显示）后，此时可以看到浏览器会显示 alt 的提示文字，如图 7-3 所示。如果没有加上 alt 属性值，图片不显示，就不会有提示文字。

图 7-3　alt 属性的提示文字效果

▶ 举例：title 属性

```
<!DOCTYPE html>
<html>
<head>
    <meta charset="utf-8" />
    <title></title>
</head>
<body>
    <img src="img/haizei.png" title="海贼王之索隆">
```

```
</body>
</html>
```

浏览器预览效果如图 7-4 所示。

图 7-4 title 属性

▶ **分析**

当我们把鼠标移到图片上时，就会显示 title 中的提示文字，如图 7-5 所示。

图 7-5 title 属性的提示文字

在实际开发中，对于 img 标签，src 和 alt 这两个是必选属性，一定要添加；而 title 是可选属性，可加可不加。

7.2 图片路径

从上一节学习中我们得知，如果想要显示一张图片，就必须设置该图片的路径（即图片地址）。也就是说，我们必须要设置 img 标签的 src 属性。道理很简单，就像你找一个文件，需要知道它在哪里才能找得着。

路径，往往也是初学者最困惑的知识点之一。在 HTML 中，路径分为两种：绝对路径和相对路径。

首先我们使用 HBuilder 在 D 盘目录下建立一个网站，网站名为 "website"，其目录结构如图 7-6 所示。如果小伙伴们还不会用 HBuilder，在网上搜索一下使用教程即可，很简单。

图 7-6 网站目录

接下来，我们要用 page1.html 和 page2.html 这两个页面分别去引用 img 文件夹中的图片 haizei.png，从而多方面地来认识相对路径和绝对路径的区别。

7.2.1 page1.html 引用图片

1. 绝对路径

```
<img src="D:/website/img/haizei.png" />
```

绝对路径，指的是图片在你的计算机中的完整路径。平常我们使用计算机都知道，文件夹上方会显示一个路径，其实这个就是绝对路径，如图 7-7 所示。

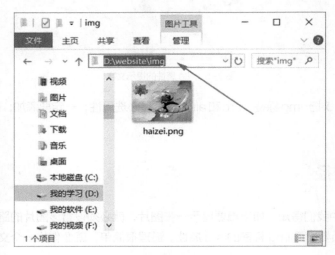

图 7-7 计算机中的绝对路径

2. 相对路径

```
<img src="img/haizei.png" />
```

所谓的相对路径，指的是图片相对当前页面的位置（好好琢磨这句话）。

从图 7-6 可以看出，page1.html 与 img 文件夹位于同一层目录中，两者是"兄弟"关系。然后 haizei.png 位于 img 文件夹目录下，这两个是"父子"关系。因此，正确的相对路径应该是"img/haizei.png"。

有些小伙伴就会问了，如果网站目录改为图 7-8 所示的情况，此时 page1.html 若要引用 haizei.png 这张图片，那么相对路径该怎么写呢？

图 7-8　网站目录

由于此时 page1.html 与 haizei.png 位于同一级目录中，也就是"兄弟"关系。正确的写法如下所示。

```
<img src="haizei.png" />
```

7.2.2　page2.html 引用图片

1. 绝对路径

```
<img src="D:/website/img/haizei.png" />
```

回到图 7-6，"page1.html 引用 haizei.png"与"page2.html 引用 haizei.png"，两者的绝对路径写法是一样的。实际上，只要你的图片没有移动到其他地方，所有页面引用该图片的绝对路径都是一样的。这个道理很简单，小伙伴们稍微想一下就懂了。

2. 相对路径

```
<img src="../img/haizei.png" />
```

从图 7-6 可以知道，page2.html 位于 test 文件夹下，haizei.png 位于 img 文件夹下，而 test 文件夹与 img 文件夹处于同一层目录（"兄弟"关系）。也就是说 haizei.png 位于 page2.html

的上一级目录中的 img 文件夹下，因此 src 为"../img/haizei.png"。其中"../"表示上一级目录，我们要记住这种写法。

如果网站目录改为图 7-9 所示的情况，此时 page2.html 若要引用 haizei.png 这张图片，那相对路径应该怎么写呢？

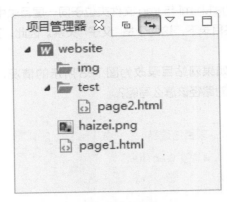

图 7-9 网站目录

由于此时 haizei.png 与 test 文件夹位于同一级目录中，我们只需要找到 page2.html 的上一级，就可以找到 haizei.png 了。正确的写法如下。

```
<img src="../haizei.png" />
```

至此，两种路径方式差不多介绍完了。最后还有最重要的一点要给大家说明：**在实际开发中，不论是图片还是超链接，一般都使用相对路径，几乎不会使用绝对路径。**

这是因为如果采用绝对路径，那么网站文件一旦移动，所有的路径都可能会失效。因此，小伙伴们只需要掌握相对路径，对于绝对路径，了解一下就行。

【解惑】

1. **为什么我使用绝对路径时，图片不能显示出来？**

当我们使用绝对路径时，往往很多编辑器都不能把图片的路径解析出来，因此图片无法在网页中显示。在真正的网站开发中，对于图片或者引用文件的路径，我们几乎都是使用相对路径。因此，大家不必过于纠结绝对路径的相关问题，只需要掌握相对路径的写法即可。

2. **对于图片或文件，可以使用中文名吗？**

不建议使用中文，因为很多服务器是英文操作系统，不能对中文文件名提供很好的支持。所以不管是图片还是文件夹，都建议使用英文名字。

3. **作为初学者，我老是忘记路径怎么写，该怎么办呢？**

HBuilder 会有自动提示，我们选中想要的图片，它就会自动帮我们填上正确的路径，如图 7-10 所示。初学时可以使用 HBuilder 自动提示，但是后面我们一定要慢慢熟悉这些路径是怎么写的。

```
 1 <!DOCTYPE html>
 2 <html>
 3 <head>
 4     <meta charset="utf-8" />
 5     <title></title>
 6 </head>
 7 <body>
 8     <img src=""/>
 9 </body>
10 </html>
11
```

图 7-10　HBuilder 自动提示

7.3　图片格式

在网页中，图片格式有两种：一种是"位图"，另一种是"矢量图"。下面我们来简单介绍一下。

7.3.1　位图

位图，又叫作"像素图"，它是由像素点组成的图片。对于位图来说，放大图片后，图片会失真；缩小图片后，图片同样也会失真。

在实际开发中，最常见的位图的图片格式有 3 种（可以从图片后缀名看出来）：jpg（或 jpeg）、png、gif。深入理解 3 种图片适合在哪种情况下使用，在前端开发中是非常重要的。

▶ jpg 格式可以很好地处理大面积色调的图片，适合存储颜色丰富的复杂图片，如照片、高清图片等。此外，jpg 格式的图片体积较大，并且不支持保存透明背景。

▶ png 格式是一种无损格式，可以无损压缩以保证页面打开速度。此外，png 格式的图片体积较小，并且支持保存透明背景，不过不适合存储颜色丰富的图片。

▶ gif 格式的图片效果最差，不过它适合制作动画。实际上，小伙伴们经常在 QQ 或微信上发的动图都是 gif 格式的。

这里来总结一下：如果想要展示色彩丰富的高品质图片，可以使用 jpg 格式；如果是一般图片，为了减少体积或者想要透明效果，可以使用 png 格式；如果是动画图片，可以使用 gif 格式。

此外，对于位图，我们可以使用 Photoshop 这个软件来处理。

▌ 举例

```
<!DOCTYPE html>
<html>
<head>
```

```
    <meta charset="utf-8" />
    <title>jpg、png与gif</title>
    <style type="text/css">
        body{background-color:hotpink;}
    </style>
</head>
<body>
    <img src="img/1.jpg" alt=""/><br/>
    <img src="img/2.png" alt=""/><br/>
    <img src="img/3.gif" alt=""/>
</body>
</html>
```

浏览器预览效果如图 7-11 所示。

图 7-11　jpg、png 与 gif

▶ 分析

　　"body{background-color:hotpink;}"表示使用 CSS 为页面定义一个背景色，以便对比得出哪些图片是透明的，哪些不是透明的。这句代码现在看不懂不用考虑，等学了 CSS 自然就知道了。

　　从这个例子我们可以很直观地看出来：jpg 图片不支持透明，png 图片支持透明，而 gif 图片可以做动画。

7.3.2　矢量图

　　矢量图，又叫作"向量图"，是以一种数学描述的方式来记录内容的图片格式。举个例子，我们可以使用 y=kx 来绘制一条直线，当 k 取不同值时可以绘制不同角度的直线，这就是矢量图的构图原理。

　　矢量图最大的优点是图片无论放大、缩小或旋转等，都不会失真。最大的缺点是难以表现色彩丰富的图片，如图 7-12、图 7-13 和图 7-14 所示。

图 7-12　人物矢量图

图 7-13　风景矢量图

图 7-14　动画矢量图

　　矢量图的常见格式有 ".ai"".cdr"".fh"".swf"。其中 ".swf" 格式比较常见，它指的是 Flash 动画，其他几种格式的矢量图比较少见，可以忽略。对于矢量图，我们可以使用 illustrator 或者 CorelDRAW 这两款软件来处理。

　　在网页中，很少用到矢量图，除非是一些字体图标（iconfont）。不过作为初学者，我们只需简单了解一下即可。

　　对于位图和矢量图的区别，我们总结了以下 4 点。

▶ 位图适用于展示色彩丰富的图片，而矢量图不适用于展示色彩丰富的图片。

▶ 位图的组成单位是 "像素"，而矢量图的组成单位是 "数学向量"。

▶ 位图受分辨率影响，当图片放大时会失真；而矢量图不受分辨率影响，当图片放大时不会失真。

▶ 网页中的图片绝大多数都是位图，而不是矢量图。

【解惑】

　　1.　现在的前端开发工作，还需要用到切图吗？

　　在 Web 1.0 时代，切图是一种形象的说法，它指的是使用 Photoshop 把设计图切成一块一块的，然后再使用 Dreamweaver 拼接起来，从而合成一个网页。

　　到了 Web 2.0 时代，依旧有切图一说，只不过这种切图不再是以前那种方式。现在所说的切图不是将图片切片，而是一种设计思路。现在的切图，指的是前端工程师拿到 UI 设计师的图稿时，需要分析页面的布局，哪些用 CSS 实现，哪些用图片实现，哪些用 CSS Spirit 实现等。

　　在 Web 2.0 时代，我们仍然需要掌握 Photoshop 的一些基本操作。不过我们在开发页面时，就不应该使用 Web 1.0 时代的 "拼图" 方式了。

　　2.　如果我从事前端开发，对于 Photoshop 要掌握到什么程度呢？

　　一个真正的前端工程师，需要能用 Photoshop 来进行基本的图片处理，如图片切片、图片压缩、格式转换等。但如果时间精力有限，我们也不必太过于深入，掌握基本操作就完全够用了。

7.4   本章练习

一、单选题

1. 在 img 标签中，（   ）属性的内容是提供给搜索引擎看的。
   A. src   B. alt   C. title   D. class

2. 下面说法，正确的是（   ）。
   A. 当鼠标移到图片上时，就会显示 img 标签 alt 属性中的文字
   B. src 是 img 标签必不可少的属性，只有定义它之后图片才可以显示出来
   C. 在实际开发中，我们常用的是绝对路径，很少用到相对路径
   D. 如果想要显示一张动画图片，可以使用 png 格式来实现

3. 在图 7-15 的目录结构中，blog 与 img 这两个文件位于同一层级，如果我们要在 page1.
html 中显示 haizei.png 这张图片，正确的路径写法是（   ）。

图 7-15   网站目录

   A. <img src="../../img/haizei.png" alt=""/>
   B. <img src="../img/haizei.png" alt=""/>
   C. <img src="img/haizei.png" alt=""/>
   D. <img src="../blog/img/haizei.png" alt=""/>

二、编程题

尝试在一个页面显示 3 种格式（jpg、png、gif）的图片，并且注意路径的书写。

第8章

超链接

8.1 超链接简介

超链接随处可见，可以说是网页中最常见的元素，如绿叶学习网的导航、图片列表等都用到了超链接，只要我们轻轻一点超链接，就会跳转到其他页面，如图 8-1 所示。

图 8-1 绿叶学习网

超链接，英文名是 hyperlink。每一个网站都由非常多的网页组成，而页面之间通常都是通过超链接来相互关联的。超链接能够让我们在各个独立的页面之间方便地跳转。

8.1.1 a 标签

在 HTML 中，我们可以使用 a 标签来实现超链接。

▼ 语法

```
<a href="链接地址">文本或图片</a>
```

▶ 说明

href 表示你想要跳转到的那个页面的路径（也就是地址），可以是相对路径，也可以是绝对路径。对于路径，忘了的小伙伴，记得回去翻一下"7.2 图片路径"这一节。

超链接的使用范围非常广，我们可以将文本设置为超链接，这种叫作"文本超链接"。也可以将图片设置为超链接，这种叫作"图片超链接"。

▶ 举例：文本超链接

```
<!DOCTYPE html>
<html>
<head>
    <meta charset="utf-8" />
    <title></title>
</head>
<body>
    <a href="http://www.lvyestudy.com">绿叶学习网</a>
</body>
</html>
```

浏览器预览效果如图 8-2 所示。

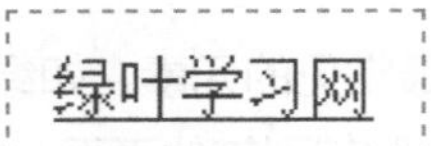

绿叶学习网

图 8-2 文本超链接

▶ 分析

当我们单击文字"绿叶学习网"时，就会跳转到绿叶首页。

▶ 举例：图片超链接

```
<!DOCTYPE html>
<html>
<head>
    <meta charset="utf-8" />
    <title></title>
</head>
<body>
    <a href="http://www.lvyestudy.com"><img src="img/lvye.png" alt="绿叶学习网"/></a>
</body>
</html>
```

浏览器预览效果如图 8-3 所示。

图 8-3 图片超链接

▌ **分析**

如果我们单击图片，就会跳转到绿叶首页。不管是哪种超链接，都是把文字或图片放到 a 标签内部来实现的。

8.1.2 target 属性

默认情况下，超链接都是在当前浏览器窗口打开新页面的。在 HTML 中，我们可以使用 target 属性来定义超链接打开窗口的方式。

▌ **语法**

```
<a href="链接地址" target="打开方式"></a>
```

▌ **说明**

a 标签的 target 属性取值有 4 种，如表 8-1 所示。

表 8-1　target 属性取值

属性值	说明
_self	在原来窗口打开链接（默认值）
_blank	在新窗口打开链接
_parent	在父窗口打开链接
_top	在顶层窗口打开超链接

一般情况下，我们只会用到"**_blank**"这 1 个值，也只要记住这一个就够了，其他 3 个值不需要去深究。

▌ **举例**

```
<!DOCTYPE html>
<html>
<head>
    <meta charset="utf-8" />
    <title></title>
</head>
<body>
    <a href="http://www.lvyestudy.com" target="_blank">绿叶学习网</a>
</body>
</html>
```

浏览器预览效果如图 8-4 所示。

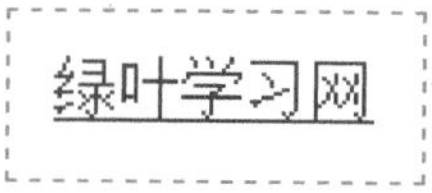

绿叶学习网

图 8-4　target 属性

◤ 分析

这个例子与之前那个例子在浏览器效果上看不出什么区别，但是当我们单击超链接后，就会发现它们的窗口打开方式是不一样的，小伙伴们先自己试一下。

最后有一点要特别注意，_blank 属性是以**下划线（ _ ）**开头的，而不是**中划线（ - ）**。

8.2 内部链接

在 HTML 中，超链接有两种：一种是外部链接，另外一种是内部链接。外部链接指向的是“外部网站的页面”，而内部链接指向的是“自身网站的页面”。上一节我们接触的就是外部链接，这一节我们来学习一下内部链接。

首先，我们建立一个网站，网站名为“website2”，其目录结构如图 8-5 所示。

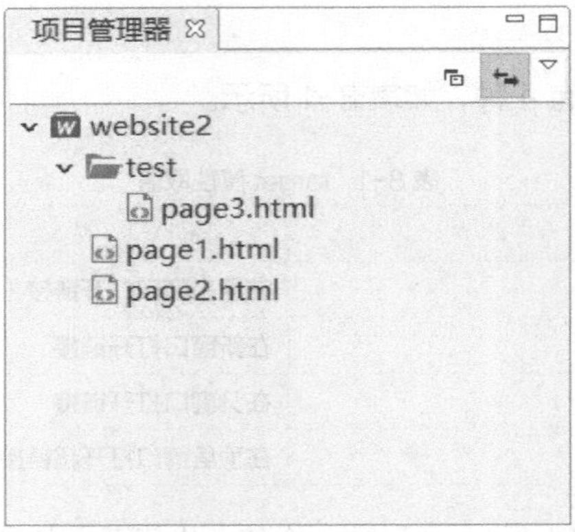

图 8-5 网站目录

对于图 8-5 中的 3 个页面，如果我们在 page1.html 单击超链接，跳转到 page2.html 或者 page3.html，这种超链接就是内部链接。这是因为 3 个页面都是位于同一个网站根目录下的。

我们在 HBuilder 中按照上图建立 3 个页面，代码分别如下所示。

page1.html：

```
<!DOCTYPE html>
<html>
<head>
    <meta charset="utf-8" />
    <title></title>
</head>
<body>
    <a href="page2.html">跳转到页面 2</a>
    <a href="test/page3.html">跳转到页面 3</a>
</body>
</html>
```

page2.html：

```
<!DOCTYPE html>
<html>
<head>
```

```
        <meta charset="utf-8" />
        <title></title>
    </head>
    <body>
        <h1>这是页面2</h1>
    </body>
</html>
```

page3.html：

```
<!DOCTYPE html>
<html>
<head>
    <meta charset="utf-8" />
    <title></title>
</head>
<body>
    <h1>这是页面3</h1>
</body>
</html>
```

小伙伴们自己在 HBuilder 中实践一下，就知道内部链接是怎么一回事了。此外，内部链接使用的都是相对路径，而不是绝对路径，这个与图片路径是一样的。

8.3　锚点链接

有些页面内容比较多，导致页面过长，此时用户需要不停地拖动浏览器上的滚动条才可以看到下面的内容。为了方便用户操作，我们可以使用锚点链接来优化用户体验。

在 HTML 中，锚点链接其实是内部链接的一种，它的链接地址（也就是 href）指向的是当前页面的某个部分。所谓锚点链接，简单地说，就是单击某一个超链接，它就会跳到**当前页面**的某一部分。

▶ 举例

```
<!DOCTYPE html>
<html>
<head>
    <meta charset="utf-8" />
    <title></title>
</head>
<body>
    <div>
        <a href="#article">推荐文章</a><br />
        <a href="#music">推荐音乐</a><br />
        <a href="#movie">推荐电影</a><br />
    </div>
    ……<br />
    ……<br />
    ……<br />
    ……<br />
```

```
……<br />
……<br />
……<br />
……<br />
<div id="article">
    <h3>推荐文章</h3>
    <ul>
        <li>朱自清–荷塘月色</li>
        <li>余光中–乡愁</li>
        <li>鲁迅–阿Q正传</li>
    </ul>
</div>
……<br />
……<br />
……<br />
……<br />
……<br />
……<br />
……<br />
<div id="music">
    <h3>推荐音乐</h3>
    <ul>
        <li>林俊杰–被风吹过的夏天</li>
        <li>曲婉婷–我的歌声里</li>
        <li>许嵩–灰色头像</li>
    </ul>
</div>
……<br />
……<br />
……<br />
……<br />
……<br />
……<br />
……<br />
……<br />
<div id="movie">
    <h3>推荐电影</h3>
    <ul>
        <li>蜘蛛侠系列</li>
        <li>钢铁侠系列</li>
        <li>复仇者联盟</li>
    </ul>
</div>
</body>
</html>
```

浏览器预览效果如图 8-6 所示。

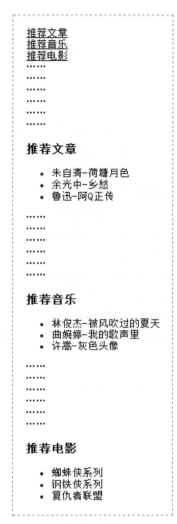

图 8-6　锚点链接

▶ 分析

我们分别单击"推荐文章""推荐音乐""推荐电影"这 3 个超链接，页面就会自动滚动到相应的部分。

小伙伴们仔细观察这个例子就可以知道，想要实现锚点链接，需要定义以下 2 个参数。

- ▶ 目标元素的 id。
- ▶ a 标签的 href 属性指向该 id。

其中，id 属性就是元素的名称，这个 id 名是随便起的（一般是英文）。不过在同一个页面中，id 是唯一的，也就是说一个页面不允许出现相同的 id。道理很简单，你见过哪两个人的身份证号码是相同的呢？

最后要注意一点，给 a 标签的 href 属性赋值时，需要在 id 前面加上"#"（井号），用来表示这是一个锚点链接。

8.4　本章练习

一、单选题

1. 想要使超链接以新窗口的方式打开网页，需要定义 target 属性值为（　　）。

　　A. _self　　　　　　　　　　　B. _blank

　　C. _parent　　　　　　　　　　D. _top

2. 我们可以使用（　　）快速定位到当前页面的某一部分。

　　A. 外部链接　　　　　　　　　　B. 锚点链接

　　C. 特殊链接　　　　　　　　　　D. target 属性

3. 下面有关超链接的说法，正确的是（　　）。

　　A. 不仅文本可以设置超链接，图片也可以设置超链接

　　B. 锚点链接属于外部链接的一种

　　C. 可以使用 src 属性指定超链接的跳转地址

　　D. 可以使用 "target="-blank";" 指定超链接在新窗口打开

二、编程题

制作如图 8-7 所示的网页，要求单击图片或者文字时，都可以跳转到新的页面，并且设置以新窗口的方式打开。

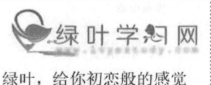

图 8-7　带超链接的网页

第 9 章

表单

9.1　表单简介

9.1.1　表单是什么

　　在前面的章节中，我们学习了各种各样的标签。不过使用这些标签做出来的都是静态页面，动态页面是没办法实现的。如果想要做出一个动态页面，我们就需要借助表单来实现。

　　对于表单，相信小伙伴们接触过不少，像注册登录、话费充值、发表评论等都用到了表单，如图 9-1、图 9-2 和图 9-3 所示。其中，文本框、按钮、下拉菜单等就是常见的表单元素。

图 9-1　注册登录

图 9-2　话费充值

图 9-3　评论交流

在"4.1 文本简介"这一节，我们已经详细探讨了静态页面与动态页面之间的区别。简单地说，如果一个页面仅仅供用户浏览，那就是静态页面。如果这个页面还能实现与服务器进行数据交互（像注册登录、话费充值、评论交流），那就是动态页面。

表单是我们接触动态页面的第一步。其中表单最重要的作用就是在浏览器端收集用户的信息，然后将数据提交给服务器来处理。

可能有些初学者就会问："我用表单做了一个用户登录功能，怎么在服务器中判断账号和密码是否正确呢？"大家不要着急，我们在 HTML 学习中要做的仅仅是把登录注册、话费充值这些表单的**页面效果**做出来就可以了。至于怎么在服务器处理这些信息，那就不是 HTML 的范畴了，而是属于神秘的后端技术。这个等大家学了 PHP、JSP 或 ASP.NET 等后端技术，自然就会知道了。

总而言之，一句话：**学习 HTML 只需要把效果做出来就可以，不需要考虑数据处理。**

9.1.2　表单标签

在 HTML 中，表单标签有 5 种：form、input、textarea、select 和 option。图 9-4 所示的这个表单，已经把这 5 种表单标签都用上了。在这一章的学习中，最基本的要求就是把这个表单做出来。

图 9-4　表单

根据外观进行划分，表单可以分为以下8种。

- ▶ 单行文本框。
- ▶ 密码文本框。
- ▶ 单选框。
- ▶ 复选框。
- ▶ 按钮。
- ▶ 文件上传。
- ▶ 多行文本框。
- ▶ 下拉列表。

9.2 form 标签

9.2.1 form 标签简介

在 HTML 中，我们知道表格的行（tr）、单元格（th、td）等都必须放在 table 标签内部。创建一个表单，与创建一个表格一样，我们也必须要把所有表单标签放在 form 标签内部。

表单与表格是两个完全不一样的概念，但是还是有不少初学者分不清。记住，我们常说的表单，指的是文本框、按钮、单选框、复选框、下拉列表等的统称。

▼ 语法

```
<form>
    各种表单标签
</form>
```

▼ 举例

```
<!DOCTYPE html>
<html>
<head>
    <meta charset="utf-8"/>
    <title></title>
</head>
<body>
    <form>
        <input type="text" value="这是一个单行文本框"/><br/>
        <textarea>这是一个多行文本框</textarea><br/>
        <select>
            <option>HTML</option>
            <option>CSS</option>
            <option>JavaScript</option>
        </select>
    </form>
</body>
</html>
```

浏览器预览效果如图 9-5 所示。

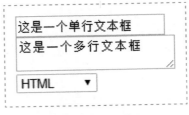

图 9-5　form 标签

▶ **分析**

input、textarea、select、option 都是表单标签，必须要放在 form 标签内部。对于这些表单标签，后面会慢慢学到，暂时不需要深入了解。

9.2.2　form 标签属性

在 HTML 中，form 标签的常用属性如表 9-1 所示。

表 9-1　form 标签属性

属性	说明
name	表单名称
method	提交方式
action	提交地址
target	打开方式
enctype	编码方式

对于刚接触 HTML 的小伙伴来说，form 标签的这几个属性，与 head 标签中的几个标签一样，缺乏操作性且比较抽象。不过没关系，我们简单看一下就行，等学了后端技术自然就能真正地理解了。

1. name 属性

在一个页面中，表单可能不止一个，每一个 form 标签就是一个表单。为了区分这些表单，我们可以使用 name 属性来给表单命名。

▶ **举例**

```
<form name="myForm"></form>
```

2. method 属性

在 form 标签中，method 属性用于指定表单数据使用哪一种 http 提交方法。method 属性取值有两个：一个是"get"，另外一个是"post"。

get 的安全性较差，而 post 的安全性较好。所以在实际开发中，大多数情况下我们都是使用 post。

举例

```
<form method="post"></form>
```

3. action 属性

在 form 标签中，action 属性用于指定表单数据提交到哪一个地址进行处理。

举例

```
<form action="index.php"></form>
```

4. target 属性

form 标签的 target 属性与 a 标签的 target 属性是一样的，都是用来指定窗口的打开方式。一般情况下，我们只会用到“_blank”这一个属性值。

举例

```
<form target="_blank"></form>
```

5. enctype 属性

在 form 标签中，enctype 属性用于指定表单数据提交的编码方式。一般情况下，我们不需要设置，除非你用到上传文件功能。

9.3 input 标签

在 HTML 中，大多数表单都是使用 input 标签来实现的。

语法

```
<input type="表单类型" />
```

说明

input 是自闭合标签，它是没有结束符号的。其中 type 属性取值如表 9-2 所示。

表 9-2 input 标签的 type 属性取值

属性值	浏览器效果	说明
text	helicopter	单行文本框
password	•••••••••••	密码文本框
radio	性别：○ 男 ○ 女	单选框
checkbox	兴趣：□ 旅游 □ 摄影 □ 运动	多选框
button 或 submit 或 reset	按钮	按钮
file	选择文件 未选择任何文件	文件上传

在接下来的几个小节中，我们仅仅会用到 input 标签，这些表单的类型是由 type 属性的取值决定的。了解这个，可以让我们的学习思路更为清晰。

9.4　单行文本框

9.4.1　单行文本框简介

在 HTML 中，单行文本框是使用 input 标签来实现的，其中 type 属性取值为"text"。单行文本框常见于网站的注册登录功能中。

▼ 语法

```
<input type="text" />
```

▼ 举例

```
<!DOCTYPE html>
<html>
<head>
    <meta charset="utf-8" />
    <title></title>
</head>
<body>
    <form method="post">
        姓名:<input type="text" />
    </form>
</body>
</html>
```

浏览器预览效果如图 9-6 所示。

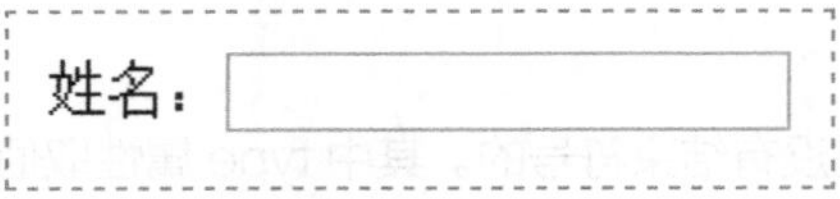

姓名：

图 9-6　单行文本框效果

9.4.2　单行文本框属性

在 HTML 中，单行文本框常用属性如表 9-3 所示。

表 9-3　单行文本框常用属性

属性	说明
value	设置单行文本框的默认值，也就是默认情况下单行文本框显示的文字
size	设置单行文本框的长度
maxlength	设置单行文本框中最多可以输入的字符数

对于元素属性的定义，是没有先后顺序的，你可以将 value 定义在前面，也可以定义在后面。

▌举例：value 属性

```
<!DOCTYPE html>
<html>
<head>
    <meta charset="utf-8" />
    <title></title>
</head>
<body>
    <form method="post">
        姓名:<input type="text" /><br />
        姓名:<input type="text" value="helicopter"/>
    </form>
</body>
</html>
```

浏览器预览效果如图 9-7 所示。

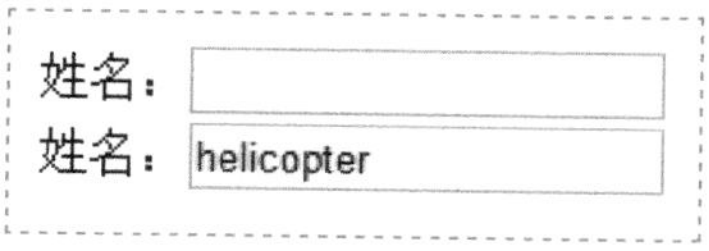

姓名：
姓名： helicopter

图 9-7　value 属性效果

▌分析

value 属性用于设置单行文本框中默认的文本，如果没有设置，文本框就是空白的。

▌举例：size 属性

```
<!DOCTYPE html>
<html>
<head>
    <meta charset="utf-8" />
    <title></title>
</head>
<body>
    <form method="post">
        姓名:<input type="text" size="20"/><br />
        姓名:<input type="text" size="10"/>
    </form>
</body>
</html>
```

浏览器预览效果如图 9-8 所示。

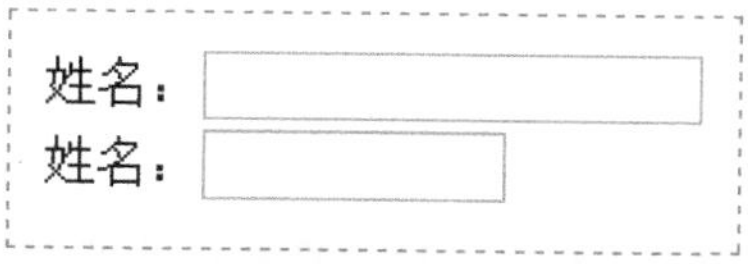

姓名：
姓名：

图 9-8　size 属性效果

◤ 分析

size 属性可以用来设置单行文本框的长度，不过在实际开发中，我们一般不会用到这个属性，而是使用 CSS 来控制。

◤ 举例: maxlength 属性

```
<!DOCTYPE html>
<html>
<head>
    <meta charset="utf-8" />
    <title></title>
</head>
<body>
    <form method="post"><form method="post">
        姓名:<input type="text" />
        姓名:<input type="text" maxlength="5"/>
    </form>
</body>
</html>
```

浏览器预览效果如图 9-9 所示。

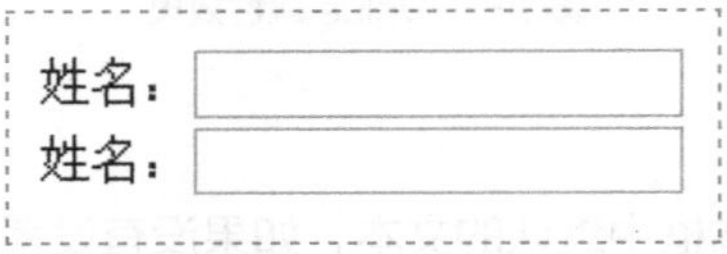
姓名：
姓名：

图 9-9 maxlength 属性效果

◤ 分析

从外观上看不出加上与不加上 maxlength 有什么区别，不过当我们输入内容后，会发现设置 maxlength="5" 的单行文本框最多只能输入 5 个字符，如图 9-10 所示。

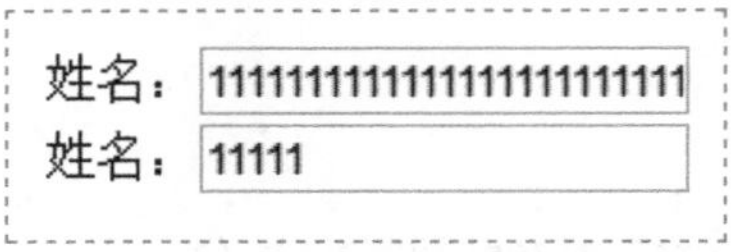
姓名：1111111111111111111111111
姓名：11111

图 9-10 maxlength 加上与没加上的区别

9.5 密码文本框

9.5.1 密码文本框简介

密码文本框在外观上与单行文本框相似，两者拥有相同的属性（如 value、size、maxlength 等）。不过它们有着本质上的区别：**在单行文本框中输入的字符是可见的，而在密码文本框中输入的**

字符不可见。

我们可以把密码文本框看成是一种特殊的单行文本框。对于两者的区别，从图 9-11 就可以很清晰地看出来。

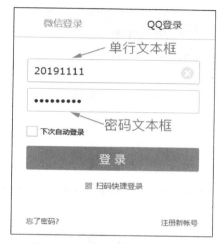

图 9-11　单行文本框与密码文本框

▼ 语法

```
<input type="password" />
```

▼ 举例

```
<!DOCTYPE html>
<html>
<head>
    <meta charset="utf-8" />
    <title></title>
</head>
<body>
    <form method="post">
        账号:<input type="text" /><br />
        密码:<input type="password" />
    </form>
</body>
</html>
```

浏览器预览效果如图 9-12 所示。

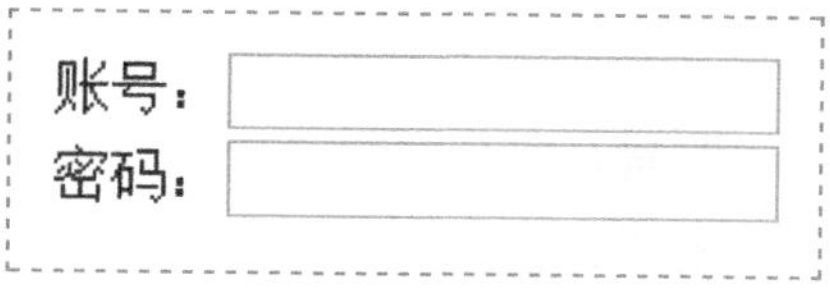

账号：
密码：

图 9-12　密码文本框

▶ **分析**

密码文本框与单行文本框在外观上是一样的，但是当我们输入内容后，就会看出两者的区别，如图 9-13 所示。

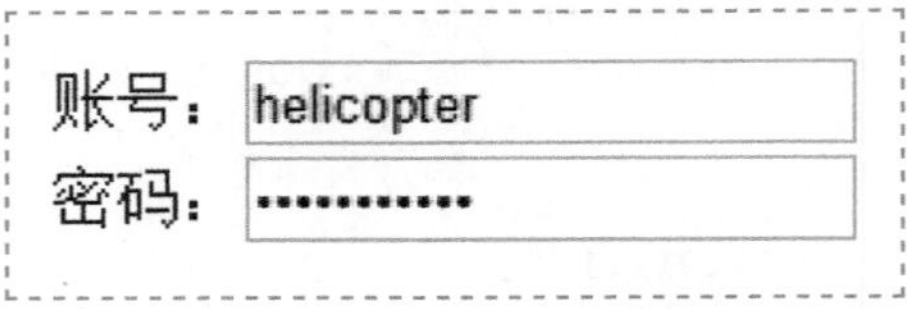

图 9-13　输入内容后

9.5.2　密码文本框属性

密码文本框可以看成是一种特殊的单行文本框，它拥有和单行文本框一样的属性，如表 9-4 所示。

表 9-4　密码文本框常用属性

属性	说明
value	设置密码文本框的默认值，也就是默认情况下密码文本框显示的文字
size	设置密码文本框的长度
maxlength	设置密码文本框中最多可以输入的字符数

▶ **举例**

```html
<!DOCTYPE html>
<html>
<head>
    <meta charset="utf-8" />
    <title></title>
</head>
<body>
    <form method="post">
        账号:<input type="text" size="15" maxlength="10" /><br />
        密码:<input type="password" size="15" maxlength="10" />
    </form>
</body>
</html>
```

浏览器预览效果如图 9-14 所示。

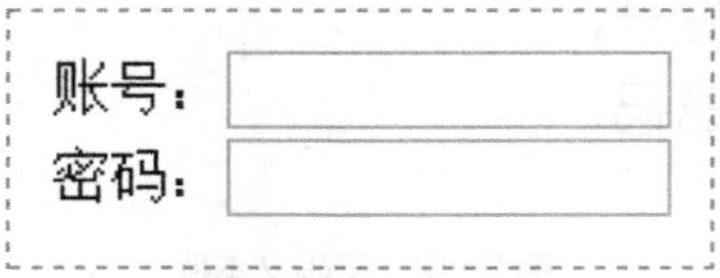

图 9-14　密码文本框的属性

▶ **分析**

虽然，这个例子的预览效果与前一个例子的差不多，但事实上，文本框的长度（size）和可输入字符数（maxlength）已经改变了。当我们输入内容后，效果如图 9-15 所示。

图 9-15　输入内容后的效果

密码文本框只能使周围的人看不见你输入的内容是什么，实际上它并不能保证数据的安全。为了保证数据安全，我们需要在浏览器与服务器之间建立一个安全连接，不过这属于后端技术，这里了解一下就行。

9.6　单选框

9.6.1　单选框简介

在 HTML 中，单选框也是使用 input 标签来实现的，其中 type 属性取值为"radio"。

▶ **语法**

```
<input type="radio" name="组名" value="取值" />
```

▶ **说明**

name 属性表示单选按钮所在的组名，而 value 表示单选按钮的取值，这两个属性必须要设置。

▶ **举例**

```
<!DOCTYPE html>
<html>
<head>
    <meta charset="utf-8" />
    <title></title>
</head>
<body>
    <form method="post">
        性别：
        <input type="radio" name="gender" value="男" />男
        <input type="radio" name="gender" value="女" />女
    </form>
</body>
</html>
```

浏览器预览效果如图 9-16 所示。

性别： ● 男   ● 女

图 9-16   单选框效果

▼ 分析

我们可以发现，对于这一组单选按钮，只能选中其中一项，而不能同时选中两项。这就是所谓的"单选框"。

可能有小伙伴会问："如果想要在默认情况下，让第一个单选框选中，该怎么做呢？"此时可以使用 checked 属性来实现。

▼ 举例：checked 属性

```
<!DOCTYPE html>
<html>
<head>
    <meta charset="utf-8" />
    <title></title>
</head>
<body>
    <form method="post">
        性别：
        <input type="radio" name="gender" value="男" checked />男
        <input type="radio" name="gender" value="女" />女
    </form>
</body>
</html>
```

浏览器预览效果如图 9-17 所示。

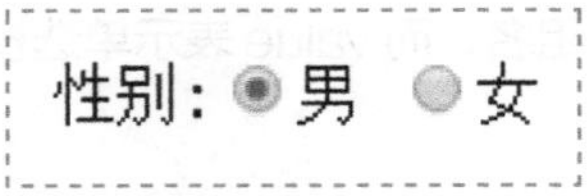

性别： ● 男   ● 女

图 9-17   checked 属性效果

▼ 分析

我们可能会看到 checked 属性没有属性值，其实这是 HTML5 的最新写法。下面两句代码其实是等价的，不过一般都是采用缩写形式。

```
<input type="radio" name="gender" value="男" checked />男
<input type="radio" name="gender" value="男" checked="checked" />男
```

9.6.2   忽略点

很多小伙伴没有深入了解单选框，在平常开发时经常会忘记加上 name 属性，或者随便写就算了。接下来，我们详细讲解一下单选框常见的忽略点。

举例：没有加上 name 属性

```
<!DOCTYPE html>
<html>
<head>
    <meta charset="utf-8" />
    <title></title>
</head>
<body>
    <form method="post">
        性别：
        <input type="radio" value="男" />男
        <input type="radio" value="女" />女
    </form>
</body>
</html>
```

浏览器预览效果如图 9-18 所示。

图 9-18 没有加上 name 属性的效果

分析

没有加上 name 属性，预览效果好像没有变化。但是当我们选取的时候，会发现居然可以同时选中两个选项，如图 9-19 所示。

图 9-19 两个选项同时被选中的效果

这就和预期效果完全不符合了，因此我们必须要加上 name 属性。有小伙伴就会问了：“在同一组单选框中，name 属性取值能否不一样呢？”下面再来看一个例子。

举例：name 取值不一样

```
<!DOCTYPE html>
<html>
<head>
    <meta charset="utf-8" />
    <title></title>
</head>
<body>
    <form method="post">
        性别：
        <input type="radio" name="gender1" value="男" />男
        <input type="radio" name="gender2" value="女" />女
    </form>
```

```
    </body>
</html>
```

浏览器预览效果如图 9-20 所示。

图 9-20　name 取值不一样

▶ 分析

在这个例子中，我们发现两个选项还是可以被同时选取。因此在实际开发中，对于同一组的单选框，必须要设置一个相同的 name，这样才会把这些选项归为同一个组。对于这一点，我们再举一个复杂点的例子，小伙伴们就会明白了。

▶ 举例：正确的写法

```
<!DOCTYPE html>
<html>
<head>
    <meta charset="utf-8" />
    <title></title>
</head>
<body>
    <form method="post">
        性别：
        <input type="radio" name="gender" value="男" />男
        <input type="radio" name="gender" value="女" />女<br />
        年龄：
        <input type="radio" name="age" value="80后" />80后
        <input type="radio" name="age" value="90后" />90后
        <input type="radio" name="age" value="00后" />00后
    </form>
</body>
</html>
```

浏览器预览效果如图 9-21 所示。

图 9-21　单选框实例

▶ 分析

这里定义了两组单选框，在每一组中，选项之间都是互斥的。也就是说，在同一组中，只能选中其中一项。

最后有一点要说明一下，为了更好地语义化，表单元素与后面的文本一般都需要借助 label 标签关联起来。

```
<input type="radio" name="gender" value="男" />男
<input type="radio" name="gender" value="女" />女
```

像上面这段代码，正确的应该写成下面这样。

```
<label><input type="radio" name="gender" value="男" />男</label>
<label><input type="radio" name="gender" value="女" />女</label>
```

为了减轻初学者的负担，对于这种规范写法，暂时不用考虑。

【解惑】

对于单选框，加上 value 与没加上好像没啥区别啊？为啥还加上呢？

一般情况下，value 属性取值与后面的文本是相同的。之所以加上 value 属性，是为了方便 JavaScript（本书后面会介绍到）或者服务器操作数据。实际上，所有表单元素的 value 属性的作用都是一样的。

对于表单这一章，初学者肯定会有很多疑惑的地方，但是这些地方我们只有学到后面才能理解。所以小伙伴们现在按部就班地学着，哪些地方该加什么就加什么，以便养成良好的编程习惯。

9.7 复选框

在 HTML 中，复选框也是使用 input 标签来实现的，其中 type 属性取值为"checkbox"。单选框只能选择一项，而复选框可以选择多项。

▌ **语法**

```
<input type="checkbox" name="组名" value="取值" />
```

▌ **说明**

name 属性表示复选框所在的组名，而 value 表示复选框的取值。与单选框一样，这两个属性也必须要设置。

▌ **举例**

```
<!DOCTYPE html>
<html>
<head>
    <meta charset="utf-8" />
    <title></title>
</head>
<body>
    <form method="post">
        你喜欢的水果：<br/>
        <input type="checkbox" name="fruit" value="苹果"/>苹果
        <input type="checkbox" name="fruit" value="香蕉"/>香蕉
        <input type="checkbox" name="fruit" value="西瓜"/>西瓜
```

```
        <input type="checkbox" name="fruit" value="李子"/>李子
    </form>
</body>
</html>
```

浏览器预览效果如图 9-22 所示。

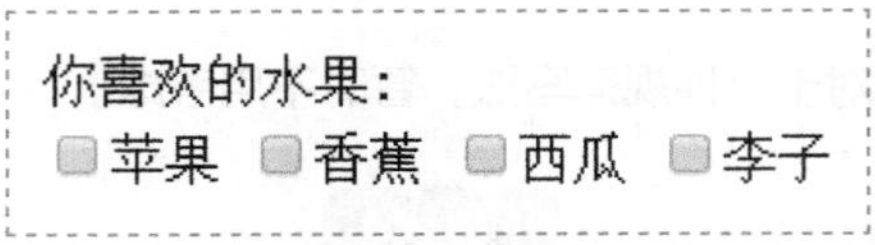

你喜欢的水果：
☐苹果 ☐香蕉 ☐西瓜 ☐李子

图 9-22　复选框效果

▶ **分析**

复选框中的 name 与单选框中的 name 都是用来设置"组名"的，表示该选项位于哪一组中。

两者都设置 name 属性，但为什么单选框只能选中一项，而复选框可以选择多项呢？这是因为浏览器会自动识别这是"单选框组"还是"复选框组"（说白了就是根据 type 属性取值来识别）。如果是单选框组，就只能选择一项；如果是复选框组，就可以选择多项。

想在默认情况下，让复选框某几项被选中，我们也可以使用 checked 属性来实现。这一点与单选框是一样的。

▶ **举例: checked 属性**

```
<!DOCTYPE html>
<html>
<head>
    <meta charset="utf-8" />
    <title></title>
</head>
<body>
    <form method="post">
        你喜欢的水果: <br/>
        <input type="checkbox" name="fruit" value="苹果" checked/>苹果
        <input type="checkbox" name="fruit" value="香蕉"/>香蕉
        <input type="checkbox" name="fruit" value="西瓜" checked/>西瓜
        <input type="checkbox" name="fruit" value="李子"/>李子
    </form>
</body>
</html>
```

浏览器预览效果如图 9-23 所示。

你喜欢的水果：
☑苹果 ☐香蕉 ☑西瓜 ☐李子

图 9-23　checked 属性

单选框与复选框在很多地方都是相似的。我们多对比理解一下，这样更能加深印象。

9.8　按钮

在 HTML 中，常见的按钮有 3 种：普通按钮（button），提交按钮（submit），重置按钮（reset）。

9.8.1　普通按钮 button

在 HTML 中，普通按钮一般情况下都是配合 JavaScript 来进行各种操作的。

▶ 语法

```
<input type="button" value="取值" />
```

▶ 说明

value 的取值就是按钮上的文字。

▶ 举例

```
<!DOCTYPE html>
<html>
<head>
    <meta charset="utf-8" />
    <title></title>
    <script>
        window.onload = function ()
        {
            var oBtn = document.getElementsByTagName("input");
            oBtn[0].onclick = function ()
            {
                alert("I ❤ HTML! ");
            };
        }
    </script>
</head>
<body>
    <form method="post">
        <input type="button" value="表白"/>
    </form>
</body>
</html>
```

浏览器预览效果如图 9-24 所示。

表白

图 9-24　普通按钮

分析

对于这段功能代码，我们不需要理解，等学到 JavaScript 时就懂了。当我们单击按钮后，会弹出对话框，如图 9-25 所示。

图 9-25 对话框效果

9.8.2 提交按钮 submit

在 HTML 中，提交按钮一般都是用来给服务器提交数据的。我们可以把提交按钮看成是一种特殊功能的普通按钮。

语法

```
<input type="submit" value="取值" />
```

说明

value 的取值就是按钮上的文字。

举例

```
<!DOCTYPE html>
<html>
<head>
    <meta charset="utf-8" />
    <title></title>
</head>
<body>
    <form method="post">
        <input type="button" value="普通按钮"/>
        <input type="submit" value="提交按钮"/>
    </form>
</body>
</html>
```

浏览器预览效果如图 9-26 所示。

图 9-26 提交按钮效果

� 分析

提交按钮与普通按钮在外观上没有什么不同，两者的区别在于功能上。对于初学者来说，暂时了解一下就行。

9.8.3 重置按钮 reset

在 HTML 中，重置按钮一般用来清除用户在表单中输入的内容。重置按钮也可以看成是具有特殊功能的普通按钮。

▰ 语法

```
<input type="reset" value="取值" />
```

▰ 说明

value 的取值就是按钮上的文字。

▰ 举例

```
<!DOCTYPE html>
<html>
<head>
    <meta charset="utf-8" />
    <title></title>
</head>
<body>
    <form method="post">
        账号:<input type="text" /><br />
        密码:<input type="password" /><br />
        <input type="reset" value="重置" />
    </form>
</body>
</html>
```

浏览器预览效果如图 9-27 所示。

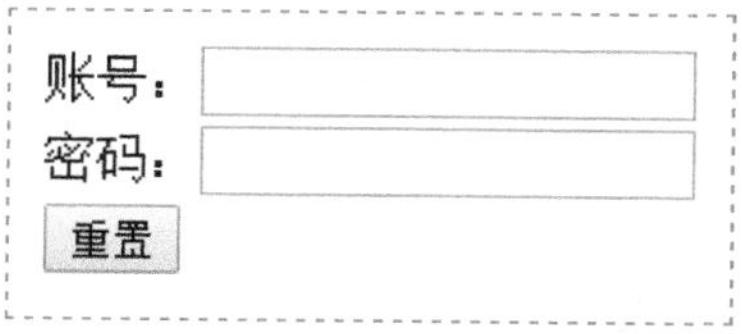

图 9-27　重置按钮

▰ 分析

我们在文本框中输入内容，然后按下重置按钮，会发现内容被清空了！其实，这就是重置按钮的功能。

不过我们要注意一点：重置按钮只能清空它"所在 form 标签"内表单中的内容，对于当前所在 form 标签之外的表单清除是无效的。

▌ **举例**

```
<!DOCTYPE html>
<html>
<head>
    <meta charset="utf-8" />
    <title></title>
</head>
<body>
    <form method="post">
        账号:<input type="text" /><br />
        密码:<input type="password" /><br />
        <input type="reset" value="重置" /><br />
    </form>
    昵称:<input type="text" />
</body>
</html>
```

浏览器预览效果如图 9-28 所示。

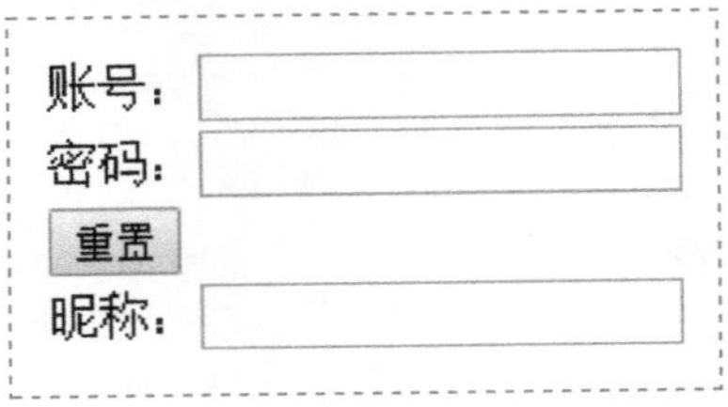

图 9-28　重置按钮

▌ **分析**

我们在所有文本框中输入内容，然后单击重置按钮，会发现只会清除这个重置按钮所在 form 标签内的表单。此外，提交按钮也是针对当前所在 form 标签而言的。

▌ **举例**

```
<!DOCTYPE html>
<html>
<head>
    <meta charset="utf-8" />
    <title></title>
</head>
<body>
    <form method="post">
        <input type="button" value="按钮" />
        <input type="submit" value="按钮" />
        <input type="reset" value="按钮" />
    </form>
</body>
</html>
```

浏览器预览效果如图 9-29 所示。

图 9-29　3 种按钮

▶ 分析

3 种按钮虽然从外观上看起来是一样的，但是实际功能却是不一样的。最后，我们总结一下普通按钮、提交按钮以及重置按钮的区别。

- ▶ 普通按钮一般情况下都是配合 JavaScript 来进行各种操作的。
- ▶ 提交按钮一般都是用来给服务器提交数据的。
- ▶ 重置按钮一般用来清除用户在表单中输入的内容。

9.8.4　button 标签

从上面我们知道，普通按钮、提交按钮以及重置按钮这 3 种按钮都是使用 input 标签来实现的。其实还有一种按钮是使用 button 标签来实现的。

▶ 语法

```
<button></button>
```

▶ 说明

在实际开发中，基本不会用到 button 标签，因此只需简单了解一下即可。

9.9　文件上传

文件上传功能我们经常用到，如百度网盘、QQ 邮箱等，都涉及这个功能，如图 9-30 所示。文件上传功能的实现需要用到后端技术，不过在学习 HTML 时，我们只需要关心怎么做出页面效果就行了，对于具体的功能实现不需要去深究。

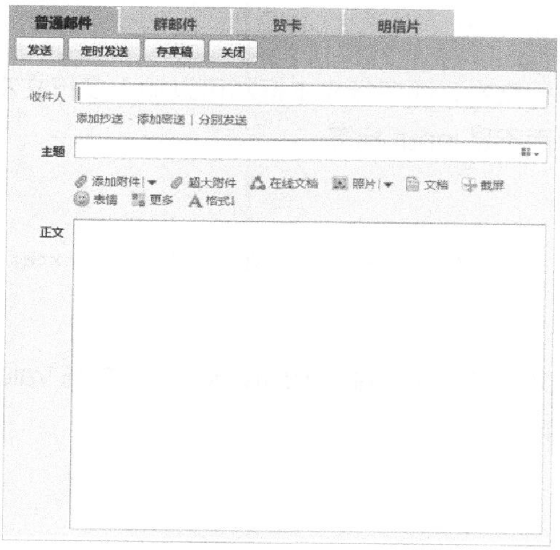

图 9-30　邮箱中的"文件上传"

在 HTML 中，文件上传也是使用 input 标签来实现的，其中 type 属性取值为"file"。

▼ 语法

```
<input type="file" />
```

▼ 举例

```
<!DOCTYPE html>
<html>
<head>
    <meta charset="utf-8" />
    <title></title>
</head>
<body>
    <form method="post">
        <input type="file"/>
    </form>
</body>
</html>
```

浏览器预览效果如图 9-31 所示。

选择文件　未选择任何文件

图 9-31　文件上传效果

▼ 分析

当我们单击【选择文件】按钮后，会发现不能上传文件。这个需要学习后端技术之后才知道怎么实现，小伙伴们加油吧。

9.10　多行文本框

单行文本框只能输入一行文本，而多行文本框却可以输入多行文本。在 HTML 中，多行文本框使用的是 textarea 标签，而不是 input 标签。

▼ 语法

```
<textarea rows="行数" cols="列数" value="取值">默认内容</textarea>
```

▼ 说明

多行文本框的默认显示文本是在标签对的内部设置，而不是在 value 属性中设置的。一般情况下，不需要设置默认显示文本。

▼ 举例

```
<!DOCTYPE html>
<html>
```

```
<head>
    <meta charset="utf-8" />
    <title></title>
</head>
<body>
    <form method="post">
        个人简介: <br/>
        <textarea rows="5" cols="20">请介绍一下你自己</textarea>
    </form>
</body>
</html>
```

浏览器预览效果如图 9-32 所示。

图 9-32　多行文本框

▌ 分析

对于文本框，现在我们可以总结出以下 2 点。

▶　HTML 有 3 种文本框：单行文本框、密码文本框、多行文本框。

▶　单行文本框和密码文本框使用的都是 input 标签，多行文本框使用的是 textarea 标签。

9.11　下拉列表

9.11.1　下拉列表简介

在 HTML 中，下拉列表是由 select 和 option 这两个标签配合使用来表示的。这一点与无序列表很像，无序列表是由 ul 和 li 这两个标签配合使用来表示。为了便于理解，我们可以把下拉列表看成是一种"特殊的无序列表"。

▌ 语法

```
<select>
    <option>选项内容</option>
    ……
    <option>选项内容</option>
</select>
```

▌ 举例

```
<!DOCTYPE html>
```

```
<html>
<head>
    <meta charset="utf-8" />
    <title></title>
</head>
<body>
    <form method="post">
        <select>
            <option>HTML</option>
            <option>CSS</option>
            <option>jQuery</option>
            <option>JavaScript</option>
            <option>Vue.js</option>
        </select>
    </form>
</body>
</html>
```

浏览器预览效果如图 9-33 所示。

图 9-33　默认下拉列表

▶ 分析

下拉列表是最节省页面空间的一种方式，因为它在默认情况下只显示一个选项，只有单击后才能看到全部选项。当我们单击下拉列表后，全部选项就会显示出来，预览效果如图 9-34 所示。

图 9-34　展开后的下拉列表

9.11.2　select 标签属性

在 HTML 中，select 标签的常用属性有两个，如表 9-5 所示。

表 9-5 select 标签的常用属性

属性	说明
multiple	设置下拉列表可以选择多项
size	设置下拉列表显示几个列表项，取值为整数

举例：multiple 属性

```
<!DOCTYPE html>
<html>
<head>
    <meta charset="utf-8" />
    <title></title>
</head>
<body>
    <form method="post">
        <select multiple>
            <option>HTML</option>
            <option>CSS</option>
            <option>jQuery</option>
            <option>JavaScript</option>
            <option>Vue.js</option>
            <option>HTML5</option>
            <option>CSS3</option>
        </select>
    </form>
</body>
</html>
```

浏览器预览效果如图 9-35 所示。

图 9-35 multiple 属性效果

分析

默认情况下，下拉列表只能选择一项。如果想要同时选取多项，首先要设置 multiple 属性，然后使用“Ctrl+ 鼠标左键”来选取。

下拉列表的 multiple 属性没有属性值，这是 HTML5 的最新写法，这个与单选框中的 checked 属性是一样的。

举例：size 属性

```
<!DOCTYPE html>
<html>
```

```
<head>
    <meta charset="utf-8" />
    <title></title>
</head>
<body>
    <form method="post">
        <select size="5">
            <option>HTML</option>
            <option>CSS</option>
            <option>jQuery</option>
            <option>JavaScript</option>
            <option>Vue.js</option>
            <option>HTML5</option>
            <option>CSS3</option>
        </select>
    </form>
</body>
</html>
```

浏览器预览效果如图 9-36 所示。

图 9-36　size 属性效果

▌ **分析**

有些小伙伴将 size 取值设置为 1、2 或 3 时，会发现 Chrome 浏览器无效。这是因为 Chrome 浏览器要求最低是 4 个选项，因此我们只能设置 4 及以上的数字。

9.11.3　option 标签属性

在 HTML 中，option 标签的常用属性有两个，如表 9-6 所示。

表 9-6　option 标签的常用属性

属性	说明
selected	是否选中
value	选项值

对于 value 属性，就不用多说了，几乎所有表单元素都有 value 属性，这个属性是配合 JavaScript 以及服务器进行操作的。

▌ **举例: selected 属性**

```
<!DOCTYPE html>
<html>
```

```
<head>
    <meta charset="utf-8" />
    <title></title>
</head>
<body>
    <form method="post">
        <select size="5">
            <option>HTML</option>
            <option>CSS</option>
            <option selected>jQuery</option>
            <option>JavaScript</option>
            <option>Vue.js</option>
            <option>HTML5</option>
            <option>CSS3</option>
        </select>
    </form>
</body>
</html>
```

浏览器预览效果如图 9-37 所示。

图 9-37　selected 属性效果

▌ 分析

selected 属性表示列表项是否被选中，它是没有属性值的，这也是 HTML5 的最新写法，这个与单选框中的 checked 属性是一样的。

如果我们把 size="5" 去掉，此时预览效果如图 9-38 所示。

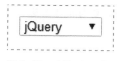

图 9-38　去掉 size="5"

▌ 举例：value 属性

```
<!DOCTYPE html>
<html>
<head>
    <meta charset="utf-8" />
    <title></title>
</head>
```

```
<body>
    <form method="post">
        <select size="5">
            <option value="HTML">HTML</option>
            <option value="CSS">CSS</option>
            <option value="jQuery">jQuery</option>
            <option value="JavaScript">JavaScript</option>
            <option value="vue.js">Vue.js</option>
            <option value="HTML5">HTML5</option>
            <option value="CSS3">CSS3</option>
        </select>
    </form>
</body>
</html>
```

浏览器预览效果如图 9-39 所示。

图 9-39　value 属性效果

【解惑】

1. 表单元素那么多，而且都有好几个属性，应该怎么记忆呢？

对于初学者来说，表单记忆是比较令人头疼的一件事。在 HTML 入门时，我们不需要花太多时间去记忆这些标签或属性，只需要感性认知即可。忘了的时候，就回来翻一下。此外，HBuilder 也会有代码提示，写多了自然就记住了。

2. 表单元素是否一定要放在 form 标签内呢？

表单元素不一定都要放在 form 标签内。对于要与服务器进行交互的表单元素，必须放在 form 标签内才有效。如果表单元素不需要与服务器进行交互，那就没必要放在 form 标签内。

9.12　本章练习

一、单选题

1. 大多数表单元素都是使用（　　）标签，然后通过 type 属性指定表单类型。

　　A. input　　　　B. textarea　　　　　C. select　　　　　　　D. option

2. 下面的表单元素中，有 value 属性的是（　　）。

　A.　单选框　　　B.　复选框　　　　　C.　下拉列表　　　　　D.　以上都是

3.　单行文本框使用（　　）实现，密码文本框使用（　　）实现，多行文本框使用（　　）实现。

　A.　<textarea></textarea>　　　　B.　<input type="textarea" />
　C.　<input type="text" />　　　　D.　<input type="password" />

4.　如果想要定义单选框默认选中效果，可以使用（　　）属性来实现。

　A.　checked　　　　　　　　　B.　selected
　C.　type　　　　　　　　　　D.　以上都不是

5.　在表单中，input 元素的 type 属性取值为（　　）时，用于创建重置按钮。

　A.　reset　　　　　　　　　　B.　set
　C.　button　　　　　　　　　D.　submit

6.　下面有关表单的说法，正确的是（　　）。

　A.　表单其实就是表格，两者是一样的
　B.　下拉列表不属于表单，而属于列表的一种
　C.　在表单中，group 属性一般用于单选框和复选框分组
　D.　在表单中，value 属性一般是为了方便 JavaScript 或服务器操作数据用的

7.　下面对于按钮的说法，不正确的是（　　）。

　A.　普通按钮一般情况下都是配合 JavaScript 来进行各种操作的
　B.　提交按钮一般都是用来给服务器提交数据的
　C.　重置按钮一般用来清除用户在表单中输入的内容
　D.　表单中的按钮更多的是使用 button 标签来实现

二、编程题

使用这一章学到的表单标签，制作如图 9-40 所示的表单页面。

图 9-40　表单页面

第 10 章 框架

10.1 iframe 标签

在 HTML 中，我们可以使用 iframe 标签来实现一个内嵌框架。内嵌框架，是指在当前页面再嵌入另外一个网页。

语法

```
<iframe src="链接地址" width="数值" height="数值"></iframe>
```

说明

src 是必选的，用于定义链接页面的地址。width 和 height 这两个属性是可选的，分别用于定义框架的宽度和高度。

举例：嵌入一个页面

```
<!DOCTYPE html>
<html>
<head>
    <meta charset="utf-8" />
    <title></title>
</head>
<body>
    <iframe src="http://www.lvyestudy.com" width="200" height="150"></iframe>
</body>
</html>
```

浏览器预览效果如图 10-1 所示。

图 10-1　iframe 标签

▶ 分析

iframe 实际上就是在当前页面嵌入另外一个页面，我们也可以同时嵌入多个页面。

▶ 举例：嵌入多个页面

```
<!DOCTYPE html>
<html>
<head>
    <meta charset="utf-8" />
    <title></title>
</head>
<body>
    <iframe src="http://www.lvyestudy.com" width="200" height="150"></iframe>
    <iframe src="http://www.ptpress.com.cn" width="200" height="150"></iframe>
</body>
</html>
```

浏览器预览效果如图 10-2 所示。

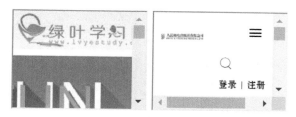

图 10-2　嵌入多个页面

可能有些小伙伴在其他书上看到还有 frameset、frame 标签，事实上这几个标签在 HTML5 标准中已经被废弃了。对于框架，我们只需要掌握 iframe 这一个标签就可以了。

10.2　练习题

单选题

下面有关框架的说法中，正确的是（　　　）。

A. 我们一般使用 frameset 标签来实现在一个页面中嵌入另外一个页面

B. 一般使用 href 属性来定义 iframe 的链接地址

C. 可以使用 width 和 height 来分别定义 iframe 的宽度和高度

D. iframe 标签在 HTML5 标准中已经被废弃了，现在使用的都是 frame 标签

第二部分
CSS 基础

第 11 章

CSS 简介

11.1 CSS 简介

11.1.1 CSS 是什么

CSS，指的是"Cascading Style Sheet（层叠样式表）"，是用来控制网页外观的一门技术。我们知道，前端最核心的 3 个技术是 HTML、CSS、JavaScript，三者的关系如下。

"HTML 用于控制网页的结构，CSS 用于控制网页的外观，JavaScript 控制的是网页的行为。"

在互联网发展早期，网页都是用 HTML 来做的，这样的页面较为单调。为了改造 HTML 标签的默认外观，使页面变得更加美观，后来就引入了 CSS。

11.1.2 CSS 和 CSS3

CSS 发展至今，历经 CSS1.0、CSS2.0、CSS2.1 以及 CSS3.0 这几个版本。其中，CSS2.1 是 CSS2.0 的修订版，CSS3.0 是 CSS 的最新版本，如图 11-1 所示。

图 11-1　CSS3

很多初学者都有一个疑问："现在都 CSS3 的时代了，CSS2 不是被淘汰了吗，为什么还要学 CSS2 呢？"这个认知误区非常严重，曾经误导绝大多数的初学者。其实，我们现在所说的 CSS3，一般指的是相对于 CSS2 "新增加的内容"，并不是说 CSS2 被淘汰了。准确地说，你要学的 CSS 其实等于 CSS2 加上 CSS3。本书介绍的是 CSS2.1，对于 CSS3 新增的技术，小伙伴们可以关注 "从 0 到 1 系列" 的《从 0 到 1：HTML5+CSS3 修炼之道》这本书。

11.2　CSS 引入方式

想要在一个页面引入 CSS，共有以下 3 种方式。

- ▶ 外部样式表。
- ▶ 内部样式表。
- ▶ 行内样式表。

11.2.1　外部样式表

外部样式表是最理想的 CSS 引入方式。在实际开发中，为了提升网站的性能速度和可维护性，一般都会使用外部样式表。所谓的外部样式表，指的是把 CSS 代码和 HTML 代码单独放在不同文件中，然后在 HTML 文件中使用 link 标签来引用 CSS 文件。

当样式需要被应用到多个页面时，外部样式表是最理想的选择。使用外部样式表，就可以通过更改一个 CSS 文件来改变整个网站的外观。

在 HBuilder 创建一个 CSS 文件很简单，就像创建 HTML 文件一样。不知道怎么创建的，可以自己摸索一下。

外部样式表在单独文件中定义，然后在 HTML 文件的 `<head></head>` 标签对中使用 link 标签来引用。

▌ 语法

```
<link rel="stylesheet" type="text/css" href="文件路径" />
```

▌ 说明

rel 即 relative 的缩写，它的取值是固定的，即 "stylesheet"，表示引入的是一个样式表文件（即 CSS 文件）。

type 属性的取值也是固定的，即 "text/css"，表示这是标准的 CSS。

href 属性表示 CSS 文件的路径。对于路径，相信小伙伴们已经很熟悉了。

小伙伴们记不住这一句代码也没关系，HBuilder 有着非常强大的代码提示功能，如图 11-2 所示。

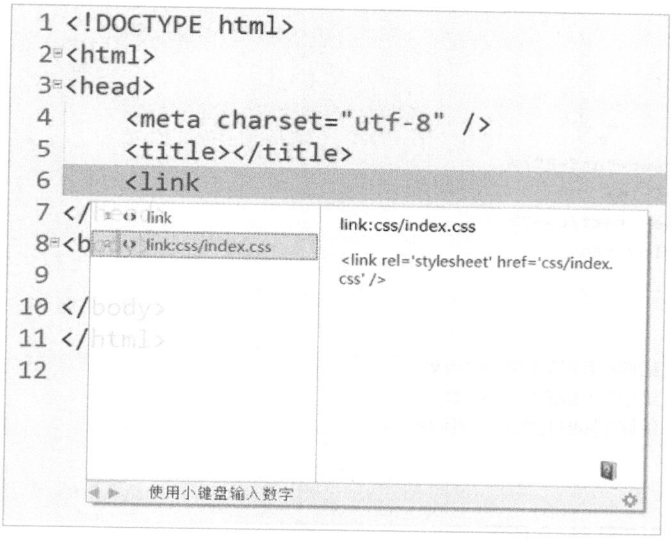

```
 1  <!DOCTYPE html>
 2  <html>
 3  <head>
 4      <meta charset="utf-8" />
 5      <title></title>
 6      <link
 7  </            link                    link:css/index.css
 8  <b           link:css/index.css     <link rel='stylesheet' href='css/index.
 9                                       css' />
10  </body>
11  </html>
12
                使用小键盘输入数字
```

图 11-2　HBuilder 代码提示

▶ 举例

```
<!DOCTYPE html>
<html>
<head>
    <meta charset="utf-8" />
    <title></title>
    <link rel="stylesheet" type="text/css" href="css/index.css" />
</head>
<body>
</body>
</html>
```

▶ 分析

如果你使用外部样式表，必须使用 link 标签来引入，而 link 标签是放在 head 标签内的。

11.2.2　内部样式表

内部样式表，指的是把 HTML 代码和 CSS 代码放到同一个 HTML 文件中。其中，CSS 代码放在 style 标签内，style 标签是放在 head 标签内部的。

▶ 语法

```
<style type="text/css">
    ……
</style>
```

▶ 说明

type="text/css" 是必须添加的，表示这是标准的 CSS。

▶ 举例

```
<!DOCTYPE html>
<html>
<head>
    <meta charset="utf-8"/>
    <title></title>
    <style type="text/css">
        div{color:red;}
    </style>
</head>
<body>
    <div>绿叶，给你初恋般的感觉。</div>
    <div>绿叶，给你初恋般的感觉。</div>
    <div>绿叶，给你初恋般的感觉。</div>
</body>
</html>
```

浏览器预览效果如图 11-3 所示。

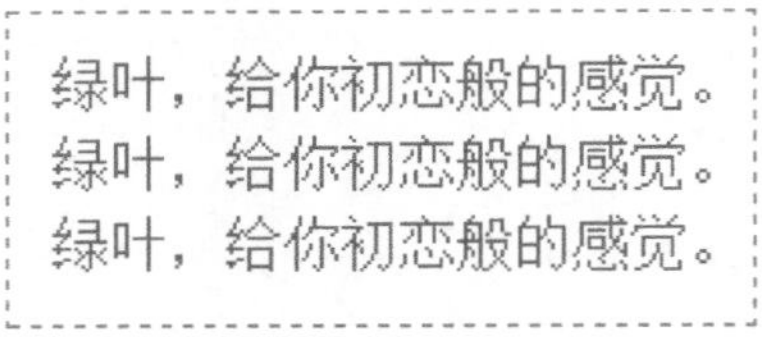

> 绿叶，给你初恋般的感觉。
> 绿叶，给你初恋般的感觉。
> 绿叶，给你初恋般的感觉。

图 11-3　内部样式表

▶ 分析

如果你使用内部样式表，CSS 样式必须在 style 标签内定义，而 style 标签是放在 head 标签内的。

11.2.3　行内样式表

行内样式表与内部样式表类似，也是把 HTML 代码和 CSS 代码放到同一个 HTML 文件。但是两者有着本质的区别：内部样式表的 CSS 是在"style 标签"内定义的，而行内样式表的 CSS 是在"标签的 style 属性"中定义的。

▶ 举例

```
<!DOCTYPE html>
<html>
<head>
    <meta charset="utf-8"/>
    <title></title>
</head>
<body>
    <div style="color:red;">绿叶，给你初恋般的感觉。</div>
    <div style="color:red;">绿叶，给你初恋般的感觉。</div>
    <div style="color:red;">绿叶，给你初恋般的感觉。</div>
```

```
</body>
</html>
```

浏览器预览效果如图 11-4 所示。

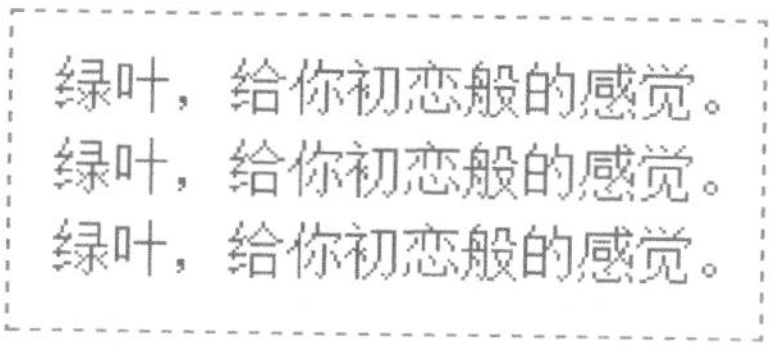

绿叶，给你初恋般的感觉。
绿叶，给你初恋般的感觉。
绿叶，给你初恋般的感觉。

图 11-4　行内样式表

▼ **分析**

大家将这个例子和前一个例子对比一下，就知道两段代码实现的效果是一样的，都是定义 3 个 div 元素的颜色为红色。如果使用内部样式表，样式只需要写一遍；但是如果使用行内样式表，则每个元素都要单独写一遍。

行内样式是在每一个元素的内部定义的，冗余代码非常多，并且每次改动 CSS 的时候，必须到元素中一个个去改，这样会导致网站的可读性和可维护性非常差。为什么我们一直强烈不推荐使用 Dreamweaver"点点点"的方式来开发页面，就是因为这种方式产生的页面代码中，所有的 CSS 样式都是行内样式。

对于这 3 种样式表，在实际开发中，一般都是使用外部样式表。不过在本书中，为了讲解方便，我们采用的都是内部样式表。

【解惑】

不是说 CSS 有 4 种引入方式吗？还有一种是 @import 方式。

@import 方式与外部样式表很相似。不过在实际开发中，我们极少使用 @import 方式，而更倾向于使用 link 方式（外部样式）。原因在于 @import 方式是先加载 HTML 后加载 CSS，而 link 是先加载 CSS 后加载 HTML。如果 HTML 在 CSS 之前加载，页面用户体验就会非常差。因此，对于 @import 这种方式，我们不需要去了解。

11.3　本章练习

单选题

下面说法中，正确的是（　　　）。

A. 现在已经是 CSS3 时代了，没必要再去学 CSS2

B. 一般使用 script 标签来引用外部样式表

C. 在实际开发中，一般使用外部样式表的多

D. 内部样式表和行内样式表在实际开发中一点用处都没有

注：本书所有练习题的答案请见本书的配套资源，配套资源的具体下载方式见本书的前言部分。

第 12 章
CSS 选择器

12.1　元素的 id 和 class

在 HTML 中，id 和 class 是元素最基本的两个属性。一般情况下，id 和 class 都可以用来选择元素，以便进行 CSS 操作或者 JavaScript 操作。

12.1.1　id 属性

id 属性具有唯一性，也就是说，在一个页面中相同的 id 只能出现一次。如果出现了多个相同的 id，那么 CSS 或者 JavaScript 就无法识别这个 id 对应的是哪一个元素。

▼ 举例

```
<!DOCTYPE html>
<html>
<head>
    <meta charset="utf-8"/>
    <title></title>
</head>
<body>
    <div id="content">存在即合理</div>
    <p id="content">存在即合理</p>
</body>
</html>
```

浏览器预览效果如图 12-1 所示。

存在即合理
存在即合理

图 12-1　id 属性

▶ **分析**

上面这段代码是不正确的，因为在同一个页面中，不允许出现两个 id 相同的元素。但是，在不同页面中，可以出现两个 id 相同的元素。

12.1.2 class 属性

class，顾名思义，就是"类"，它与 C++、Java 等编程语言中的"类"相似。我们可以为同一个页面的相同元素或者不同元素设置相同的 class，然后使相同 class 的元素具有相同的 CSS 样式。

▶ **举例**

```
<!DOCTYPE html>
<html>
<head>
    <meta charset="utf-8"/>
    <title></title>
</head>
<body>
    <div class="content">存在即合理</div>
    <p class="content">存在即合理</p>
</body>
</html>
```

浏览器预览效果如图 12-2 所示。

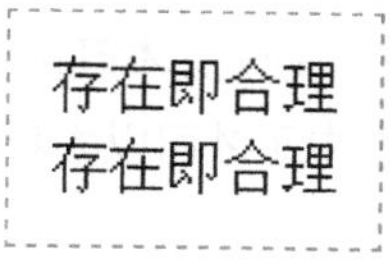

存在即合理
存在即合理

图 12-2　class 属性

▶ **分析**

上面这段代码是正确的，因为在同一个页面中，允许出现两个 class 相同的元素。这样可以使我们对具有相同 class 的多个元素，定义相同的 CSS 样式。

对于 id 和 class，我们可以这样理解：id 就像你的身份证号，而 class 就像你的名字。身份证号是唯一的，但是两个人的名字却有可能是一样的。

12.2　选择器是什么

很多书一上来就开始讲："一个样式的语法由 3 部分组成，即选择器、属性和属性值。"接着滔滔不绝地介绍选择器的语法、类型。小伙伴们几乎把选择器这一章看完了，都不知道选择器究竟是什么东西。

在介绍选择器的语法之前，有必要先给大家详细介绍一下选择器究竟是怎么一回事。下面先来看一段代码。

```
<!DOCTYPE html>
<html>
<head>
    <meta charset="utf-8"/>
    <title></title>
</head>
<body>
    <div>绿叶学习网</div>
    <div>绿叶学习网</div>
    <div>绿叶学习网</div>
</body>
</html>
```

浏览器预览效果如图 12-3 所示。

图 12-3　选择器

▶ **分析**

对于这个例子，如果我们只想将第 2 个 div 文本颜色变为红色，该怎么实现呢？我们肯定要通过一种方式来"选中"第 2 个 div，只有选中了才可以为其改变颜色，如图 12-4 所示。

图 12-4　选中第 2 个 div

像上面这种选中你想要的元素的方式，我们称之为"选择器"。选择器，就是指用一种方式把你想要的那个元素选中。只有把它选中了，你才可以为这个元素添加 CSS 样式。

在 CSS 中，有很多方式可以把你想要的元素选中，这些不同的方式其实就是不同的选择器。选择器的不同，在于它的选择方式不同，但是它们的最终目的是相同的，就是把你想要的元素选中，这样才可以定义该元素 CSS 样式。当然，你可以用某一种选择器来代替另外一种选择器，这仅仅是选择方式不同罢了，但目的还是一样的。

12.3　CSS 选择器

CSS 选择器非常多，但是在这里我们不会像其他教材那样，恨不得一上来就把所有的 CSS 选择器都介绍完，最后却搞得大家一头雾水。这本书是针对 CSS 入门的小伙伴的，因此我们只会讲解最实用的 5 种选择器。

- ▶ 元素选择器。
- ▶ id 选择器。
- ▶ class 选择器。
- ▶ 后代选择器。
- ▶ 群组选择器。

从上一节我们知道，CSS 选择器的功能就是把所想要的元素选中，这样我们才可以操作这些元素的 CSS 样式。其中，CSS 选择器的格式如下。

```
选择器
{
    属性1 : 取值1;
    ……
    属性n : 取值n;
}
```

12.3.1　元素选择器

元素选择器，就是选中相同的元素，然后对相同的元素定义同一个CSS样式，如图12-5所示。

▼ **语法**

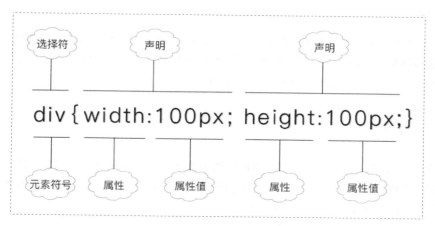

图 12-5　元素选择器

◤ 举例

```
<!DOCTYPE html>
<html>
<head>
    <meta charset="utf-8"/>
    <title></title>
    <style type="text/css">
        div{color:red;}
    </style>
</head>
<body>
    <div>绿叶学习网</div>
    <p>绿叶学习网</p>
    <span>绿叶学习网</span>
    <div>绿叶学习网</div>
</body>
</html>
```

浏览器预览效果如图12-6所示。

图12-6 元素选择器实例

◤ 分析

div{color:red;}表示把页面中所有的div元素选中，然后定义它们的文本颜色为红色。

元素选择器会选择指定的相同的元素，而不会选择其他元素。上面例子中的p元素和span元素没有被选中，因此这两个元素的文本颜色没有变红。

12.3.2 id选择器

我们可以为元素设置一个id属性，然后针对设置了这个id的元素定义CSS样式，这就是id选择器。但要注意，在同一个页面中，是不允许出现两个相同的id的。这个与“没有两个人的身份证号相同”是一样的道理，如图12-7所示。

▌ 语法

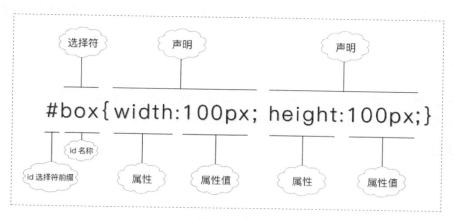

图 12-7   id 选择器

▌ 说明

对于 id 选择器，id 名前面必须要加上前缀"#"，否则该选择器无法生效，如图 12-7 所示。id 名前面加上"#"，表示这是一个 id 选择器。

▌ 举例

```html
<!DOCTYPE html>
<html>
<head>
    <meta charset="utf-8" />
    <title></title>
    <style type="text/css">
        #lvye{color:red;}
    </style>
</head>
<body>
    <div>绿叶学习网</div>
    <div id="lvye">绿叶学习网</div>
    <div>绿叶学习网</div>
</body>
</html>
```

浏览器预览效果如图 12-8 所示。

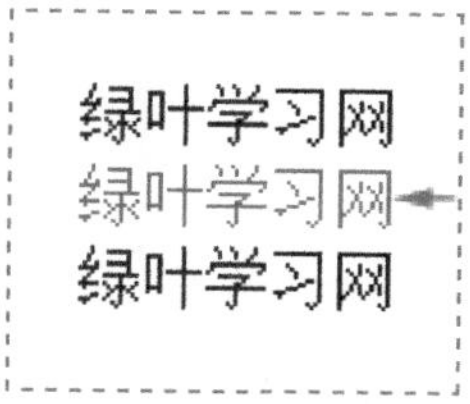

绿叶学习网
绿叶学习网 ←
绿叶学习网

图 12-8   id 选择器实例

分析

#lvye{color:red;} 表示选中 id="lvye" 的元素，然后定义它们的文本颜色为红色。

选择器为我们提供了一种选择方式。如果我们不使用选择器，就没办法把第 2 个 div 选中。

12.3.3 class 选择器

class 选择器，也就是“类选择器”。我们可以对“相同的元素”或者“不同的元素”定义相同的 class 属性，然后针对拥有同一个 class 的元素进行 CSS 样式操作。

语法

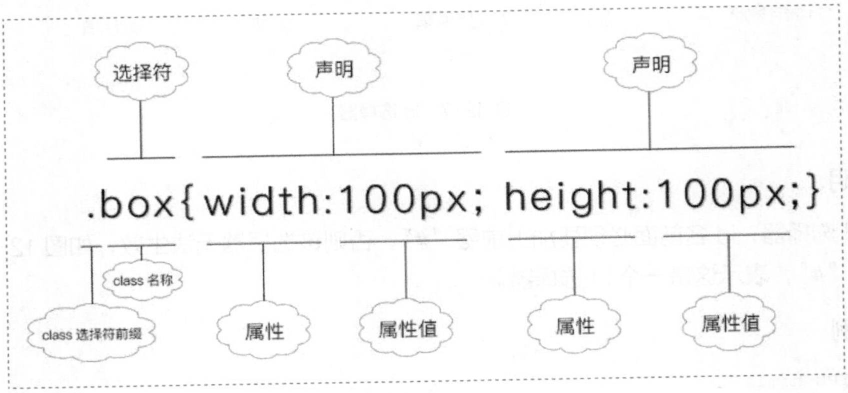

图 12-9　class 选择器

说明

class 名前面必须要加上前缀英文句号（.），否则该选择器无法生效，如图 12-9 所示。类名前面加上英文句号，表明这是一个 class 选择器。

举例：为相同的元素定义 class

```
<!DOCTYPE html>
<html>
<head>
    <meta charset="utf-8" />
    <title></title>
    <style type="text/css">
        .lv{color:red;}
    </style>
</head>
<body>
    <div>绿叶学习网</div>
    <div class="lv">绿叶学习网</div>
    <div class="lv">绿叶学习网</div>
</body>
</html>
```

浏览器预览效果如图 12-10 所示。

图 12-10　为相同的元素定义 class

▌ 分析

.lv{color:red;} 表示选中 class="lv" 的所有元素，然后定义它们的文本颜色为红色。

这个页面有 3 个 div，我们可以为后两个 div 设置同一个 class，这样可以同时操作它们的 CSS 样式。此外，第 1 个 div 文本颜色不会变红，因为它没有定义 class="lv"，也就是没有被选中。

▌ 举例：为不同的元素定义 class

```html
<!DOCTYPE html>
<html>
<head>
    <meta charset="utf-8" />
    <title></title>
    <style type="text/css">
        .lv{color:red;}
    </style>
</head>
<body>
    <div>绿叶学习网</div>
    <p class="lv">绿叶学习网</p>
    <span class="lv">绿叶学习网</span>
    <div>绿叶学习网</div>
</body>
</html>
```

浏览器预览效果如图 12-11 所示。

图 12-11　为不同的元素定义 class

▶ 分析

p和span是两个不同的元素，我们为这两个不同的元素设置相同的class，这样就可以同时为p和span定义相同的CSS样式了。

如果要为两个或多个元素定义相同的样式，建议使用class选择器，因为这样可以减少大量重复代码。

12.3.4 后代选择器

后代选择器，就是选择元素内部中某一种元素的所有元素：包括子元素和其他后代元素（如“孙元素”）。

▶ 语法

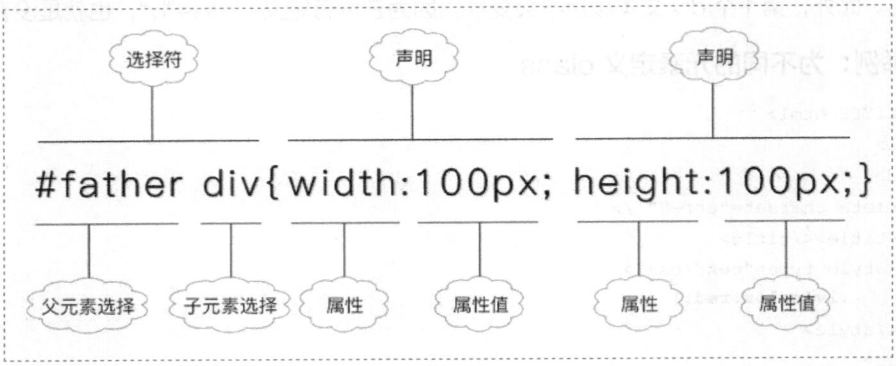

图12-12 后代选择器

▶ 说明

父元素和后代元素必须要用空格隔开，表示选中某个元素内部的后代元素，如图12-12所示。

▶ 举例

```
<!DOCTYPE html>
<html>
<head>
    <meta charset="utf-8" />
    <title></title>
    <style type="text/css">
        #father1 div {color:red;}
        #father2 span{color:blue;}
    </style>
</head>
<body>
    <div id="father1">
        <div>绿叶学习网</div>
        <div>绿叶学习网</div>
    </div>
```

```
        <div id="father2">
            <p>绿叶学习网</p>
            <p>绿叶学习网</p>
            <span>绿叶学习网</span>
        </div>
    </body>
</html>
```

浏览器预览效果如图 12-13 所示。

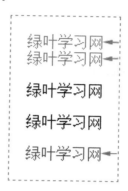

图 12-13　后代选择器实例

▶ 分析

#father1 div {color:red;} 表示选择 "id 为 father1 的元素" 下的所有 div 元素，然后定义它们的文本颜色为红色。

#father2 span{ color:blue;} 表示选择 "id 为 father2 的元素" 下的所有 span 元素，然后定义它们的文本颜色为蓝色。

12.3.5　群组选择器

群组选择器，指的是同时对几个选择器进行相同的操作。

▶ 语法

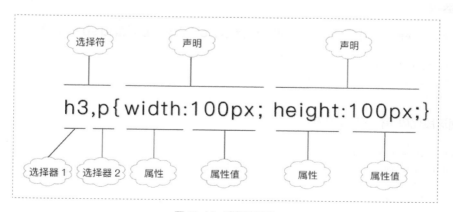

图 12-14　群组选择器

▶ **说明**

对于群组选择器，两个选择器之间必须要用英文逗号（,）隔开，不然群组选择器就无法生效，如图 12-14 所示。

▶ **举例**

```
<!DOCTYPE html>
<html>
<head>
    <meta charset="utf-8" />
    <title></title>
    <style type="text/css">
        h3, div, p, span {color:red;}
    </style>
</head>
<body>
    <h3>绿叶学习网</h3>
    <div>绿叶学习网</div>
    <p>绿叶学习网</p>
    <span>绿叶学习网</span>
</body>
</html>
```

浏览器预览效果如图 12-15 所示。

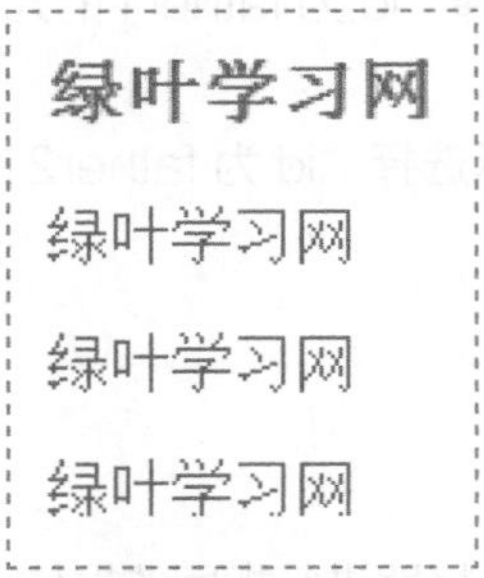

绿叶学习网

绿叶学习网

绿叶学习网

绿叶学习网

图 12-15　群组选择器实例（1）

▶ **举例**

h3,div,p,span{……} 表示选中所有的 h3 元素、div 元素、p 元素和 span 元素。

```
<style type="text/css">
    h3,div,p,span{color:red;}
</style>
```

上面这段代码等价于以下代码。

```
<style type="text/css">
    h3{color:red;}
    div{color:red;}
    p{color:red;}
    span{color:red;}
</style>
```

▶ **举例**

```
<!DOCTYPE html>
<html>
<head>
    <meta charset="utf-8" />
    <title></title>
    <style type="text/css">
        #lvye,.lv,span{color:red;}
    </style>
</head>
<body>
    <div id="lvye">绿叶学习网</div>
    <div>绿叶学习网</div>
    <p>绿叶学习网</p>
    <p class="lv">绿叶学习网</p>
    <span>绿叶学习网</span>
</body>
</html>
```

浏览器预览效果如图 12-16 所示。

图 12-16　群组选择器实例（2）

▶ **分析**

#lvye,.lv,span{……} 表示选中 id ＝ "lvye" 的元素、class ＝ "lv" 的元素以及所有的 span 元素。

```
<style type="text/css">
    #lvye,.lv,span{color:red;}
</style>
```

上面这段代码等价于以下代码。

```
<style type="text/css">
    #lvye{color:red;}
    .lv{color:red;}
    span{color:red;}
</style>
```

从上面两个例子，我们可以看出群组选择器的效率究竟有多高了吧！

这一节介绍的 5 种选择器，它们的使用频率占所有选择器的 80% 以上，对于初学者来说已经完全够用了。小伙伴们现在先不要急着去学习其他选择器，否则很容易造成混淆。我们在 CSS 进阶的时候再去学习其他选择器。

12.4　本章练习

一、单选题

1. 每一个样式声明之后，要用（　　　）表示一个声明的结束。

　　A. 逗号　　　　　B. 分号　　　　　　　C. 句号　　　　　　D. 顿号

2. 下面哪一项是 CSS 正确的语法结构？（　　　）

　　A. body:color=black　　　　　　　B. {body;color:black}

　　C. {body:color=black;}　　　　　　D. body{color:black;}

3. 下面有关 id 和 class 的说法中，正确的是（　　　）。

　　A. id 是唯一的，不同页面中不允许出现相同的 id

　　B. id 就像你的名字，class 就像你的身份证号

　　C. 同一个页面中，不允许出现两个相同的 class

　　D. 可以为不同的元素设置相同的 class 来为他们定义相同的 CSS 样式

4. 下面有关选择器的说法中，不正确的是（　　　）。

　　A. 在 class 选择器中，我们只能对相同的元素定义相同的 class 属性

　　B. 后代选择器选择的不仅是子元素，还包括它的其他后代元素（如"孙元素"）

　　C. 群组选择器可以对几个选择器进行相同的操作

　　D. 想要为某一个元素定义样式，我们可以使用不同的选择器来实现

二、编程题

下面有一段代码，如果我们想要选中所有的 div 和 p，请用至少两种不同的选择器方式来实现，并且选出最简单的一种。

```
<!DOCTYPE html>
<html>
<head>
    <meta charset="utf-8" />
    <title></title>
</head>
<body>
    <div></div>
    <p></p>
    <p></p>
    <strong></strong>
    <span></span>
</body>
</html>
```

第13章

字体样式

13.1　字体样式简介

在学习字体样式之前，我们先来看一下 Word 软件中，对字体的样式都有哪些设置，如图 13-1 所示。

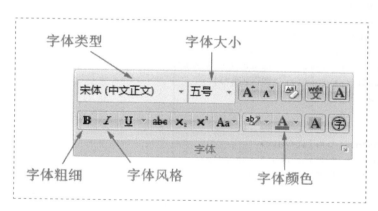

图 13-1　Word 中的字体样式

从上面这个图中，可以很直观地知道这一章中要学习的 CSS 属性，如表 13-1 所示。

表 13-1　字体样式属性

属性	说明
font-family	字体类型
font-size	字体大小
font-weight	字体粗细
font-style	字体风格
color	字体颜色

除了字体颜色，其他字体属性都是以"font"前缀开头的。其中，font 就是"字体"的意思。

根据属性的英文意思去理解，可以让我们的学习效率更高。例如，字体大小就是 font-size，字体粗细就是 font-weight，等等。这样去记忆，是不是感到非常简单呢？

13.2 字体类型：font-family

在 Word 中，我们往往会使用不同的字体，如宋体、微软雅黑等。在 CSS 中，我们可以使用 font-family 属性来定义字体类型。

▶ 语法

```
font-family: 字体1, 字体2, ... , 字体N;
```

▶ 说明

font-family 可以指定多种字体。使用多个字体时，将按从左到右的顺序排列，并且以英文逗号（,）隔开。如果我们不定义 font-family，浏览器将会采用默认字体类型，也就是"宋体"。

▶ 举例：设置一种字体

```
<!DOCTYPE html>
<html>
<head>
    <meta charset="utf-8" />
    <title></title>
    <style type="text/css">
        #div1{font-family: Arial;}
        #div2{font-family: "Times New Roman";}
        #div3{font-family: "微软雅黑";}
    </style>
</head>
<body>
    <div id="div1">Arial</div>
    <div id="div2">Times New Roman</div>
    <div id="div3">微软雅黑</div>
</body>
</html>
```

浏览器预览效果如图 13-2 所示。

Arial
Times New Roman
微软雅黑

图 13-2　设置一种字体

▶ 分析

对于 font-family 属性，如果字体类型只有一个英文单词，则不需要加上双引号；如果字体类型是多个英文单词或是中文的，则需要加上双引号。注意，这里的双引号是英文双引号，而不是中文双引号。

举例：设置多种字体

```
<!DOCTYPE html>
<html>
<head>
    <meta charset="utf-8" />
    <title></title>
    <style type="text/css">
        p{font-family:Arial,Verdana,Georgia;}
    </style>
</head>
<body>
    <p>Rome was not built in a day.</p>
</body>
</html>
```

浏览器预览效果如图 13-3 所示。

图 13-3 设置多种字体

分析

对于“p{font-family:Arial,Verdana,Georgia;}”这句代码，小伙伴们可能会感到疑惑：为什么要为元素定义多个字体类型呢？

其实原因是这样的：每个人的电脑装的字体都不一样，有些字体有安装，但也有些字体没有安装。p{font-family:Arial,Verdana,Georgia;} 这一句的意思是 p 元素优先使用“Aria 字体”来显示。如果你的电脑没有安装“Arial 字体”，那就接着考虑“Verdana 字体”。如果你的电脑也没有安装“Verdana 字体”，那就接着考虑“Georgia 字体”……以此类推。如果 Arial、Verdana、Georgia 字体都没有安装，那么 p 元素就会以默认字体（即宋体）来显示。

在实际开发中，比较美观的中文字体有微软雅黑、苹方，英文字体有 Times New Roman 、Arial 和 Verdana。

13.3 字体大小：font-size

在 CSS 中，我们可以使用 font-size 属性来定义字体大小。

语法

```
font-size:像素值;
```

说明

实际上，font-size 属性取值有两种：一种是“关键字”，如 small、medium、large 等；另外一种是"像素值"，如 10px、16px、21px 等。

不过在实际开发中，关键字这种方式基本不会用，因此我们只需要掌握像素值方式即可。

13.3.1　px 是什么

px 全称 pixel（像素），1 像素指的是一张图片中最小的点，或者是计算机屏幕最小的点。

举个例子，图 13-4 所示是一个新浪图标。将这个图标放大后，就会变成图 13-5 所示的样子。

图 13-4　新浪图标（原图）　　　　　　　　图 13-5　新浪图标（放大）

我们会发现，原来一张图片是由很多的小方点组成的。其中，每一个小方点就是一个像素（px）。如果说一台屏幕的分辨率是 800px×600px，指的就是"屏幕宽是 800 个小方点，高是 600 个小方点"。

严格来说，px 属于相对单位，因为屏幕分辨率的不同，1px 的大小也是不同的。例如，Windows 系统的分辨率为每英寸 96px，Mac 系统的分辨率为每英寸 72px。如果不考虑屏幕分辨率，我们也可以把 px 当成绝对单位来看待，这也是很多地方说 px 是绝对单位的原因。

对于初学者来说，1px 可以看成一个小点，多少 px 就可以看成由多少个小点组成。

13.3.2　采用 px 为单位

大家比较熟悉的网站，如百度、新浪、网易等，大部分都使用 px 作为单位。

稍微了解 CSS 的小伙伴都知道，font-size 的取值单位不仅仅是 px，还有 em、百分比等。不过初学 CSS 时，我们只需要掌握 px 这一个就可以了。

▼ 举例

```
<!DOCTYPE html>
<html>
<head>
    <meta charset="utf-8" />
    <title></title>
    <style type="text/css">
        #p1 {font-size: 10px;}
        #p2 {font-size: 15px;}
        #p3 {font-size: 20px;}
    </style>
```

```
    </head>
    <body>
        <p id="p1">字体大小为10px</p>
        <p id="p2">字体大小为15px</p>
        <p id="p3">字体大小为20px</p>
    </body>
    </html>
```

浏览器预览效果如图 13-6 所示。

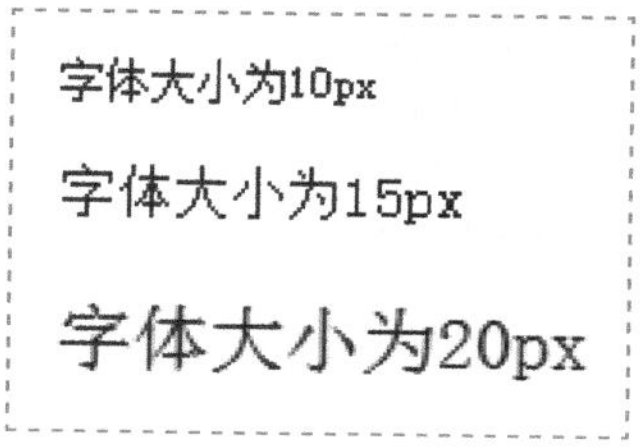

字体大小为10px

字体大小为15px

字体大小为20px

图 13-6　font-size

13.4　字体粗细：font-weight

在 CSS 中，我们可以使用 font-weight 属性来定义字体粗细。注意，字体粗细（font-weight）与字体大小（font-size）是不一样的。粗细指的是字体的"肥瘦"，而大小指的是字体的"宽高"。

▶ **语法**

font-weight:取值;

▶ **说明**

font-weight 属性取值有两种：一种是"100~900 的数值"，另一种是"关键字"。其中，关键字取值如表 13-2 所示。

表 13-2　font-weight 属性取值

属性值	说明
normal	正常（默认值）
lighter	较细
bold	**较粗**
bolder	很粗（其实效果与 bold 差不多）

对于实际开发来说，一般我们只会用到 bold 这一个属性值，其他的几乎用不上，这一点大家要记住。

▶ **举例：font-weight 取值为"数值"**

```
<!DOCTYPE html>
<html>
<head>
```

```
    <meta charset="utf-8" />
    <title></title>
    <style type="text/css">
        #p1{font-weight: 100;}
        #p2{font-weight: 400;}
        #p3{font-weight: 700;}
        #p4{font-weight: 900;}
    </style>
</head>
<body>
    <p id="p1">字体粗细为:100( lighter )</p>
    <p id="p2">字体粗细为:400( normal )</p>
    <p id="p3">字体粗细为:700( bold )</p>
    <p id="p4">字体粗细为:900( bolder )</p>
</body>
</html>
```

浏览器预览效果如图 13-7 所示。

字体粗细为:100（lighter）
字体粗细为:400（normal）
字体粗细为:700（bold）
字体粗细为:900（bolder）

图 13-7　font-weight 取值为"数值"

▌ 分析

font-weight 属性可以取 100、200、…、900 这 9 个值。其中 100 相当于 lighter，400 相当于 normal，700 相当于 bold，而 900 相当于 bolder。

不过在实际开发中，不建议使用数值（100~900）作为 font-weight 的属性取值，因此这里我们只需要简单了解一下就行。

▌ 举例: font-weight 取值为"关键字"

```
<!DOCTYPE html>
<html>
<head>
    <meta charset="utf-8" />
    <title></title>
    <style type="text/css">
        #p1{font-weight:lighter;}
        #p2{font-weight:normal;}
        #p3{font-weight:bold;}
        #p4{font-weight:bolder;}
    </style>
</head>
<body>
```

```
    <p id="p1">字体粗细为:lighter</p>
    <p id="p2">字体粗细为:normal</p>
    <p id="p3">字体粗细为:bold</p>
    <p id="p4">字体粗细为:bolder </p>
</body>
</html>
```

浏览器预览效果如图 13-8 所示。

字体粗细为:lighter
字体粗细为:normal
字体粗细为:bold
字体粗细为:bolder

图 13-8　font-weight 取值为"关键字"

13.5　字体风格：font-style

在 CSS 中，我们可以使用 font-style 属性来定义斜体效果。

▶ 语法

```
font-style:取值;
```

▶ 说明

font-style 属性取值如表 13-3 所示。

表 13-3　font-style 属性取值

属性值	说明
normal	正常（默认值）
italic	斜体
oblique	斜体

▶ 举例

```
<!DOCTYPE html>
<html>
<head>
    <meta charset="utf-8" />
    <title></title>
    <style type="text/css">
        #p1{font-style:normal;}
        #p2{font-style:italic;}
        #p3{font-style:oblique;}
    </style>
</head>
```

```
<body>
    <p id="p1">字体样式为normal</p>
    <p id="p2">字体样式为italic </p>
    <p id="p3">字体样式为oblique</p>
</body>
</html>
```

浏览器预览效果如图 13-9 所示。

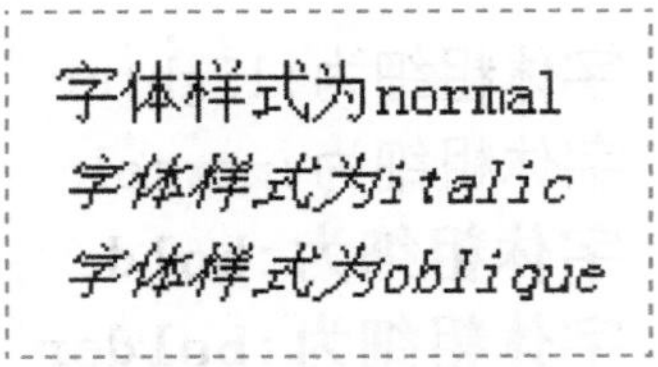

字体样式为normal

字体样式为italic

字体样式为oblique

图 13-9　font-style

▌ **分析**

从预览效果可以看出，font-style 属性值为 italic 或 oblique 时，页面效果居然是一样的！那这两者究竟有什么区别呢？

其实 italic 是字体的一个属性，但是并非所有的字体都有这个 italic 属性。对于有 italic 属性的字体，我们可以使用"font-style:italic;"来实现斜体效果。但是对于没有 italic 属性的字体，我们只能另外想办法，也就是使用"font-style:oblique;"来实现。

我们可以这样理解：**有些字体有斜体 italic 属性，但有些字体却没有 italic 属性。oblique 是让没有 italic 属性的字体也能够有斜体效果。**

不过在实际开发中，font-style 属性很少用得到，这一节简单了解一下即可。

13.6　字体颜色：color

在 CSS 中，我们可以使用 color 属性来定义字体颜色。

▌ **语法**

color:颜色值;

▌ **说明**

color 属性取值有两种，一种是"关键字"，另一种是"十六进制 RGB 值"。除了这两种，其实还有 RGBA、HSL 等，不过后面那几个都属于 CSS3 的内容。

13.6.1　关键字

关键字，指的就是颜色的英文名称，如 red、blue、green 等。在 HBuilder 中，也会有代码提示，很方便。

▼ **举例**

```
<!DOCTYPE html>
<html>
<head>
    <meta charset="utf-8" />
    <title></title>
    <style type="text/css">
        #p1{color:gray;}
        #p2{color:orange;}
        #p3{color:red;}
    </style>
</head>
<body>
    <p id="p1">字体颜色为灰色</p>
    <p id="p2">字体颜色为橙色</p>
    <p id="p3">字体颜色为红色</p>
</body>
</html>
```

浏览器预览效果如图 13-10 所示。

字体颜色为灰色
字体颜色为橙色
字体颜色为红色

图 13-10　color 取值为"关键字"

13.6.2　十六进制 RGB 值

单纯靠"关键字"是满足不了实际的开发需求的，因此我们还引入了"十六进制 RGB 值"。所谓的十六进制 RGB 值，指的是类似"#FBF9D0"形式的值。相信经常使用 Photoshop 的小伙伴不会陌生。

那我们就会问了，这种十六进制 RGB 值是怎么获取的呢？此外，又怎样才能获取我们想要的颜色值？常用的方法有两种。

1. 在线工具

在线调色板是一款很不错的在线工具，无需安装，使用起来也非常简单，小伙伴们可以到绿叶学习网（本书配套网站）上面使用。

2. Color Picker

Color Picker 是一款轻巧的软件，软件较小，但功能非常强大。至于下载地址，小伙伴们搜索一下就有了。

此外，对于十六进制颜色值，有两个我们需要知道：#000000 是黑色，#FFFFFF 是白色。

▌ 举例

```
<!DOCTYPE html>
<html>
<head>
    <meta charset="utf-8" />
    <title></title>
    <style type="text/css">
        #p1{color: #03FCA1;}
        #p2{color: #048C02;}
        #p3{color: #CE0592;}
    </style>
</head>
<body>
    <p id="p1">字体颜色为#03FCA1</p>
    <p id="p2">字体颜色为#048C02</p>
    <p id="p3">字体颜色为#CE0592</p>
</body>
</html>
```

浏览器预览效果如图 13-11 所示。

字体颜色为#03FCA1
字体颜色为#048C02
字体颜色为#CE0592

图 13-11   color 取值为"十六进制 RGB 值"

13.7   CSS 注释

和学习 HTML 时一样，为了提高代码的可读性和可维护性，方便自己修改以及团队开发，我们也经常需要对 CSS 中的关键代码做一下注释。

▌ 语法

/*注释的内容*/

▌ 说明

/* 表示注释的开始，*/ 表示注释的结束。需要特别注意一下，CSS 注释与 HTML 注释的语法是不一样的，大家不要搞混了。

▌ 举例

```
<!DOCTYPE html>
<html>
```

```
<head>
    <meta charset="utf-8" />
    <title></title>
    <style type="text/css">
        /*这是CSS注释*/
        p{color:pink;}
    </style>
</head>
<body>
    <!--这是HTML注释-->
    <p>记忆之所以美，是因为有现实的参照。</p>
</body>
</html>
```

浏览器预览效果如图13-12所示。

记忆之所以美，是因为有现实的参照。

图 13-12　HTML 注释与 CSS 注释

▆ 举例

```
<!DOCTYPE html>
<html>
<head>
    <meta charset="utf-8" />
    <title></title>
    <style type="text/css">
        /*使用元素选择器，定义所有p元素样式*/
        p
        {
            font-family:微软雅黑;        /*字体类型为微软雅黑*/
            font-size:14px;             /*字体大小为14px*/
            font-weight:bold;           /*字体粗细为bold*/
            color:red;                  /*字体颜色为red*/
        }
        /*使用id选择器，定义个别样式*/
        #p2
        {
            color:blue;                 /*字体颜色为blue*/
        }
    </style>
</head>
<body>
    <p id="p1">HTML控制网页的结构</p>
    <p id="p2">CSS控制网页的外观</p>
    <p id="p3">JavaScript控制网页的行为</p>
</body>
</html>
```

浏览器预览效果如图 13-13 所示。

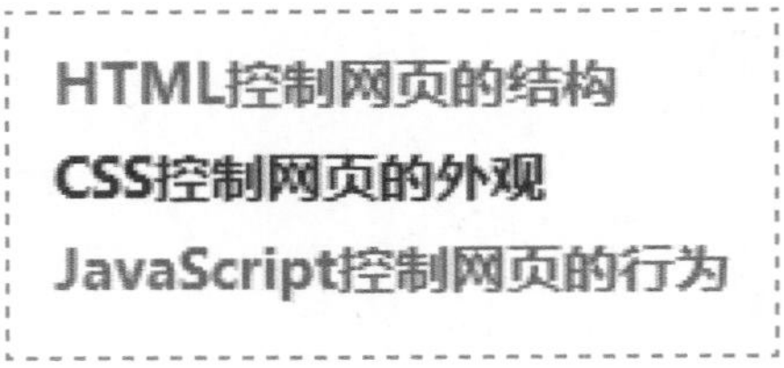

HTML控制网页的结构
CSS控制网页的外观
JavaScript控制网页的行为

图 13-13　CSS 注释

▼ 分析

在这个例子中，我们使用了元素选择器和 id 选择器。元素选择器能把所有相同元素选中然后定义 CSS 样式，而 id 选择器能针对某一个元素定义 CSS 样式。

这里说明一下：浏览器解析 CSS 是有一定顺序的，在这个例子中，第 2 个 p 元素一开始就使用元素选择器定义了一次 "color:red;"，然后又接着用 id 选择器定义了一次 "color:blue;"。因此后面的会覆盖前面的，最终显示为蓝色。

在这一章的学习中，大家可能都感觉到本书的不同之处了。在这本书中，我们会根据实际开发工作，在各个章节中穿插各种非常棒的技巧。最重要的是，我们会告诉小伙伴们哪些属性该记忆，哪些根本用不上，这可以大大提高学习效率。我曾经作为初学者，什么都学，但过一段时间又忘，然后又接着复习，到最后实践的时候，发现很多知识点都用不上！白白浪费了大量时间和精力。希望我的这些心血与经验，能够为大家节省时间。人生苦短，时间更多地应该用来追逐自己喜欢的东西，而不是在一些弯路上白白浪费。

13.8　本章练习

一、单选题

1. CSS 中可以使用（　　）属性来定义字体粗细。
   A. font-family
   B. font-size
   C. font-weight
   D. font-style
2. 如果想要实现字体颜色为白色，可以使用定义 color 属性值为（　　）。
   A. #000000
   B. #FFFFFF
   C. wheat
   D. black
3. 下面有关字体样式，说法正确的是（　　）。
   A. font-family 属性只能指定一种字体类型
   B. font-family 属性可以指定多种字体类型，并且浏览器是按照从右到左的顺序选择的
   C. 在实际开发中，font-size 很少取 "关键字" 作为属性值
   D. 在实际开发中，font-weight 属性一般取 100~900 的数值

4. 下面选项中，属于 CSS 的正确注释方式是（　　　）。

    A.　// 注释内容   B.　/* 注释内容 */

    C.　<!-- 注释内容 -->   D.　// 注释内容 //

二、编程题

为下面这段文字定义字体样式，要求字体类型指定多种、大小为 14px、粗细为粗体、颜色为蓝色。

"有规划的人生叫蓝图，没规划的人生叫拼图。"

第 14 章　文本样式

14.1　文本样式简介

在上一章中，我们把字体样式属性学完了，这一章再来学习一下文本样式。不过话说回来，我们为什么要将文本样式和字体样式区分开学习呢？

实际上，字体样式针对的是"文字本身"的形体效果，而文本样式针对的是"整个段落"的排版效果。字体样式注重个体，文本样式注重整体。因此在 CSS 中，特意使用了"font"和"text"两个前缀来区分这两类样式。如果清楚这一点，以后写 CSS 时，就很容易想起哪些属性是字体样式，哪些属性是文本样式了。

在 CSS 中，常见的文本样式如表 14-1 所示。

表 14-1　文本样式属性

属性	说明
text-indent	首行缩进
text-align	水平对齐
text-decoration	文本修饰
text-transform	大小写转换
line-height	行高
letter-spacing、word-spacing	字母间距、词间距

14.2　首行缩进：text-indent

p 元素的首行是不会自动缩进的，因此我们在 HTML 中往往使用 6 个 （空格）来实现首行缩进两个字的空格。但是这种方式会导致冗余代码很多。那么有没有更好的解决方法呢？

在 CSS 中，我们可以使用 text-indent 属性来定义 p 元素的首行缩进。

▼ 语法

```
text-indent:像素值;
```

▼ 说明

在 CSS 入门中，建议大家使用像素（px）作为单位，然后在 CSS 进阶中再去学习更多的 CSS 单位。

▼ 举例

```html
<!DOCTYPE html>
<html>
<head>
    <meta charset="utf-8" />
    <title></title>
    <style type="text/css">
        p
        {
            font-size:14px;
            text-indent:28px;
        }
    </style>
</head>
<body>
    <h3>爱莲说</h3>
    <p>水陆草木之花，可爱者甚蕃。晋陶渊明独爱菊。自李唐来，世人甚爱牡丹。予独爱莲之出淤泥而不染，濯清涟而不妖，中通外直，不蔓不枝，香远益清，亭亭净植，可远观而不可亵玩焉。</p>
    <p>予谓菊，花之隐逸者也；牡丹，花之富贵者也；莲，花之君子者也。噫！菊之爱，陶后鲜有闻；莲之爱，同予者何人？牡丹之爱，宜乎众矣。</p>
</body>
</html>
```

浏览器预览效果如图 14-1 所示。

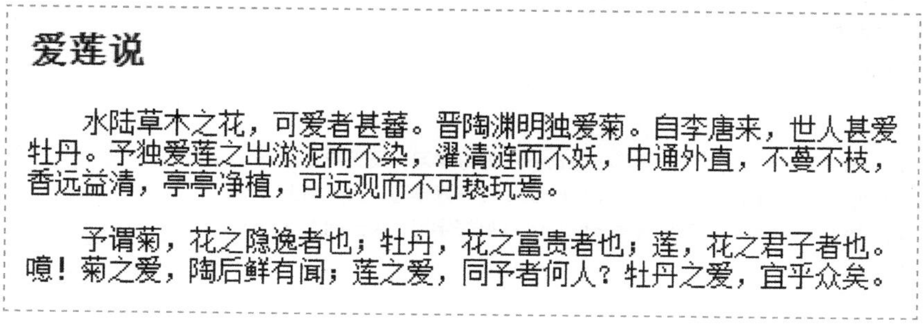

图 14-1　text-indent 效果

▼ 分析

我们都知道，中文段落首行一般需要缩进两个字的空间。想要实现这个效果，那么 text-indent 值应该是 font-size 值的 2 倍。大家仔细琢磨一下上面这个例子就知道为什么了。这是一个很棒的小技巧，以后会经常用到。

14.3　水平对齐：text-align

在 CSS 中，我们可以使用 text-align 属性来控制文本在水平方向上的对齐方式。

▼ 语法

```
text-align:取值;
```

▼ 说明

text-align 属性取值有 3 个，如表 14-2 所示。

表 14-2　text-align 属性取值

属性值	说明
left	左对齐（默认值）
center	居中对齐
right	右对齐

在实际开发中，我们一般只会用到居中对齐（center）这一个，其他两个几乎用不上。此外，text-align 属性不仅对文本有效，对图片（img 元素）也有效。对于图片水平对齐，我们在后面会详细介绍。

▼ 举例

```html
<!DOCTYPE html>
<html>
<head>
    <meta charset="utf-8" />
    <title></title>
    <style type="text/css">
        #p1{text-align:left;}
        #p2{text-align:center;}
        #p3{text-align:right;}
    </style>
</head>
<body>
    <p id="p1"><strong>左对齐</strong>:好好学习，天天向上。</p>
    <p id="p2"><strong>居中对齐</strong>:好好学习，天天向上。</p>
    <p id="p3"><strong>右对齐</strong>:好好学习，天天向上。</p>
</body>
</html>
```

浏览器预览效果如图 14-2 所示。

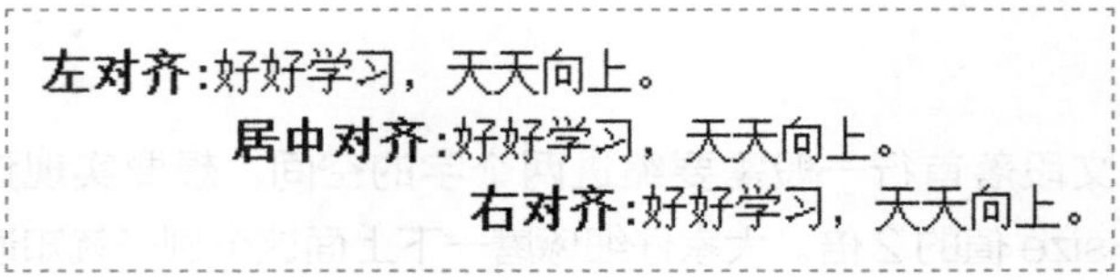

左对齐:好好学习，天天向上。
居中对齐:好好学习，天天向上。
右对齐:好好学习，天天向上。

图 14-2　text-align

14.4　文本修饰：text-decoration

14.4.1　text-decoration 属性

在 CSS 中，我们可以使用 text-decoration 属性来定义文本的修饰效果（下划线、中划线、顶划线）。

▶ 语法

```
text-decoration:取值;
```

▶ 说明

text-decoration 属性取值有 4 个，如表 14-3 所示。

表 14-3　text-decoration 属性取值

属性值	说明
none	去除所有的划线效果（默认值）
underline	下划线
line-through	中划线
overline	顶划线

在 HTML 学习中，我们使用 s 元素实现中划线，用 u 元素实现下划线。但是有了 CSS 之后，我们都是使用 text-decoration 属性来实现。记住一点：在前端开发中，外观控制一般用 CSS 来实现，而不是使用标签来实现，这更加符合结构与样式分离的原则，能够提高代码的可读性和可维护性。

▶ 举例：text-decoration 属性取值

```html
<!DOCTYPE html>
<html>
<head>
    <meta charset="utf-8" />
    <title></title>
    <style type="text/css">
        #p1{text-decoration:underline;}
        #p2{text-decoration:line-through;}
        #p3{text-decoration:overline;}
    </style>
</head>
<body>
    <p id="p1">这是"下划线"效果</p>
    <p id="p2">这是"删除线"效果</p>
    <p id="p3">这是"顶划线"效果</p>
</body>
</html>
```

浏览器预览效果如图 14-3 所示。

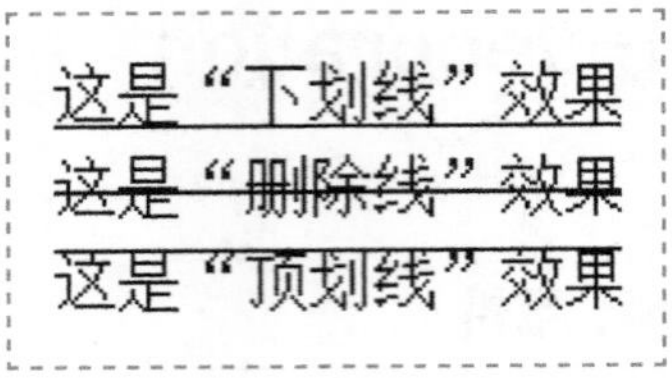

图 14-3　text-indent 效果

▜ 分析

我们都知道超链接（a 元素）默认样式有下划线，如 `<a href="http://www.lvyestudy.com">` 绿叶学习网 `</a>` 这一句代码，浏览器效果如图 14-4 所示。

图 14-4　超链接中的下划线

那么该如何去掉 a 元素中的下划线呢？这个时候，"text-decoration:none;" 就派上用场了。

▜ 举例：去除超链接下划线

```
<!DOCTYPE html>
<html>
<head>
    <meta charset="utf-8" />
    <title></title>
    <style type="text/css">
        a{text-decoration:none;}
    </style>
</head>
<body>
    <a href="http://www.lvyestudy.com" target="_blank">绿叶学习网</a>
</body>
</html>
```

浏览器预览效果如图 14-5 所示。

图 14-5　去除超链接下划线

▜ 分析

使用 "text-decoration:none;" 去除 a 元素的下划线，这个技巧我们在实际开发中会大量用到。主要是因为超链接默认样式不太美观，极少网站会使用它的默认样式。

14.4.2　3种划线的用途分析

1．下划线

下划线一般用于标明文章中的重点，如图14-6所示。

图14-6　下划线

2．中划线

中划线经常出现在各大电商网站中，一般用于促销，如图14-7所示。

图14-7　中划线

3．顶划线

说实话，我还真的从来没有见过什么网页用过顶划线，大家可以果断放弃。

14.5　大小写：text-transform

在CSS中，我们可以使用text-transform属性来将文本进行大小写转换。text-transform属性是针对英文而言的，因为中文不存在大小写之分。

▼ 语法

```
text-transform:取值;
```

▌ 说明

text-transform 属性取值有 4 个，如表 14-4 所示。

表 14-4　text-transform 属性取值

属性值	说明
none	无转换（默认值）
uppercase	转换为大写
lowercase	转换为小写
capitalize	只将每个英文单词首字母转换为大写

▌ 举例

```html
<!DOCTYPE html>
<html>
<head>
    <meta charset="utf-8" />
    <title></title>
    <style type="text/css">
        #p1{text-transform:uppercase;}
        #p2{text-transform:lowercase;}
        #p3{text-transform:capitalize;}
    </style>
</head>
<body>
    <p id="p1">rome was't built in a day.</p>
    <p id="p2">rome was't built in a day.</p>
    <p id="p3">rome was't built in a day.</p>
</body>
</html>
```

浏览器预览效果如图 14-8 所示。

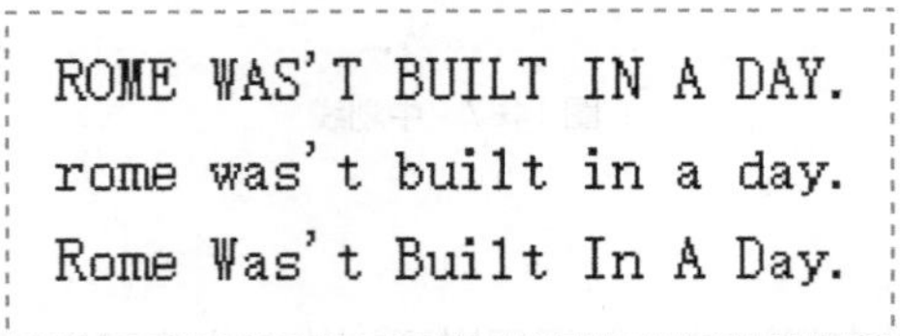

ROME WAS'T BUILT IN A DAY.
rome was't built in a day.
Rome Was't Built In A Day.

图 14-8　text-transform 效果

14.6　行高：line-height

在 CSS 中，我们可以使用 line-height 属性来控制一行文本的高度。很多书上称 line-height 为"行间距"，这是非常不严谨的叫法。行高，顾名思义就是"一行的高度"，而行间距指的是"两行文本之间的距离"，两者是完全不一样的概念。

　　line-height 属性涉及的理论知识非常多，也极其重要，这一节只是简单接触一下。对于更高级的技术，我们在本系列的《从 0 到 1：CSS 进阶之旅》这本书中再详细探讨。

▶ **语法**

```
line-height:像素值；
```

▶ **举例**

```
<!DOCTYPE html>
<html>
<head>
    <meta charset="utf-8" />
    <title></title>
    <style type="text/css">
        #p1{line-height:15px;}
        #p2{line-height:20px;}
        #p3{line-height:25px;}
    </style>
</head>
<body>
    <p id="p1">水陆草木之花，可爱者甚蕃。晋陶渊明独爱菊。自李唐来，世人甚爱牡丹。予独爱莲之出淤泥而不染，濯清涟而不妖，中通外直，不蔓不枝，香远益清，亭亭净植，可远观而不可亵玩焉。</p><hr/>
    <p id="p2">水陆草木之花，可爱者甚蕃。晋陶渊明独爱菊。自李唐来，世人甚爱牡丹。予独爱莲之出淤泥而不染，濯清涟而不妖，中通外直，不蔓不枝，香远益清，亭亭净植，可远观而不可亵玩焉。</p><hr/>
    <p id="p3">水陆草木之花，可爱者甚蕃。晋陶渊明独爱菊。自李唐来，世人甚爱牡丹。予独爱莲之出淤泥而不染，濯清涟而不妖，中通外直，不蔓不枝，香远益清，亭亭净植，可远观而不可亵玩焉。</p>
</body>
</html>
```

　　浏览器预览效果如图 14-9 所示。

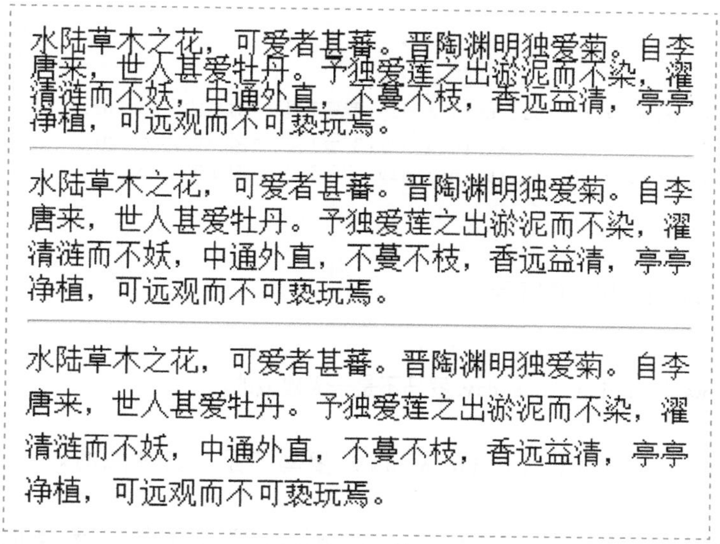

图 14-9　line-height 效果

14.7 间距: letter-spacing、word-spacing

14.7.1 字间距

在 CSS 中，我们可以使用 letter-spacing 属性来控制字与字之间的距离。

▼ 语法

```
letter-spacing:像素值;
```

▼ 说明

letter-spacing，从英文意思上就可以知道这是"字母间距"。注意，每一个中文汉字都被当作一个"字"，而每一个英文字母也被当作一个"字"。

▼ 举例

```
<!DOCTYPE html>
<html>
<head>
    <meta charset="utf-8" />
    <title></title>
    <style type="text/css">
        #p1{letter-spacing:0px;}
        #p2{letter-spacing:3px;}
        #p3{letter-spacing:5px;}
    </style>
</head>
<body>
    <p id="p1">Rome was't built in a day.罗马不是一天建成的。</p><hr/>
    <p id="p2">Rome was't built in a day.罗马不是一天建成的。</p><hr/>
    <p id="p3">Rome was't built in a day.罗马不是一天建成的。</p>
</body>
</html>
```

浏览器预览效果如图 14-10 所示。

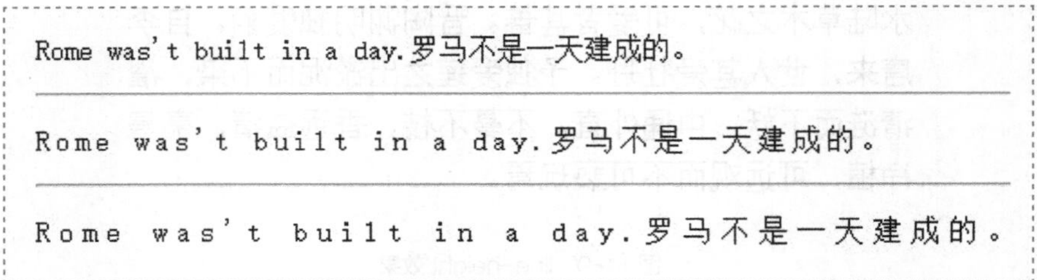

Rome was't built in a day.罗马不是一天建成的。

Rome was't built in a day.罗马不是一天建成的。

Rome was't built in a day.罗马不是一天建成的。

图 14-10　字间距

14.7.2　词间距

在 CSS 中，我们可以使用 word-spacing 属性来定义两个单词之间的距离。

▶ 语法

```
word-spacing:像素值；
```

▶ 说明

word-spacing，从英文意思上就可以知道这是"单词间距"。一般来说，word-spacing 只针对英文单词而言。

▶ 举例

```
<!DOCTYPE html>
<html>
<head>
    <meta charset="utf-8" />
    <title></title>
    <style type="text/css">
        #p1{word-spacing:0px;}
        #p2{word-spacing:3px;}
        #p3{word-spacing:5px;}
    </style>
</head>
<body>
    <p id="p1">Rome was't built in a day.罗马不是一天建成的。</p><hr/>
    <p id="p2">Rome was't built in a day.罗马不是一天建成的。</p><hr/>
    <p id="p3">Rome was't built in a day.罗马不是一天建成的。</p>
</body>
</html>
```

浏览器预览效果如图 14-11 所示。

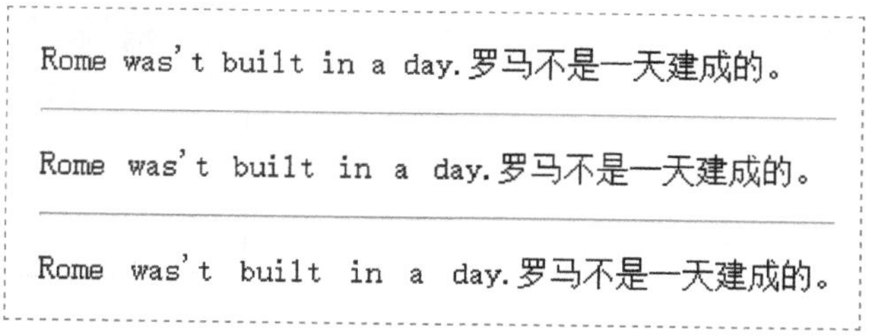

图 14-11　词间距

在实际开发中，对于中文网页来说，我们很少去定义字间距以及词间距。letter-spacing 和 word-spacing 只会用于英文网页，平常几乎用不上，因此只需简单了解即可。

14.8 本章练习

一、单选题

1. CSS 使用（   ）属性来定义段落的行高。
   - A. height
   - B. align-height
   - C. line-height
   - D. min-height

2. CSS 使用（   ）属性来定义字体下划线、删除线以及顶划线效果。
   - A. text-decoration
   - B. text-indent
   - C. text-transform
   - D. text-align

3. 如果想要实现如图 14-12 所示的效果，我们可以使用（   ）来实现。

不要~~520~~，不要~~520~~，只要250！

图 14-12

   - A. text-decoration:none;
   - B. text-decoration:underline;
   - C. text-decoration:line-through;
   - D. text-decoration:overline;

4. 下面有关文本样式的说法中，正确的是（   ）。
   - A. 如果想要让段落首行缩进 2 个字的间距，text-indent 值应该是 font-size 值的 4 倍
   - B. "text-align:center;" 不仅可以实现文本水平居中，还可以实现图片水平居中
   - C. 我们可以使用 line-height 来实现设置一个段落的高度
   - D. 我们可以使用 "text-transform:uppercase;" 来将英文转换为小写形式

二、编程题

下面有一段代码，请在这段代码的基础上，使用正确的选择器以及这两章学到的字体样式、文本样式来实现如图 14-13 所示的效果。

图 14-13 网页文字效果

```
<!DOCTYPE html>
<html>
<head>
    <meta charset="utf-8" />
    <title></title>
</head>
<body>
    <p>很多人都喜欢用战术上的勤奋来掩盖战略上的懒惰，事实上这种 "<span>低水平的勤奋</span>" 远远比懒惰可怕。</p>
    <p>Remember: no pain, no gain! </p>
</body>
</html>
```

第 15 章

边框样式

15.1 边框样式简介

在浏览网页的过程中，边框样式随处可见。几乎所有的元素都可以定义边框。例如，div 元素可以定义边框，img 元素可以定义边框，table 元素可以定义边框，span 元素同样也可以定义边框，如图 15-1、图 15-2 和图 15-3 所示。对于这一点，小伙伴们要记住了。

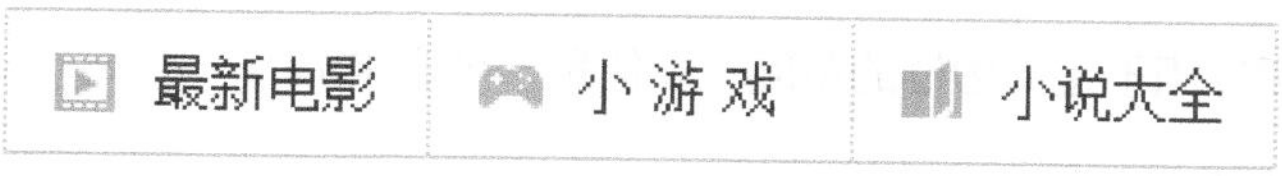

▶ 最新电影　　🎮 小游戏　　📖 小说大全

图 15-1　导航中的边框（div 元素）

图 15-2　图片中的边框（img 元素）

考试成绩表

姓名	语文	英语	数学
小明	80	80	80
小红	90	90	90
小杰	100	100	100
平均	90	90	90

图 15-3　表格中的边框（table 元素）

大家仔细观察上面 3 张图，然后思考一下定义一个元素的边框样式需要设置它的哪几个方面？

其实很容易得出结论，需要设置以下 3 个方面。

- ▶ 边框的宽度。
- ▶ 边框的外观（实线、虚线等）。
- ▶ 边框的颜色。

表 15-1　边框样式属性

属性	说明
border-width	边框的宽度
border-style	边框的外观
border-color	边框的颜色

表 15-1 所示为边框样式属性，想要为一个元素定义边框样式，必须要同时设置 border-width、border-style、border-color 这 3 个属性才会有效果。

15.2　整体样式

15.2.1　边框的属性

下面详细介绍一下 border-width、border-style 以及 border-color 属性。

1. border-width

border-width 属性用于定义边框的宽度，取值是一个像素值。

2. border-style

border-style 属性用于定义边框的外观，常用取值如表 15-2 所示。

表 15-2　border-style 属性取值

属性值	说明
none	无样式
dashed	虚线
solid	实线

除了上表列出的这几个取值，还有 hidden、dotted、double 等取值。不过其他取值几乎用不上，可以直接忽略。

3. border-color

border-color 属性用于定义边框的颜色，取值可以是"关键字"或"十六进制 RGB 值"。

▼ 举例：为 div 加上边框

```
<!DOCTYPE html>
<html>
```

```
<head>
    <meta charset="utf-8" />
    <title></title>
    <style type="text/css">
        /*定义所有div样式*/
        div
        {
            width:100px;
            height:30px;
        }
        /*定义单独div样式*/
        #div1
        {
            border-width:1px;
            border-style:dashed;
            border-color:red;
        }
        #div2
        {
            border-width:1px;
            border-style:solid;
            border-color:red;
        }
    </style>
</head>
<body>
    <div id="div1"></div>
    <div id="div2"></div>
</body>
</html>
```

浏览器预览效果如图 15-4 所示。

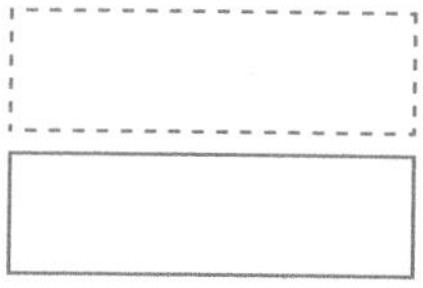

图 15-4 为 div 加上边框

分析

width 属性用于定义元素的宽度，height 属性用于定义元素的高度。这两个属性我们在后面会介绍。

举例：为 img 加上边框

```
<!DOCTYPE html>
<html>
<head>
    <meta charset="utf-8" />
```

```
<title></title>
<style type="text/css">
    img
    {
        border-width: 2px;
        border-style:solid;
        border-color:red;
    }
</style>
</head>
<body>
    <img src="img/haizei.png" alt="海贼王之索隆">
</body>
</html>
```

浏览器预览效果如图 15-5 所示。

图 15-5　为 img 加上边框

15.2.2　简写形式

想要为一个元素定义边框，我们需要完整地给出 border-width、border-style 和 border-color。这种写法代码量过多，费时费力。不过 CSS 为我们提供了一种简写形式。

```
border:1px solid red;
```

上面的代码其实等价于下面的代码。

```
border-width:1px;
border-style:solid;
border-color:red;
```

这是一个非常有用的技巧，在实际开发中，这种简写形式用得很多。可能一开始用起来比较生疏，但是写多了就熟练了。

▶ 举例

```
<!DOCTYPE html>
<html>
<head>
    <meta charset="utf-8" />
    <title></title>
    <style type="text/css">
        div{border:1px solid red;}
    </style>
</head>
<body>
    <div>绿叶学习网，给你初恋般的感觉。</div>
</body>
</html>
```

浏览器预览效果如图 15-6 所示。

绿叶学习网，给你初恋般的感觉。

图 15-6　border 简写形式

15.3　局部样式

一个元素其实有 4 条边（上、下、左、右），如图 15-7 所示。上一节我们学习的是 4 条边的整体样式。那么，如果我们想要对某一条边进行单独设置，这该怎么实现呢？

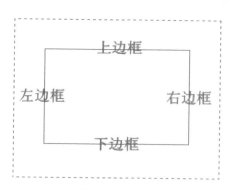

上边框

左边框　　　　　　右边框

下边框

图 15-7　4 条边

1.　上边框 border-top

```
border-top-width:1px;
border-top-style:solid;
border-top-color:red;
```

简写形式如下。

```
border-top:1px solid red;
```

2. 下边框 border-bottom

```
border-bottom-width:1px;
border-bottom-style:solid;
border-bottom-color:red;
```

简写形式如下。

```
border-bottom:1px solid red;
```

3. 左边框 border-left

```
border-left-width:1px;
border-left-style:solid;
border-left-color:red;
```

简写形式如下。

```
border-left:1px solid red;
```

4. 右边框 border-right

```
border-right-width:1px;
border-right-style:solid;
border-right-color:red;
```

简写形式如下。

```
border-right:1px solid red;
```

对于边框样式，如图 15-8 所示，不管是整体样式，还是局部样式，我们都需要设置 3 个方面：边框宽度、边框外观、边框颜色。

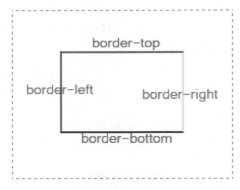

图 15-8 4 条边对应的 CSS 属性

▌ 举例

```
<!DOCTYPE html>
<html>
<head>
    <meta charset="utf-8" />
    <title></title>
    <style type="text/css">
```

```
        div
        {
            width:100px;                    /*div元素宽为100px*/
            height:60px;                    /*div元素高为60px*/
            border-top:2px solid red;       /*上边框样式*/
            border-right:2px solid yellow;  /*右边框样式*/
            border-bottom:2px solid blue;   /*下边框样式*/
            border-left:2px solid green;    /*左边框样式*/
        }
    </style>
</head>
<body>
    <div></div>
</body>
</html>
```

浏览器预览效果如图15-9所示。

图15-9 边框局部样式

▶ 举例

```
<!DOCTYPE html>
<html>
<head>
    <meta charset="utf-8" />
    <title></title>
    <style type="text/css">
        div
        {
            width:100px;                /*div元素宽为100px*/
            height:60px;                /*div元素高为100px*/
            border:1px solid red;       /*边框整体样式*/
            border-bottom:0px;          /*去除下边框*/
        }
    </style>
</head>
<body>
    <div></div>
</body>
</html>
```

浏览器预览效果如图15-10所示。

图 15-10   去除下边框

▶ **分析**

"border-bottom:0px;"是把下边框宽度设置为 0px。由于此时下边框没有宽度，因此下边框就被去除了。小伙伴可能会觉得很奇怪："只设置边框的宽度为 0px，那么边框的外观和颜色不需要设置了吗？"实际上这是一种省略写法，既然我们都不需要那条边框了，也就不再需要设置边框的外观和颜色。

此外，"border-bottom:0px;" "border-bottom:0;"和"border-bottom:none;"是等价的。

15.4   本章练习

单选题

1.   如果我们想要定义某一个元素的右边框，宽度为 1px，外观为实线，颜色为红色，正确写法应该是（   ）。

    A.   border:1px solid red;

    B.   border:1px dashed red;

    C.   border-right:1px solid red;

    D.   border-right:1px dashed red;

2.   如果我们想要去掉某一个元素的上边框，下面写法中，不正确的是（   ）。

    A.   border-top:not;

    B.   border-top:none;

    C.   border-top:0;

    D.   border-top:0px;

第16章

列表样式

16.1 列表项符号：list-style-type

在 HTML 中，对于有序列表和无序列表的列表项符号，都是使用 type 属性来定义的。使用 type 属性来定义列表项符号，是在 HTML 的"元素属性"中定义的。之前说过，结构和样式应该是分离的。那么在 CSS 中，我们应该怎么定义列表项符号呢？

16.1.1 定义列表项符号

在 CSS 中，不管是有序列表还是无序列表，我们都是使用 list-style-type 属性来定义列表项符号的。

▼ **语法**

```
list-style-type:取值；
```

▼ **说明**

list-style-type 属性是针对 ol 或者 ul 元素的，而不是 li 元素。其中，list-style-type 属性取值如表 16-1 和表 16-2 所示。

表 16-1　list-style-type 属性取值（有序列表）

属性值	说明
decimal	阿拉伯数字：1、2、3…（默认值）
lower-roman	小写罗马数字：i、ii、iii…
upper-roman	大写罗马数字：I、II、III…
lower-alpha	小写英文字母：a、b、c…
upper-alpha	大写英文字母：A、B、C…

表 16-2　list-style-type 属性取值（无序列表）

属性值	说明
disc	实心圆●（默认值）
circle	空心圆○
square	正方形■

� 举例：有序列表

```
<!DOCTYPE html>
<html>
<head>
    <meta charset="utf-8" />
    <title></title>
    <style type="text/css">
        ol{list-style-type:lower-roman;}
    </style>
</head>
<body>
    <h3>有序列表</h3>
    <ol>
        <li>HTML</li>
        <li>CSS</li>
        <li>JavaScript</li>
    </ol>
</body>
</html>
```

浏览器预览效果如图 16-1 所示。

有序列表

  i. HTML
 ii. CSS
iii. JavaScript

图 16-1　有序列表效果

▶ 举例：无序列表

```
<!DOCTYPE html>
<html>
<head>
    <meta charset="utf-8" />
    <title></title>
    <style type="text/css">
        ul{list-style-type:circle;}
    </style>
</head>
<body>
    <h3>无序列表</h3>
```

```
    <ul>
        <li>HTML</li>
        <li>CSS</li>
        <li>JavaScript</li>
    </ul>
</body>
</html>
```

浏览器预览效果如图 16-2 所示。

图 16-2　无序列表效果

16.1.2　去除列表项符号

在 CSS 中，我们也是使用 list-style-type 属性来去除有序列表或无序列表的列表项符号的。

语法

```
list-style-type:none;
```

说明

由于列表项符号不太美观，因此在实际开发中，大多数情况下我们都需要使用“list-style-type:none;”将其去掉。

举例

```
<!DOCTYPE html>
<html>
<head>
    <meta charset="utf-8" />
    <title></title>
    <style type="text/css">
        ol,ul{list-style-type:none;}
    </style>
</head>
<body>
    <h3>有序列表</h3>
    <ol>
        <li>HTML</li>
        <li>CSS</li>
        <li>JavaScript</li>
    </ol>
    <h3>无序列表</h3>
    <ul>
```

```
        <li>HTML</li>
        <li>CSS</li>
        <li>JavaScript</li>
    </ul>
</body>
</html>
```

浏览器预览效果如图 16-3 所示。

有序列表
　　HTML
　　CSS
　　JavaScript
无序列表
　　HTML
　　CSS
　　JavaScript

图 16-3　去除列表项符号效果

▶ **分析**

　　使用"list-style-type:none ；"去除列表项默认符号的这个小技巧，在实际开发中，我们经常会用到。

　　"ol,ul{list-style-type:none;}"使用的是"群组选择器"。当对多个不同元素定义了相同的 CSS 样式时，我们就可以使用群组选择器。在群组选择器中，元素之间是用英文逗号隔开的，而不是中文逗号。

【解惑】

list-style-type 有那么多的属性值，怎么记得住呢？

　　我们只需要记住"list-style-type:none;"这一个就可以了，其他的不需要记住。因为在实际开发中，对于使用 list-style-type 属性来定义列表项符号，几乎用不上。所以那些属性值也不需要去记忆。退一步说，就算用得上，我们也还有 HBuilder 提示。

16.2　列表项图片：list-style-image

　　不管是有序列表还是无序列表，都有它们自身的列表项符号。不过这些列表项符号都不太美观。如果我们想自定义列表项符号，那该怎么实现呢？

　　在 CSS 中，我们可以使用 list-style-image 属性来定义列表项图片，也就是使用图片来代替列表项符号。

▶ **语法**

```
list-style-image:url(图片路径);
```

▌ 举例

```html
<!DOCTYPE html>
<html>
<head>
    <meta charset="utf-8" />
    <title></title>
    <style type="text/css">
        ul{list-style-image: url(img/leaf.png);}
    </style>
</head>
<body>
    <ul>
        <li>HTML</li>
        <li>CSS</li>
        <li>JavaScript</li>
    </ul>
</body>
</html>
```

浏览器预览效果如图 16-4 所示。

图 16-4　列表项图片

▌ 分析

list-style-image 属性实际上就是把列表项符号替换成一张图片，而引用一张图片就要给出图片的路径。在真正的开发项目中，图 16-5 所示的这种列表项符号，一般情况下我们都不会用 list-style-image 属性来实现，而是使用更为高级的 iconfont 图标技术来实现，这个我们在本系列的《从 0 到 1：CSS 进阶之旅》这本书中再详细介绍。

图 16-5　字体图标（iconfont）效果

16.3　本章练习

一、单选题

1. 在真正的开发工作中，对于如图 16-6 所示的列表项符号，最佳的实现方法是（　　　）。

图 16-6　带列表项符号的列表

    A．list-style-type　　　　　　　　　　B．list-style-image

    C．字体图标　　　　　　　　　　　　　D．background-image

2. 下面对于列表的说法中，叙述错误的是（　　　）。

    A．list-style-type 属性是在 li 元素中设置的

    B．我们可以使用"list-style-type:none;"去除列表项符号

    C．对于大多数列表，我们都是使用 ul 元素，而不是使用 ol 元素

    D．不管是有序列表还是无序列表，我们都是使用 list-style-type 属性来定义列表项符号

二、编程题

定义一个列表，每一个列表项都是一个超链接，并且要求去除列表项符号及超链接下划线，超链接文本颜色为粉红色，并且单击某一个列表项就会以新窗口的形式打开，如图 16-7 所示。

图 16-7　无列表项符号及超链接下划线列表

第17章

表格样式

17.1　表格标题位置：caption-side

默认情况下，表格标题在表格的上方。如果想要把表格标题放在表格的下方，应该怎么实现？在 CSS 中，我们可以使用 caption-side 属性来定义表格标题的位置。

▎ **语法**

```
caption-side:取值;
```

▎ **说明**

caption-side 属性取值只有 2 个，如表 17-1 所示。

表 17-1　caption-side 属性取值

属性值	说明
top	标题在顶部（默认值）
bottom	标题在底部

▎ **举例**

```
<!DOCTYPE html>
<html>
<head>
    <meta charset="utf-8" />
    <title></title>
    <style type="text/css">
        table,th,td{border:1px solid silver;}
        table{caption-side:bottom;}
    </style>
</head>
<body>
```

```
    <table>
        <caption>表格标题</caption>
        <!--表头-->
        <thead>
            <tr>
                <th>表头单元格1</th>
                <th>表头单元格2</th>
            </tr>
        </thead>
        <!--表身-->
        <tbody>
            <tr>
                <td>表行单元格1</td>
                <td>表行单元格2</td>
            </tr>
            <tr>
                <td>表行单元格3</td>
                <td>表行单元格4</td>
            </tr>
        </tbody>
        <!--表脚-->
        <tfoot>
            <tr>
                <td>表行单元格5</td>
                <td>表行单元格6</td>
            </tr>
        </tfoot>
    </table>
</body>
</html>
```

浏览器预览效果如图 17-1 所示。

图 17-1　表格标题位置

▶ 分析

如果想要定义表格标题的位置，在 table 或 caption 这两个元素的 CSS 中定义 caption-side 属性，效果是一样的。一般情况下，我们只在 table 元素中定义就可以了。

17.2　表格边框合并：border-collapse

从前面的学习中可以知道，在表格加入边框后的页面效果中，单元格之间是有一定空隙的。但是在实际开发中，为了让表格更加美观，我们一般会把单元格之间的空隙去除。

在 CSS 中，我们可以使用 border-collapse 属性来去除单元格之间的空隙，也就是将两条边框合并为一条。

▶ 语法

```
border-collapse:取值;
```

▶ 说明

border-collapse 属性取值只有 2 个，如表 17-2 所示 。

表 17-2　border-collapse 属性取值

属性值	说明
separate	边框分开，有空隙（默认值）
collapse	边框合并，无空隙

separate 指的是"分离"，而 collapse 指的是"折叠、瓦解"。其英文含义可以便于我们更好地理解和记忆。

▶ 举例

```html
<!DOCTYPE html>
<html>
<head>
    <meta charset="utf-8" />
    <title></title>
    <style type="text/css">
        table,th,td{border:1px solid silver;}
        table{border-collapse: collapse;}
    </style>
</head>
<body>
    <table>
        <caption>表格标题</caption>
        <!--表头-->
        <thead>
            <tr>
                <th>表头单元格1</th>
                <th>表头单元格2</th>
            </tr>
        </thead>
        <!--表身-->
        <tbody>
```

```
        <tr>
            <td>表行单元格1</td>
            <td>表行单元格2</td>
        </tr>
        <tr>
            <td>表行单元格3</td>
            <td>表行单元格4</td>
        </tr>
    </tbody>
    <!--表脚-->
    <tfoot>
        <tr>
            <td>表行单元格5</td>
            <td>表行单元格6</td>
        </tr>
    </tfoot>
    </table>
</body>
</html>
```

浏览器预览效果如图 17-2 所示。

表格标题

表头单元格1	表头单元格2
表行单元格1	表行单元格2
表行单元格3	表行单元格4
表行单元格5	表行单元格6

图 17-2　表格边框合并效果

▶ **分析**

在 CSS 中，border-collapse 属性也是在 table 元素中定义的。

17.3　表格边框间距：border-spacing

上一节介绍了如何去除表格边框间距，在实际开发中，有时候我们需要定义一下表格边框的间距。

在 CSS 中，我们可以使用 border-spacing 属性来定义表格边框间距。

▶ **语法**

```
border-spacing:像素值；
```

▶ **举例**

```
<!DOCTYPE html>
<html>
<head>
```

```html
    <meta charset="utf-8" />
    <title></title>
    <style type="text/css">
        table,th,td{border:1px solid silver;}
        table{border-spacing: 8px;}
    </style>
</head>
<body>
    <table>
        <caption>表格标题</caption>
        <!--表头-->
        <thead>
            <tr>
                <th>表头单元格1</th>
                <th>表头单元格2</th>
            </tr>
        </thead>
        <!--表身-->
        <tbody>
            <tr>
                <td>表行单元格1</td>
                <td>表行单元格2</td>
            </tr>
            <tr>
                <td>表行单元格3</td>
                <td>表行单元格4</td>
            </tr>
        </tbody>
        <!--表脚-->
        <tfoot>
            <tr>
                <td>表行单元格5</td>
                <td>表行单元格6</td>
            </tr>
        </tfoot>
    </table>
</body>
</html>
```

浏览器预览效果如图17-3所示。

图 17-3　表格边框间距效果

▼ 分析

在 CSS 中，border-spacing 属性也是在 table 元素中定义的。

17.4　本章练习

单选题

1. CSS 可以使用（　　）属性来合并表格边框。
   - A. border-width
   - B. border-style
   - C. border-collapse
   - D. border-spacing
2. 下面有关表格样式，说法不正确的是（　　）。
   - A. border-collapse 只限用于表格，不能用于其他元素
   - B. caption-side、border-collapse、border-spacing 一般在 table 元素中设置
   - C. 可以使用 "border-collapse: separate;" 来将表格边框合并
   - D. 如果要为表格添加边框，我们一般需要同时对 table、th、td 这几个元素进行设置

第 18 章 图片样式

18.1 图片大小

在前面的学习中，我们接触了 width 和 height 这两个属性。其中 width 属性用于定义元素的宽度，height 属性用于定义元素的高度。

在 CSS 中，我们也是使用 width 和 height 这两个属性来定义图片大小的（也就是宽度和高度）。

▶ **语法**

```
width:像素值;
height:像素值;
```

▶ **说明**

图 18-1 所示是一张 100px×100px 的 gif 图片，我们尝试使用 width 和 height 属性来改变其大小。

图 18-1　100px×100px 的 gif 图片

▶ **举例**

```
<!DOCTYPE html>
<html>
<head>
    <meta charset="utf-8" />
```

```
    <title></title>
    <style type="text/css">
        img
        {
            width:60px;
            height:60px;
        }
    </style>
</head>
<body>
    <img src="img/girl.gif" alt="卡通女孩" />
</body>
</html>
```

浏览器预览效果如图 18-2 所示：

图 18-2　改变图片大小

▌ 分析

　　在实际开发中，你需要多大的图片，就用 Photoshop 制作多大的图片。不建议使用一张大图片，然后再借助 width 和 height 来改变其大小。因为一张大图片体积更大，会使页面加载速度变慢。这是性能优化方面的考虑，以后我们会慢慢接触。

18.2　图片边框

　　在"第 15 章 边框样式"中我们已经详细介绍了 border 属性。对于图片的边框，我们也是使用 border 属性来定义的。

▌ 语法

```
border:1px solid red;
```

▌ 说明

对于边框样式，在实际开发中都是使用简写形式。

▌ 举例

```
<!DOCTYPE html>
<html>
<head>
    <meta charset="utf-8" />
    <title></title>
    <style type="text/css">
        img
```

```
            {
                widht:60px;
                height:60px;
                border:1px solid red;
            }
        </style>
    </head>
    <body>
        <img src="img/girl.gif" alt="卡通女孩" />
    </body>
    </html>
```

浏览器预览效果如图 18-3 所示。

图 18-3　图片边框效果

18.3　图片对齐

18.3.1　水平对齐

在 CSS 中，我们可以使用 text-align 属性来定义图片的水平对齐方式。

▶ **语法**

`text-align:取值;`

▶ **说明**

text-align 属性取值有 3 个，如表 18-1 所示。

表 18-1　text-align 属性取值

属性值	说明
left	左对齐（默认值）
center	居中对齐
right	右对齐

text-align 属性一般只用于两个地方：文本水平对齐和图片水平对齐。

▶ **举例**

```
<!DOCTYPE html>
<html>
<head>
```

```
<meta charset="utf-8" />
<title></title>
<style type="text/css">
    div
    {
        width:300px;
        height:80px;
        border:1px solid silver;
    }
    .div1{text-align:left;}
    .div2{text-align:center;}
    .div3{text-align:right;}
     img{width:60px;height:60px;}
</style>
</head>
<body>
    <div class="div1">
        <img src="img/girl.gif" alt=""/>
    </div>
    <div class="div2">
        <img src=" img/girl.gif" alt=""/>
    </div>
    <div class="div3">
        <img src=" img/girl.gif" alt=""/>
    </div>
</body>
</html>
```

浏览器预览效果如图 18-4 所示。

图 18-4　图片水平对齐

▼ 分析

很多人以为图片的水平对齐是在 img 元素中定义的，其实这是错的。图片是在父元素中进行水平对齐，因此我们应该在图片的父元素中定义。

在这个例子中，img 的父元素是 div，因此想要实现图片的水平对齐，就应该在 div 中定义

text-align 属性。

18.3.2 垂直对齐

在 CSS 中，我们可以使用 vertical-align 属性来定义图片的垂直对齐方式。

▶ 语法

```
vertical-align:取值;
```

▶ 说明

vertical 指的是"垂直的"，align 指的是"使排整齐"。学习 CSS 属性与学习 HTML 标签一样，根据英文意思去理解和记忆可以事半功倍。

vertical-align 属性取值有 4 个，如表 18-2 所示。

表 18-2　vertical-align 属性取值

属性值	说明
top	顶部对齐
middle	中部对齐
baseline	基线对齐
bottom	底部对齐

▶ 举例

```
<!DOCTYPE html>
<html>
<head>
    <meta charset="utf-8" />
    <title></title>
    <style type="text/css">
        img{width:60px;height:60px;}
        #img1{vertical-align:top;}
        #img2{vertical-align:middle;}
        #img3{vertical-align:bottom;}
        #img4{vertical-align:baseline;}
    </style>
</head>
<body>
    绿叶学习网<img id="img1" src="img/girl.gif" alt=""/>绿叶学习网（top）
    <hr/>
    绿叶学习网<img id="img2" src="img/girl.gif" alt=""/>绿叶学习网（middle）
    <hr/>
    绿叶学习网<img id="img3" src="img/girl.gif" alt=""/>绿叶学习网（bottom）
    <hr/>
    绿叶学习网<img id="img4" src="img/girl.gif" alt=""/>绿叶学习网（baseline）
</body>
</html>
```

浏览器预览效果如图 18-5 所示。

图 18-5　vertical-align

▶ 分析

我们仔细观察会发现,"vertical-align:baseline"和"vertical-align:bottom"是有区别的。

▶ 举例

```
<!DOCTYPE html>
<html>
<head>
    <meta charset="utf-8" />
    <title></title>
    <style type="text/css">
        div
        {
            width:100px;
            height:80px;
            border:1px solid silver;
        }
        .div1{vertical-align:top;}
        .div2{vertical-align:middle;}
        .div3{vertical-align:bottom;}
        .div4{vertical-align:baseline;}
        img{width:60px;height:60px;}
    </style>
</head>
<body>
    <div class="div1">
        <img src="img/girl.gif" alt=""/>
    </div>
    <div class="div2">
```

```
            <img src="img/girl.gif" alt=""/>
        </div>
        <div class="div3">
            <img src="img/girl.gif" alt=""/>
        </div>
        <div class="div4">
            <img src="img/girl.gif" alt=""/>
        </div>
    </body>
</html>
```

浏览器预览效果如图 18-6 所示。

图 18-6　图片无法实现垂直居中

▶ 分析

咦，怎么回事？为什么图片没有垂直对齐？其实，大家误解了 vertical-align 这个属性。W3C（Web 标准制定者）对 vertical-align 属性的定义是极其复杂的，其中有一项是"vertical-align 属性定义周围的行内元素或文本相对于该元素的垂直方式"。

毫不夸张地说，vertical-align 是 CSS 最复杂的一个属性，但功能也非常强大。在 CSS 入门阶段，我们简单看一下就行。对于更高级的技术，我们在本系列的《从 0 到 1: CSS 进阶之旅》这本书中再详细介绍。

18.4　文字环绕: float

在网页布局中，常常遇到图文混排的情况。所谓的图文混排，指的是文字环绕着图片进行布局。文字环绕图片的方式在实际页面中的应用非常广泛，如果配合内容、背景等多种手段可以实现各种绚丽的效果。

在 CSS 中，我们可以使用 float 属性来实现文字环绕图片的效果。

� 语法

float：取值；

▉ 说明

float 属性取值只有 2 个，非常简单，如表 18-3 所示。

表 18-3　float 属性取值

属性值	说明
left	元素向左浮动
right	元素向右浮动

▉ 举例

```
<!DOCTYPE html>
<html>
<head>
    <meta charset="utf-8" />
    <title></title>
    <style type="text/css">
        img{float:left;}
        p{
            font-family:"微软雅黑";
            font-size:12px;
         }
    </style>
</head>
<body>
    <img src="img/lotus.png" alt=""/>
        <p>水陆草木之花，可爱者甚蕃。晋陶渊明独爱菊。自李唐来，世人甚爱牡丹。予独爱莲之出淤泥而不染，濯清涟
而不妖，中通外直，不蔓不枝，香远益清，亭亭净植，可远观而不可亵玩焉。予谓菊，花之隐逸者也；牡丹，花之富贵者也；莲，
花之君子者也。噫！菊之爱，陶后鲜有闻；莲之爱，同予者何人？牡丹之爱，宜乎众矣。</p>
    </body>
</html>
```

浏览器预览效果如图 18-7 所示。

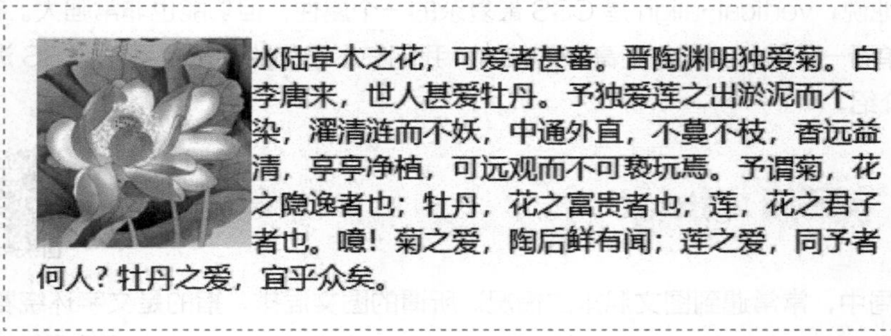

水陆草木之花，可爱者甚蕃。晋陶渊明独爱菊。自李唐来，世人甚爱牡丹。予独爱莲之出淤泥而不染，濯清涟而不妖，中通外直，不蔓不枝，香远益清，亭亭净植，可远观而不可亵玩焉。予谓菊，花之隐逸者也；牡丹，花之富贵者也；莲，花之君子者也。噫！菊之爱，陶后鲜有闻；莲之爱，同予者何人？牡丹之爱，宜乎众矣。

图 18-7　"float:left" 效果

▶ 分析

在这个例子中，当我们把"float:left;"改为"float:right;"后，预览效果如图 18-8 所示。

水陆草木之花，可爱者甚蕃。晋陶渊明独爱菊。自李唐来，世人甚爱牡丹。予独爱莲之出淤泥而不染，濯清涟而不妖，中通外直，不蔓不枝，香远益清，亭亭净植，可远观而不可亵玩焉。予谓菊，花之隐逸者也；牡丹，花之富贵者也；莲，花之君子者也。噫！菊之爱，陶后鲜有闻；莲之爱，同予者何人？牡丹之爱，宜乎众矣。

图 18-8　"float:right"效果

18.5　本章练习

单选题

1. CSS 可以使用（　　）属性来实现图片水平居中。

   A. text-indent　　　　　　　　　　B. text-align

   C. vertical-align　　　　　　　　　D. float

2. 下面有关图片样式的说法正确的是（　　）。

   A. 由于 img 元素不是块元素，因此设置 width 和 height 无效

   B. 可以使用 vertical-align 属性来实现图片在 div 元素中垂直居中

   C. "text-align:center"不仅能实现图片水平居中，还能实现文本水平居中

   D. 可以使用 text-align 实现文字环绕图片的效果

第19章

背景样式

19.1 背景样式简介

在 CSS 中，背景样式包括两个方面：一个是"背景样色"，另外一个是"背景图片"。在 Web 1.0 时代，一般都是使用 background 或者 bgcolor 这两个"HTML 属性"（不是 CSS 属性）来为元素定义背景颜色或背景图片的。不过在 Web 2.0 时代，对于元素的背景样式，我们都是使用 CSS 属性来实现的。

在 CSS 中，定义"背景颜色"使用的是 background-color 属性，而定义"背景图片"则比较复杂，往往涉及以下属性，如表 19-1 所示。

表 19-1　背景图片样式属性

属性	说明
background-image	定义背景图片地址
background-repeat	定义背景图片重复，如横向重复、纵向重复
background-position	定义背景图片位置
background-attachment	定义背景图片固定

19.2 背景颜色：background-color

在 CSS 中，我们可以使用 background-color 属性来定义元素的背景颜色。

▼ **语法**

```
background-color:颜色值;
```

▼ **说明**

颜色值有两种，一种是"关键字"，另外一种是"十六进制 RGB 值"。其中，关键字指的是颜色的英文名称，如 red、green、blue 等。而十六进制 RGB 值指的是类似"#FBE9D0"形式的值。除了这两种，其实还有 RGBA、HSL 等，不过那些我们暂时不用去了解。

▌ **举例：两种颜色取值**

```
<!DOCTYPE html>
<html>
<head>
    <meta charset="utf-8" />
    <title></title>
    <style type="text/css">
        div
        {
            width:100px;
            height:60px;
        }
        #div1{background-color: hotpink}
        #div2{background-color: #87CEFA;}
    </style>
</head>
<body>
    <div id="div1">背景颜色为: hotpink</div>
    <div id="div2">背景颜色为: #87CEFA</div>
</body>
</html>
```

浏览器预览效果如图 19-1 所示。

图 19-1　两种颜色值

▌ **分析**

第 1 个 div 背景颜色为关键字，取值为 hotpink。第 2 个 div 背景颜色为十六进制 RGB 值，取值为 #87CEFA。

▌ **举例：color 与 background-color**

```
<!DOCTYPE html>
<html>
<head>
    <meta charset="utf-8" />
    <title></title>
    <style type="text/css">
        p
        {
```

```
        color:white;
        background-color: hotpink;
    }
    </style>
</head>
<body>
    <p>
        p元素文本颜色为white<br/>
        p元素背景颜色为hotpink
    </p>
</body>
</html>
```

浏览器预览效果如图 19-2 所示。

p元素文本颜色为white
p元素背景颜色为hotpink

图 19-2　color 与 background-color

� 分析

color 属性用于定义"文本颜色"，而 background-color 属性用于定义"背景颜色"，这两个要注意区分。

19.3　背景图片样式：background-image

在 CSS 中，我们可以使用 background-image 属性来为元素定义背景图片。

▮ 语法

```
background-image:url(图片路径);
```

▮ 说明

和引入图片（即 img 标签）一样，引入背景图片也需要给出图片路径才可以显示。

▮ 举例

```
<!DOCTYPE html>
<html>
<head>
    <meta charset="utf-8" />
    <title></title>
    <style type="text/css">
        div{background-image: url(img/haizei.png);}
    </style>
</head>
<body>
    <div></div>
```

```
</body>
</html>
```

浏览器预览效果如图 19-3 所示。

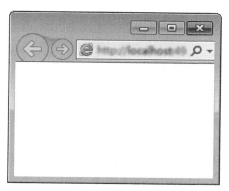

图 19-3　图片无法显示

▶ **分析**

怎么回事，为什么背景图片没有显示出来？这是因为我们没有给 div 元素定义 width 和 height，此时 div 元素的宽度和高度都为 0，因此背景图片是不会显示的。

我们需要为 div 元素添加 width 和 height，代码如下。

```
div
{
    width:250px;
    height:170px;
    background-image: url(img/haizei.png);
}
```

其中 width 和 height 与图片实际宽度和高度相等，此时浏览器预览效果如图 19-4 所示。

图 19-4　图片显示

背景图片与图片是不一样的，背景图片是使用 CSS 来实现，而图片是使用 HTML 来实现。两者的使用场合也不一样，大多数情况下都是使用图片，不过在某些无法使用图片的场合中，我们就要考虑背景图片形式。

此外还有一点要说明一下：下面这两种引入背景图片的方式都是正确的，一个给路径加上了引号，另外一个没加引号。不过在实际开发中，建议采用不加引号的方式，因为这种方式更加简洁。

```
/*方式1：路径加上引号*/
background-image: url("img/haizei.png");
/*方式2：路径没加引号*/
background-image: url(img/haizei.png);
```

19.4 背景图片重复：background-repeat

在 CSS 中，我们可以使用 background-repeat 属性来定义背景图片的重复方式。

▼ 语法

```
background-repeat:取值;
```

▼ 说明

background-repeat 属性取值有 4 个，如表 19-2 所示。

表 19-2 background-repeat 属性取值

属性值	说明
repeat	在水平方向和垂直方向上同时平铺（默认值）
repeat-x	只在水平方向（x 轴）上平铺
repeat-y	只在垂直方向（y 轴）上平铺
no-repeat	不平铺

下面先来看一个例子：我们有一张 25px×25px 的小图片（如图 19-5 所示），现在我们通过 3 个 div 来设置不同的 background-repeat 属性取值，看看实际效果如何。

图 19-5　25px×25px 的小图片

▼ 举例

```
<!DOCTYPE html>
<html>
<head>
    <meta charset="utf-8" />
    <title></title>
    <style type="text/css">
        div
        {
            width:200px;
            height:100px;
            border: 1px solid silver;
```

```
            background-image: url(img/flower.png);
        }
        #div2{background-repeat: repeat-x}
        #div3{background-repeat: repeat-y}
        #div4{background-repeat: no-repeat}
    </style>
</head>
<body>
    <div id="div1"></div>
    <div id="div2"></div>
    <div id="div3"></div>
    <div id="div4"></div>
</body>
</html>
```

浏览器预览效果如图 19-6 所示。

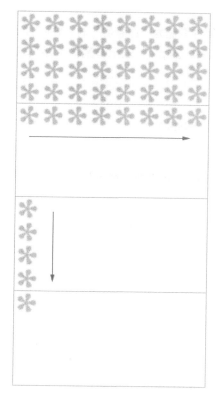

图 19-6　background-repeat

▶ 分析

在这个例子中，第 1 个 div 元素由于没有定义 background-repeat 属性值，因此会采用默认值 repeat。

此外还需要注意一点，元素的宽度和高度必须大于背景图片的宽度和高度，这样才会有重复效果。这个道理，小伙伴们稍微想一下就明白了。

19.5　背景图片位置：background-position

在 CSS 中，我们可以使用 background-position 属性来定义背景图片的位置。

▌ 语法

```
background-position:像素值/关键字;
```

▌ 说明

background-position 属性常用取值有两种：一种是"像素值"，另外一种是"关键字"（这里不考虑百分比取值）。

19.5.1　像素值

当 background-position 属性取值为"像素值"时，要同时设置水平方向和垂直方向的数值。例如，"background-position:12px 24px;"表示背景图片距离该元素左上角的水平方向距离为12px，垂直方向距离为24px。

▌ 语法

```
background-position:水平距离 垂直距离;
```

▌ 说明

水平距离和垂直距离这两个数值之间要用空格隔开，两者取值都是像素值。

▌ 举例

```
<!DOCTYPE html>
<html>
<head>
    <meta charset="utf-8" />
    <title></title>
    <style type="text/css">
        div
        {
            width:300px;
            height:200px;
            border:1px solid silver;
            background-image:url(img/judy.png);
            background-repeat:no-repeat;
            background-position:40px 20px;
        }
    </style>
</head>
<body>
    <div></div>
</body>
</html>
```

浏览器预览效果如图 19-7 所示。

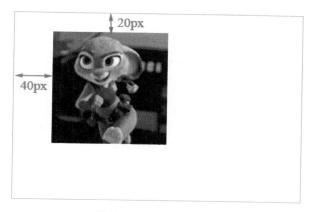

图 19-7　取值为"像素值"

▌ 分析

background-position 属性设置的两个值是相对该元素的左上角来说的，我们从上图就可以很直观地看出来。

19.5.2　关键字

当 background-position 属性取值为"关键字"时，也要同时设置水平方向和垂直方向的值，只不过这两个值使用关键字来代替而已。

▌ 语法

```
background-position:水平距离 垂直距离;
```

▌ 说明

background-position 属性的关键字取值如表 19-3 所示，关键字效果如图 19-8 所示。

表 19-3　background-position 属性的关键字取值

属性值	说明
top left	左上
top center	靠上居中
top right	右上
left center	靠左居中
center center	正中
right center	靠右居中
bottom left	左下
bottom center	靠下居中
bottom right	右下

top left	top center	top right
left center	center center	right center
bottom left	bottom center	bottom right

图 19-8　关键字效果

▶ 举例

```
<!DOCTYPE html>
<html>
<head>
    <meta charset="utf-8" />
    <title></title>
    <style type="text/css">
        div
        {
            width:300px;
            height:200px;
            border:1px solid silver;
            background-image:url(img/judy.png);
            background-repeat:no-repeat;
            background-position:center right;
        }
    </style>
</head>
<body>
    <div></div>
</body>
</html>
```

浏览器预览效果如图 19-9 所示。

图 19-9　取值为"关键字"

▶ 分析

"background-position:right center;"中的"right center"，表示相对于左上角，水平方向在右边（right），垂直方向在中间（center）。

在实际开发中，background-position 一般用于实现 CSS Spirit（精灵图片）。对于 CSS Spirit 技术，我们在本系列的《从 0 到 1: CSS 进阶》这本书中再深入介绍。

19.6　背景图片固定：background-attachment

在 CSS 中，我们可以使用 background-attachment 属性来定义背景图片是随元素一起滚动还是固定不动。

▶ 语法

```
background-attachment:取值；
```

▶ 说明

background-attachment 属性取值只有 2 个，如表 19-4 所示。

表 19-4　background-attachment 属性取值

属性值	说明
scroll	随元素一起滚动（默认值）
fixed	固定不动

▶ 举例

```
<!DOCTYPE html>
<html>
<head>
    <meta charset="utf-8" />
    <title></title>
    <style type="text/css">
        div
        {
            width:160px;
            height:1200px;
            border:1px solid silver;
            background-image:url(img/judy.png);
            background-repeat:no-repeat;
            background-attachment:fixed;
        }
    </style>
</head>
<body>
    <div></div>
</body>
</html>
```

浏览器预览效果如图 19-10 所示。

图 19-10　背景固定效果

▼ 分析

我们在本地浏览器中拖动右边的滚动条，可以发现，背景图片在页面固定不动了。如果把"background-attachment:fixed；"这一行代码去掉，背景图片就会随着元素一起滚动。

在实际开发中，background-attachment 这个属性几乎用不上，这里看一下就行。

19.7　本章练习

一、单选题

1. CSS 可以使用（　　）属性来设置文本颜色。

    A. color　　　　　B. background-color　　C. text-color　　　　　　　D. font-color

2. 下面有关背景样式，说法不正确的是（　　）。

    A. 默认情况下，背景图片是不平铺的

    B. color 设置的是文本颜色，background-color 设置的是背景颜色

    C. CSS Spirit 技术是借助 background-position 属性来实现的

    D. 我们可以使用"background-repeat:repeat-x;"来实现背景图片在 X 轴方向平铺

二、编程题

请将图 19-11 所示的图片当成背景图，要求铺满整个页面，不允许有空隙。

图 19-11　背景图

第 20 章
超链接样式

20.1　超链接伪类

在浏览器中，超链接的外观如图 20-1 所示。可以看出，超链接在鼠标单击的不同时期的样式是不一样的。

- ▶ **默认情况下**：字体为蓝色，带有下划线。
- ▶ **鼠标单击时**：字体为红色，带有下划线。
- ▶ **鼠标单击后**：字体为紫色，带有下划线。

<u>默认情况下</u>
<u>鼠标点击时</u>
<u>鼠标点击后</u>

图 20-1　超链接外观效果

鼠标单击时，指的是单击超链接的那一瞬间。也就是说，字体变为红色也就是一瞬间的事情。小伙伴们最好在本地编辑器中自己测试一下。

20.1.1　超链接伪类简介

在 CSS 中，我们可以使用"超链接伪类"来定义超链接在鼠标单击的不同时期的样式。

▼ **语法**

```
a:link{…}
a:visited{…}
a:hover{…}
a:active{…}
```

▶ 说明

定义 4 个伪类，必须按照"link、visited、hover、active"的顺序进行，不然浏览器可能无法正常显示这 4 种样式。请记住，这 4 种样式的定义顺序不能改变，如表 20-1 所示。

表 20-1　超链接伪类

伪类	说明
a:link	定义 a 元素未访问时的样式
a:visited	定义 a 元素访问后的样式
a:hover	定义鼠标经过 a 元素时的样式
a:active	定义鼠标单击激活时的样式

小伙伴们可能觉得很难把这个顺序记住。不用担心，这里有一个挺好的记忆方法："love hate"。我们把这个顺序规则称为"爱恨原则"，以后大家回忆一下"爱恨原则"，自然就写出来了。

▶ 举例

```html
<!DOCTYPE html>
<html>
<head>
    <meta charset="utf-8" />
    <title> </title>
    <style type="text/css">
        a{text-decoration:none;}
        a:link{color:red;}
        a:visited{color:purple;}
        a:hover{color:yellow;}
        a:active{color:blue;}
    </style>
</head>
<body>
    <a href="http://www.lvyestudy.com" target="_blank">绿叶学习网</a>
</body>
</html>
```

浏览器预览效果如图 20-2 所示。

绿叶学习网

图 20-2　超链接伪类

▶ 分析

"a{text-decoration:none;}"表示去掉超链接默认样式中的下划线，这个技巧我们在前面的章节中已经介绍过了。

本节的内容大家最好在本地编辑器中测试一下，这样才会对超链接伪类定义的效果有一个直观的感觉。

20.1.2　深入了解超链接伪类

大家可能会问：是不是每一个超链接都必须要定义 4 种状态下的样式呢？当然不是！在实际开发中，我们只会用到两种状态：未访问时状态和鼠标经过状态。

▶ **语法**

```
a{…}
a:hover{…}
```

▶ **说明**

对于未访问时状态，我们直接针对 a 元素定义就行了，没必要使用"a:link"。

▶ **举例**

```
<!DOCTYPE html>
<html>
<head>
    <meta charset="utf-8" />
    <title> </title>
    <style type="text/css">
        a
        {
            color:red;
            text-decoration: none;
        }
        a:hover
        {
            color:blue;
            text-decoration:underline;
        }
    </style>
</head>
<body>
    <div>
        <a href="http://www.lvyestudy.com" target="_blank">绿叶学习网</a>
    </div>
</body>
</html>
```

默认情况下，预览效果如图 20-3 所示。当鼠标经过时，此时效果如图 20-4 所示。

图 20-3　未访问状态样式 　　　　　　图 20-4　鼠标经过时样式

分析

事实上，对于超链接伪类来说，我们只需要记住“a:hover”这一个就够了，因为在实际开发中也只会用到这一个。

> 【解惑】
>
> **为什么我的浏览器中的超链接是紫色的呢？用 color 属性重新定义也无效，这是怎么回事？**
>
> 如果某一个地址的超链接之前被单击过，浏览器就会记下你的访问记录。那么下次你再用这个已经访问过的地址作为超链接地址时，它就是紫色的了。小伙伴们换一个地址就可以了。

20.2 深入了解 :hover

不仅是初学者，很多接触 CSS 很久的小伙伴都会以为“:hover”伪类只限用于 a 元素，都觉得它唯一的作用就是定义鼠标经过超链接时的样式。

要是你这样想，那就埋没了一个功能非常强大的 CSS 技巧了。事实上，“:hover”伪类可以定义任何一个元素在鼠标经过时的样式。注意，是任何元素。

语法

```
元素:hover{…}
```

举例：“:hover”用于 div

```
<!DOCTYPE html>
<html>
<head>
    <meta charset="utf-8" />
    <title></title>
    <style type="text/css">
        div
        {
            width:100px;
            height:30px;
            line-height:30px;
            text-align:center;
            color:white;
            background-color: lightskyblue;
        }
        div:hover
        {
            background-color: hotpink;
        }
    </style>
```

```
</head>
<body>
    <div>绿叶学习网</div>
</body>
</html>
```

默认情况下，预览效果如图 20-5 所示。当鼠标经过时，此时效果如图 20-6 所示。

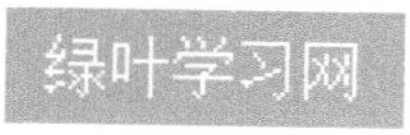

绿叶学习网

图 20-5　div 未访问时的样式

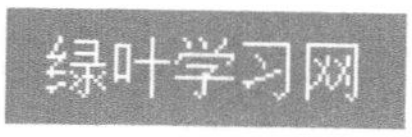

绿叶学习网

图 20-6　div 鼠标经过时的样式

▶ 分析

在这个例子中，我们使用":hover"为 div 元素定义鼠标经过时就改变背景色。

▶ 举例: :hover 用于 img

```
<!DOCTYPE html>
<html>
<head>
    <meta charset="utf-8" />
    <title></title>
    <style type="text/css">
        img:hover
        {
            border:2px solid red;
        }
    </style>
</head>
<body>
    <img src="img/girl.gif" alt="">
</html>
```

默认情况下，预览效果如图 20-7 所示。当鼠标经过时，效果如图 20-8 所示。

图 20-7　img 鼠标未访问时的样式

图 20-8　img 鼠标经过时的样式

▶ 分析

在这个例子中，我们使用":hover"为 img 元素定义鼠标经过时就为其添加一个边框。要知道，":hover 伪类"应用非常广泛，任何一个网站都会大量地用到，我们要好好掌握。

20.3　鼠标样式

在 CSS 中，对于鼠标样式的定义，我们有两种方式：浏览器鼠标样式和自定义鼠标样式。

20.3.1　浏览器鼠标样式

在 CSS 中，我们可以使用 cursor 属性来定义鼠标样式。

▌ **语法**

cursor:取值;

▌ **说明**

cursor 属性取值如表 20-2 所示。估计小伙伴们都很惊讶："这么多属性值，怎么记得住？"其实大家不用担心，在实际开发中，我们一般只会用到 3 个：default、pointer 和 text。其他的很少用得上，所以就不需要去记忆了。

表 20-2　浏览器鼠标样式

属性值	外观
default（默认值）	⌖
pointer	☝
text	I
crosshair	✛
wait	○
help	⌖?
move	✥
e-resize 或 w-resize	⟷
ne-resize 或 sw-resize	⤢
nw-resize 或 se-resize	⤡
n-resize 或 s-resize	↕

▌ **举例**

```
<!DOCTYPE html>
<html>
<head>
    <meta charset="utf-8" />
    <style type="text/css">
```

```
        div
        {
            width:100px;
            height:30px;
            line-height:30px;
            text-align:center;
            background-color: hotpink;
            color:white;
            font-size:14px;
        }
        #div_default{cursor:default;}
        #div_pointer{cursor:pointer;}
    </style>
</head>
<body>
    <div id="div_default">鼠标默认样式</div>
    <div id="div_pointer">鼠标手状样式</div>
</body>
</html>
```

浏览器预览效果如图20-9所示。

图20-9　浏览器鼠标样式

20.3.2　自定义鼠标样式

除了使用浏览器自带的鼠标样式，我们还可以使用cursor属性来自定义鼠标样式。只不过语法稍微有点不一样。

▼ **语法**

cursor:url(图片地址)，属性值；

▼ **说明**

这个"图片地址"是鼠标图片地址，其中鼠标图片后缀名一般都是".cur"，我们可以使用一些小软件来制作，小伙伴们可以自行搜索一下相关软件和制作方法。

这个"属性值"一般只会用到3个，分别是default、pointer和text。

▼ **举例**

```
<!DOCTYPE html>
<html>
```

```
<head>
    <meta charset="utf-8" />
    <style type="text/css">
        div
        {
            width:100px;
            height:30px;
            line-height:30px;
            text-align:center;
            background-color: hotpink;
            color:white;
            font-size:14px;
        }
        #div_default{cursor:url(img/cursor/default.cur),default;}
        #div_pointer{cursor:url(img/cursor/pointer.cur),pointer;}
    </style>
</head>
<body>
    <div id="div_default">鼠标默认样式</div>
    <div id="div_pointer">鼠标手状样式</div>
</body>
</html>
```

浏览器预览效果如图 20-10 所示。

图 20-10　自定义鼠标样式

▌ 分析

使用自定义鼠标样式可以打造更有个性的个人网站，不仅美观大方，而且能更好地匹配网站的风格。

20.4　本章练习

一、单选题

1. 下面哪一个伪类选择器是用于定义鼠标经过元素时的样式的？（　　）

   A. :link   B. :visited

   C. :hover   D. :active

2. 在实际开发中，如果想要定义超链接未访问时的样式，可以使用（　　）。

A. a{}　　　　　　　　　　　B. a:visited{}

C. a:hover{}　　　　　　　　D. a:active{}

3. 我们可以使用（　　　）来实现鼠标悬停在超链接上时为无下划线效果。

A. a{text-decoration:underline;}　　B. a{text-decoration:none;}

C. a:link{text-decoration:underline;}　　D. a:hover{text-decoration:none;}

4. 下面有关超链接样式的说法中，正确的是（　　　）。

A. 对于超链接的下划线，我们可以使用"text-decoration:none;"将其去掉

B. 使用 cursor 属性自定义鼠标样式时，使用的图片文件后缀名可以是".png"

C. ":hover"伪类只能用于 a 元素，不能用于其他元素

D. 对于超链接来说，在实际开发中，我们一般只会定义两种状态：鼠标经过状态和单击后状态

二、编程题

在网页中添加一段文本链接，并且设置其在不同的状态下显示不同的效果，要求如下。

▶ 未访问时：没有下划线，颜色为红色。

▶ 鼠标经过时：有下划线，颜色为蓝色。

第 21 章

盒子模型

21.1　CSS 盒子模型

在 HTML 中，我们学习了一个很重要的理论：**块元素和行内元素**。在这一节中，我们介绍 CSS 中极其重要的一个理论——**CSS 盒子模型**。

在"CSS 盒子模型"理论中，页面中的所有元素都可以看成一个盒子，并且占据着一定的页面空间。图 21-1 所示为一个 CSS 盒子模型的具体结构。

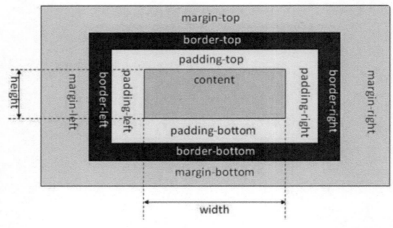

图 21-1　CSS 盒子模型

一个页面由很多这样的盒子组成，这些盒子之间会互相影响，因此掌握盒子模型需要从两个方面来理解：一是理解单独一个盒子的内部结构（往往是 padding），二是理解多个盒子之间的相互关系（往往是 margin）。

可以把每个元素都看成一个盒子，盒子模型是由 4 个属性组成的：content（内容）、padding（内边距）、margin（外边距）和 border（边框）。此外，在盒子模型中，还有宽度（width）和高度（height）两大辅助性属性。**记住，所有的元素都可以看成一个盒子。**

从上面我们知道，盒子模型的组成部分有 4 个，如表 21-1 所示。

表 21-1　CSS 盒子模型的组成部分

属性	说明
content	内容，可以是文本或图片
padding	内边距，用于定义内容与边框之间的距离
margin	外边距，用于定义当前元素与其他元素之间的距离
border	边框，用于定义元素的边框

1. 内容区

内容区是 CSS 盒子模型的中心，它呈现了盒子的主要信息内容，这些内容可以是文本、图片等多种类型。内容区是盒子模型必备的组成部分，其他 3 个部分都是可选的。

内容区有 3 个属性：width、height 和 overflow。使用 width 和 height 属性可以指定盒子内容区的高度和宽度。在这里注意一点，width 和 height 这两个属性是针对内容区 content 而言的，并不包括 padding 部分。

当内容过多，超出 width 和 height 时，可以使用 overflow 属性来指定溢出处理方式。

2. 内边距

内边距，指的是内容区和边框之间的空间，可以看成是内容区的背景区域。

关于内边距的属性有 5 种：padding-top、padding-bottom、padding-left、padding-right，以及综合了以上 4 个方向的简写内边距属性 padding。使用这 5 种属性可以指定内容区与各方向边框之间的距离。

3. 外边距

外边距，指的是两个盒子之间的距离，它可能是子元素与父元素之间的距离，也可能是兄弟元素之间的距离。外边距使得元素之间不必紧凑地连接在一起，是 CSS 布局的一个重要手段。

外边距的属性也有 5 种：margin-top、margin-bottom、margin-left、margin-right，以及综合了以上 4 个方向的简写外边距属性 margin。

同时，CSS 允许给外边距属性指定负数值，当外边距为负值时，整个盒子将向指定负值的相反方向移动，以此产生盒子的重叠效果，这就是传说中的"负 margin 技术"。

4. 边框

在 CSS 盒子模型中，边框与我们之前学过的边框是一样的。

边框属性有 border-width、border-style、border-color，以及综合了 3 类属性的简写边框属性 border。

其中，border-width 指定边框宽度，border-style 指定边框类型，border-color 指定边框颜色。下面两段代码是等价的。

```
/*代码1*/
border-width:1px;
```

```
border-style:solid;
border-color:gray;
/*代码2*/
border:1px solid gray;
```

内容区、内边距、边框、外边距这几个概念可能比较抽象，对于初学者来说，一时半会儿还没办法全部理解。不过没关系，等我们把这一章学习完再回来这里看一下就懂了。

▌ 举例

```
<!DOCTYPE html>
<html>
<head>
    <meta charset="utf-8" />
    <title></title>
    <style type="text/css">
        div
        {
            display:inline-block;      /*将块元素转换为inline-block元素*/
            padding:20px;
            margin:40px;
            border:2px solid red;
            background-color:#FFDEAD;
        }
    </style>
</head>
<body>
    <div>绿叶学习网</div>
</body>
</html>
```

浏览器预览效果如图 21-2 所示。

图 21-2　CSS 盒子模型实例

▌ 分析

在这个例子中，如果我们把 div 元素看成是一个盒子，则"绿叶学习网"这几个字就是内容区（content），文字到边框的距离就是内边距（padding），而边框到其他元素的距离就是（margin）。此外还有几点要说明一下。

▶ padding 在元素内部，而 margin 在元素外部。

▶ margin 看起来不属于 div 元素的一部分，但实际上 div 元素的盒子模型是包含 margin 的。

在这个例子中，"display:inline-block"表示将元素转换为行内块元素（即 inline-block），其中 inline-block 元素的宽度是由内容区撑起来的。我们之所以在这个例子中将元素转换为 inline-block 元素，也是为了让元素的宽度由内容区撑起来，以便更好地观察。不过 display 是一个非常复杂的属性，我们在本系列的《从 0 到 1：CSS 进阶之旅》这本书中再详细介绍。

21.2　宽高：width、height

从图 21-3 所示的 CSS 盒子模型中我们可以看出，元素的宽度（width）和高度（height）是针对内容区而言的。很多初学的小伙伴容易把 padding 也认为是内容区的一部分，这样理解是错的。

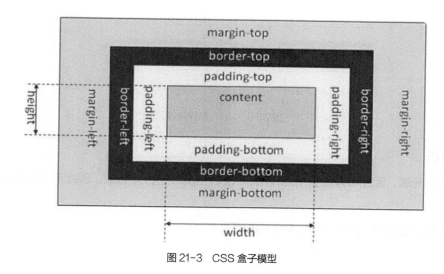

图 21-3　CSS 盒子模型

▼ **语法**

```
width:像素值;
height:像素值;
```

▼ **说明**

只有块元素才可以设置 width 和 height，行内元素是无法设置 width 和 height 的。（我们这里不考虑 inline-block 元素）

▼ **举例**

```
<!DOCTYPE html>
<html>
<head>
    <meta charset="utf-8" />
    <title></title>
    <style type="text/css">
```

```
        div,span
        {
            width:100px;
            height:50px;
        }
        div{border:1px solid red;}
        span{border:1px solid blue;}
    </style>
</head>
<body>
    <div></div>
    <span></span>
</body>
</html>
```

浏览器预览效果如图21-4所示。

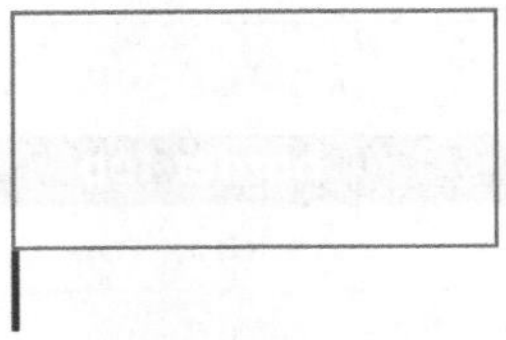

图21-4 width和height

分析

div是块元素，因此可以设置width和height。span是行内元素，因此不可以设置width和height。

举例：块元素设置width和height

```
<!DOCTYPE html>
<html>
<head>
    <meta charset="utf-8" />
    <title></title>
    <style type="text/css">
        #div1
        {
            width:100px;
            height:40px;
            border:1px solid red;
        }
        #div2
        {
            width:100px;
            height:80px;
            border:1px solid blue;
        }
    </style>
```

```
</head>
<body>
    <div id="div1">绿叶学习网</div>
    <div id="div2">绿叶学习网</div>
</body>
</html>
```

浏览器预览效果如图 21-5 所示。

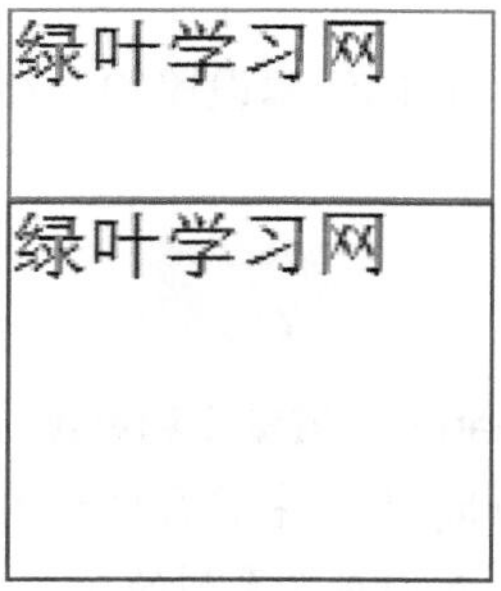

图 21-5 块元素设置 width 和 height

分析

从这个例子可以很直观地看出来，块元素设置的 width 和 height 可以生效。此外，要是没有给块元素设置 width，那么块元素就会延伸到一整行，这一点相信大家都了解了。

举例：行内元素设置 width 和 height

```
<!DOCTYPE html>
<html>
<head>
    <meta charset="utf-8" />
    <title></title>
    <style type="text/css">
        #span1
        {
            width:100px;
            height:40px;
            border:1px solid red;
        }
        #span2
        {
            width:100px;
            height:80px;
            border:1px solid blue;
        }
    </style>
</head>
<body>
    <span id="span1">绿叶学习网</span>
    <span id="span2">绿叶学习网</span>
```

```
</body>
</html>
```

浏览器预览效果如图 21-6 所示。

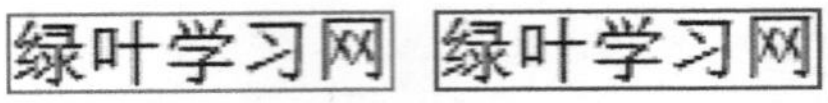

绿叶学习网　绿叶学习网

图 21-6　行内元素设置 width 和 height

▌ 分析

从这个例子可以很直观地看出来，行内元素设置的 width 和 height 无法生效，它的宽度和高度只能由内容区撑起来。

> 【解惑】
>
> 　　如果我们要为行内元素（如 span）设置宽度和高度，那该怎么办呢？
> 　　在 CSS 中，我们可以使用 display 属性来将行内元素转换为块元素，也可以将块元素转换为行内元素。对于 display 属性，我们在本系列的《从 0 到 1：CSS 进阶之旅》这本书中再详细介绍。

21.3　边框：border

在"边框样式"这一章中，我们已经深入学习了边框的属性。在实际开发中，我们只需要注意一点就行：对于 border 属性，使用更多的是简写形式。

▌ 语法

```
border:1px solid red;
```

▌ 说明

第 1 个值指的是边框宽度（border-width），第 2 个值指的是边框外观（border-style），第 3 个值指的是边框颜色（border-color）。

▌ 举例

```
<!DOCTYPE html>
<html>
<head>
    <meta charset="utf-8" />
    <title></title>
    <style type="text/css">
        div
        {
            width:100px;
            height:80px;
            border: 2px dashed red;
        }
```

```
        </style>
    </head>
    <body>
        <div></div>
    </body>
</html>
```

浏览器预览效果如图 21-7 所示。

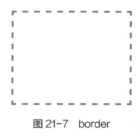

图 21-7　border

▐ **分析**

在这个例子中，我们使用了边框的简写形式。

21.4　内边距：padding

内边距 padding，又常常被称为"补白"，它指的是内容区到边框之间的那一部分。内边距都是在边框内部的，如图 21-8 所示。

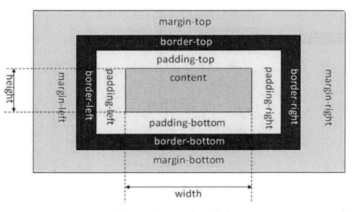

图 21-8　CSS 盒子模型

21.4.1　padding 局部样式

从 CSS 盒子模型中我们可以看出，内边距分为 4 个方向：padding-top、padding-right、padding-bottom、padding-left。

▼ 语法

```
padding-top:像素值;
padding-right:像素值;
padding-bottom:像素值;
padding-left:像素值;
```

▼ 举例

```html
<!DOCTYPE html>
<html>
<head>
    <meta charset="utf-8" />
    <title></title>
    <style type="text/css">
        div
        {
            display:inline-block;      /*将块元素转换为inline-block元素*/
            padding-top:20px;
            padding-right:40px;
            padding-bottom:60px;
            padding-left:80px;
            border:2px solid red;
            background-color:#FFDEAD;
        }
    </style>
</head>
<body>
        <div>绿叶学习网</div>
</body>
</html>
```

浏览器预览效果如图 21-9 所示。

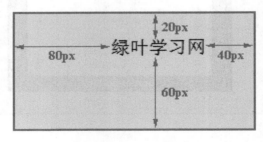

图 21-9　padding 局部样式

21.4.2　padding 简写形式

和 border 属性一样，padding 属性也有简写形式。在实际开发中，我们往往使用简写形式，因为这样开发效率更高。padding 的写法有 3 种，如下页所示。

▶ **语法**

```
padding:像素值;
padding:像素值1 像素值2;
padding:像素值1 像素值2 像素值3 像素值4;
```

▶ **说明**

"padding:20px;"表示 4 个方向的内边距都是 20px。

"padding:20px 40px;"表示 padding-top 和 padding-bottom 为 20px, padding-right 和 padding-left 为 40px。

"padding:20px 40px 60px 80px;" 表示 padding-top 为 20px, padding-right 为 40px, padding-bottom 为 60px, padding-left 为 80px。大家按照顺时针方向记忆就可以了。

对于 padding 的情况, 小伙伴们可以看一下图 21-10。

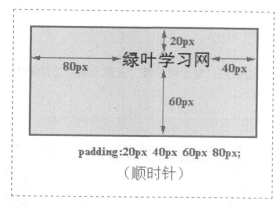

图 21-10　padding 简写形式

▶ **举例**

```html
<!DOCTYPE html>
<html>
<head>
    <meta charset="utf-8" />
    <title></title>
    <style type="text/css">
        div
        {
            display:inline-block;      /*将块元素转换为inline-block元素*/
            padding:40px 80px;
            margin:40px;
            border:2px solid red;
            background-color:#FFDEAD;
        }
    </style>
</head>
<body>
    <div>绿叶学习网</div>
</body>
</html>
```

浏览器预览效果如图 21-11 所示。

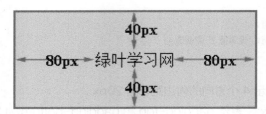

图 21-11　实例

▌ 分析

如果要让文本在一个元素内部居中，可以使用 padding 来实现，就像这个例子一样。

21.5　外边距：margin

外边距 margin，指的是边框到"父元素"或"兄弟元素"之间的那一部分。外边距是在元素边框的外部的，如图 21-12 所示。

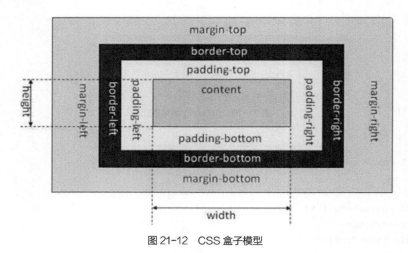

图 21-12　CSS 盒子模型

21.5.1　margin 局部样式

从 CSS 盒子模型中我们可以看出，外边距分为 4 个方向：margin-top、margin-right、margin-bottom、margin-left。

▌ 语法

```
margin-top:像素值；
margin-right:像素值；
margin-bottom:像素值；
margin-left:像素值；
```

▶ 举例

```
<!DOCTYPE html>
<html>
<head>
    <meta charset="utf-8" />
    <title></title>
    <style type="text/css">
        div
        {
            display:inline-block;      /*将块元素转换为inline-block元素*/
            padding:20px;
            margin-top:20px;
            margin-right:40px;
            margin-bottom:60px;
            margin-left:80px;
            border:1px solid red;
            background-color:#FFDEAD;
        }
    </style>
</head>
<body>
    <div>绿叶学习网</div>
</body>
</html>
```

浏览器预览效果如图21-13所示。

图21-13　margin局部样式

▶ 分析

小伙伴们可能会有疑问："为什么加上margin与没加是一样的呢？看不出有什么区别。"

外边距指的是两个盒子之间的距离，它可能是子元素与父元素之间的距离，也可能是兄弟元素之间的距离。上面我们没有加入其他元素当参考对象，所以看不出来效果。

▶ 举例：只有父元素，没有兄弟元素时

```
<!DOCTYPE html>
<html>
<head>
    <meta charset="utf-8" />
    <title></title>
    <style type="text/css">
        #father
        {
            display: inline-block;         /*将块元素转换为inline-block元素*/
```

```
            border:1px solid blue;
        }
        #son
        {
            display:inline-block;          /*将块元素转换为inline-block元素*/
            padding:20px;
            margin-top:20px;
            margin-right:40px;
            margin-bottom:60px;
            margin-left:80px;
            border:1px solid red;
            background-color:#FFDEAD;
        }
    </style>
</head>
<body>
    <div id="father">
        <div id="son">绿叶学习网</div>
    </div>
</body>
</html>
```

浏览器预览效果如图 21-14 所示。

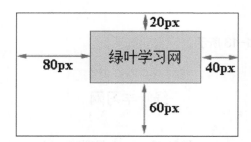

图 21-14　只有父元素，没有兄弟元素

▌ 分析

当只有父元素时，该元素设置的 margin 就是相对于父元素之间的距离。

▌ 举例：有兄弟元素时

```
<!DOCTYPE html>
<html>
<head>
    <meta charset="utf-8" />
    <title></title>
    <style type="text/css">
        #father
        {
            display: inline-block;         /*将块元素转换为inline-block元素*/
            border:1px solid blue;
        }
```

```
#son
{
    display:inline-block;      /*将块元素转换为inline-block元素*/
    padding:20px;
    margin-top:20px;
    margin-right:40px;
    margin-bottom:60px;
    margin-left:80px;
    border:1px solid red;
    background-color:#FFDEAD;
}
.brother
{
    height:50px;
    background-color:lightskyblue;
}
        </style>
</head>
<body>
    <div id="father">
        <div class="brother"></div>
        <div id="son">绿叶学习网</div>
        <div class="brother"></div>
    </div>
</body>
</html>
```

浏览器预览效果如图 21-15 所示。

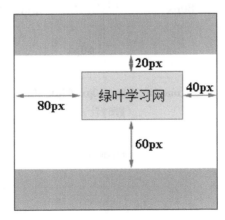

图 21-15　有兄弟元素

▶ 分析

当既有父元素，又有兄弟元素时，该元素会先看看 4 个方向有没有兄弟元素存在。如果该方向有兄弟元素，则这个方向的 margin 就是相对于兄弟元素而言；如果该方向没有兄弟元素，则这个方向的 margin 就是相对于父元素而言。

padding 和 margin 的区别在于，padding 体现的是元素的"内部结构"，而 margin 体现的是元素之间的相互关系。

21.5.2 margin 简写形式

和 padding 一样，margin 也有简写形式。在实际开发中，我们往往使用简写形式，因为这样可以使开发效率更高。其中 margin 的写法也有 3 种，如下所示。

▶ 语法

```
margin:像素值;
margin:像素值1 像素值2;
margin:像素值1 像素值2 像素值3 像素值4;
```

▶ 说明

"margin:20px;"表示 4 个方向的外边距都是 20px。

"margin:20px 40px;"表示 margin-top 和 margin-bottom 为 20px，margin-right 和 margin-left 为 40px。

"margin:20px 40px 60px 80px;"表示 margin-top 为 20px，margin-right 为 40px，margin-bottom 为 60px，margin-left 为 80px。大家按照顺时针方向记忆就可以了。

对于 margin 的情况，小伙伴们可以看一下图 21-16。

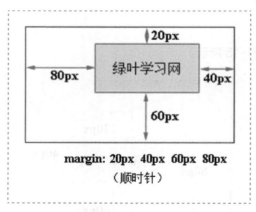

图 21-16   margin 简写形式

▶ 举例

```
<!DOCTYPE html>
<html>
<head>
    <meta charset="utf-8" />
    <title></title>
    <style type="text/css">
        div
        {
            display:inline-block;    /*将块元素转换为inline-block元素*/
            padding:20px;
```

```
                margin:40px 80px;
                border:1px solid red;
                background-color:#FFDEAD;
            }
        </style>
    </head>
    <body>
        <div>绿叶学习网</div>
    </body>
</html>
```

浏览器预览效果如图 21-17 所示。

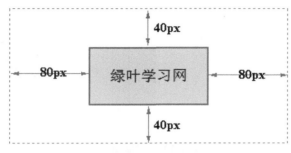

图 21-17　margin 局部样式实例

21.5.3　浏览器审查元素

在实际开发中，为了更好地进行布局，我们需要获取某一个元素的盒子模型，知道 padding 是多少，margin 又是多少，然后再进行计算。那怎样才可以快速查看元素的盒子模型信息呢？我们可以通过浏览器自带的"控制台"功能来实现。

大多数主流浏览器的操作相似，下面我们以 Chrome 浏览器为例来做说明。

【第 1 步】：将鼠标指针移到你想要的元素上面，然后单击右键，选择"检查"（或者按快捷键 Ctrl+Shift+I），如图 21-18 所示。

返回(B)	Alt+向左箭头
前进(F)	Alt+向右箭头
重新加载(R)	Ctrl+R
另存为(A)...	Ctrl+S
打印(P)...	Ctrl+P
投射(C)...	
翻成中文（简体）(T)	
查看网页源代码(V)	Ctrl+U
检查(N)	Ctrl+Shift+I

图 21-18　鼠标右键

【第 2 步】：在弹出的控制台中，我们可以找到该元素的盒子模型，如图 21-19 所示。

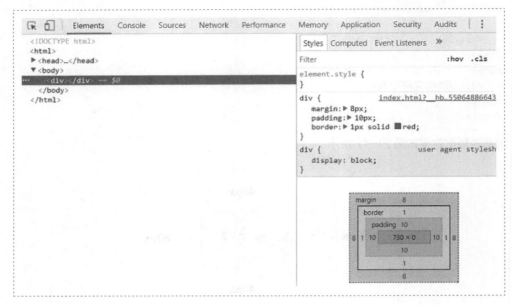

图 21-19　浏览器控制台

浏览器提供的控制台功能非常强大，远不只这一个功能。使用浏览器控制台辅助开发，是前端开发必备的一项基础技能。小伙伴们可以自行搜索一下这方面的使用技巧，深入学习一下。由于篇幅有限，这里就不详细展开介绍了。

21.6　本章练习

单选题

1. 下面哪个属性用于定义外边距？（　　　）
    A. content   B. padding
    C. border   D. margin

2. 下面有关 CSS 盒子模型的说法中，正确的是（　　　）。
    A. margin 不属于元素的一部分，因为它不在边框内部
    B. padding 又称为"补白"，指的是边框到"父元素"或"兄弟元素"之间的那一部分
    C. "margin:20px 40px 60px 80px;"表示 margin-top 为 20px，margin-left 为 40px，margin-bottom 为 60px，margin-right 为 80px
    D. width 和 height 只是针对内容区（content）而言的，不包括内边距（padding）

3. 如果一个 div 元素的上内边距和下内边距都是 20px，左内边距是 30px，右内边距是 40px，正确的写法是（　　　）。
    A. padding:20px 40px 30px;
    B. padding:20px 40px 20px 30px;

  C.　padding:20px 30px 40px;

  D.　padding:40px 20px 30px 20px;

4.　对于"margin:20px 40px",下面说法正确的是（　　　　）。

  A.　margin-top 是 20px,margin-right 是 40px,margin-bottom 和 margin-left 都是 0

  B.　margin-top 是 20px,margin-bottom 是 40px,margin-left 和 margin-right 都是 0

  C.　margin-top 和 margin-bottom 都是 20px,margin-left 和 margin-right 都是 40px

  D.　margin-top 和 margin-bottom 都是 40px,margin-left 和 margin-right 都是 20px

5.　默认情况下,（　　　　）元素设置 width 和 height 可以生效。

  A.　div   B.　span

  C.　strong   D.　em

第 22 章

浮动布局

22.1 文档流简介

在学习浮动布局和定位布局之前，我们先来了解"正常文档流"和"脱离文档流"。深入了解这两个概念，是学习浮动布局和定位布局的理论前提。

22.1.1 正常文档流

什么叫"文档流"？简单地说，就是指元素在页面中出现的先后顺序。那什么叫"正常文档流"呢？

正常文档流，又称为"普通文档流"或"普通流"，也就是 W3C 标准所说的"normal flow"。我们先来看一下正常文档流的简单定义："正常文档流，将一个页面从上到下分为一行一行，其中块元素独占一行，相邻行内元素在每一行中按照从左到右排列直到该行排满。"也就是说，正常文档流指的就是默认情况下页面元素的布局情况。

▶ **举例**

```
<!DOCTYPE html>
<html>
<head>
    <meta charset="utf-8" />
    <title></title>
</head>
<body>
    <div></div>
    <span></span><span></span>
    <p></p>
    <span></span><i></i>
    <img />
```

```
        <hr />
    </body>
</html>
```

上面 HTML 代码的正常文档流如图 22-1 所示，分析图如图 22-2 所示。

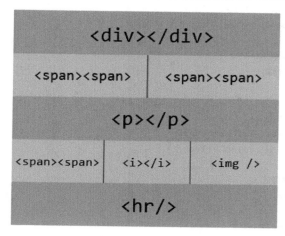

图 22-1　正常文档流

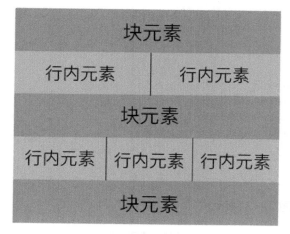

图 22-2　分析图

▶ 分析

由于 div、p、hr 都是块元素，因此独占一行。而 span、i、img 都是行内元素，因此如果两个行内元素相邻，就会位于同一行，并且从左到右排列。

22.1.2　脱离文档流

脱离文档流，指的是脱离正常文档流。正常文档流就是我们没有使用浮动或者定位去改变的默认情况下的 HTML 文档结构。换一句话说，如果我们想要改变正常文档流，可以使用两种方法：浮动和定位。

▶ 举例

```
<!DOCTYPE html>
<html>
<head>
    <meta charset="utf-8" />
    <title></title>
</head>
    <style type="text/css">
        /*定义父元素样式*/
        #father
        {
            width:300px;
            background-color:#0C6A9D;
            border:1px solid silver;
        }
        /*定义子元素样式*/
        #father div
        {
            padding:10px;
            margin:15px;
            border:2px dashed red;
            background-color:#FCD568;
        }
    </style>
</head>
<body>
    <div id="father">
        <div id="son1">box1</div>
        <div id="son2">box2</div>
        <div id="son3">box3</div>
    </div>
</body>
</html>
```

浏览器预览效果如图 22-3 所示。

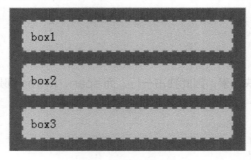

图 22-3　正常文档流效果

▶ 分析

上面定义了 3 个 div 元素。对于这个 HTML 来说，正常文档流指的就是从上到下依次显示这 3

个 div 元素。由于 div 是块元素，因此每个 div 元素独占一行。

1. 设置浮动

当我们为第 2 个和第 3 个 div 元素设置左浮动时，浏览器的预览效果如图 22-4 所示。

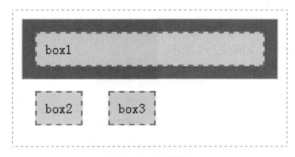

图 22-4　浮动效果

正常文档流情况下，div 块元素会独占一行。但是由于设置了浮动，第 2 个和第 3 个 div 元素却是并列一行，并且跑到父元素之外，和正常文档流不一样。也就是说，设置浮动使得元素脱离了正常文档流。

2. 设置定位

当我们为第 3 个 div 元素设置绝对定位的时候，浏览器预览效果如图 22-5 所示。

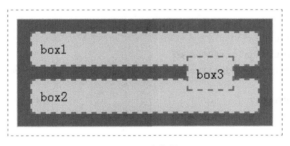

图 22-5　定位效果

由于设置了定位，第 3 个 div 元素跑到父元素的上面去了。也就是说，设置了定位使得元素脱离了文档流。

对于浮动和定位，我们在接下来的两章会给大家详细介绍。

22.2　浮动

在"18.4　文字环绕 -float"这一节中，我们已经知道浮动（即 float 属性）是怎么一回事了。在图书的排版中，文本可以按照实际需要围绕图片排列（回想你看过的书的排版就知道了）。我们一般把这种方式称为"文本环绕"。在前端开发中，使用了浮动的页面元素其实就像在图书排版里被文字包围的图片一样。这样对比，就很好理解了。

浮动是 CSS 布局的最佳利器，我们可以通过浮动来灵活地定位页面元素，以达到布局网页的目的。例如，我们可以通过设置 float 属性让元素向左浮动或者向右浮动，以便让周围的元素或文本环绕着这个元素。

▼ 语法

```
float:取值;
```

▼ 说明

float 属性取值只有 2 个，如表 22-1 所示。

表 22-1　float 属性取值

属性值	说明
left	元素向左浮动
right	元素向右浮动

▼ 举例

```html
<!DOCTYPE html>
<html>
<head>
    <meta charset="utf-8" />
    <title></title>
    <style type="text/css">
        /*定义父元素样式*/
        #father
        {
            width:300px;
            background-color:#0C6A9D;
            border:1px solid silver;
        }
        /*定义子元素样式*/
        #father div
        {
            padding:10px;
            margin:15px;
        }
        #son1
        {
            background-color:hotpink;
            /*这里设置son1的浮动方式*/
        }
        #son2
        {
            background-color:#FCD568;
            /*这里设置son2的浮动方式*/
        }
    </style>
</head>
<body>
    <div id="father">
```

```
        <div id="son1">box1</div>
        <div id="son2">box2</div>
    </div>
</body>
</html>
```

浏览器预览效果如图 22-6 所示。

图 22-6 没有设置浮动时效果

▋ 分析

在这个代码中，定义了 3 个 div 块：一个是父块，另外两个是它的子块。为了便于观察，我们为每一个块都加上了背景颜色，并且在块与块之间加上一定的外边距。

从上图可以看出，如果两个子块都没有设置浮动，由于 div 是块元素，因此会各自向右延伸，并且自上而下排列。

1. 设置第 1 个 div 浮动

```
#son1
{
    background-color:hotpink;
    float:left;
}
```

浏览器预览效果如图 22-7 所示。

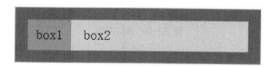

图 22-7 设置第 1 个 div 浮动

▋ 分析

由于 box1 设置为左浮动，box1 变成了浮动元素，因此此时 box1 的宽度不再延伸，而是由内容宽度决定其宽度。接着相邻的下一个 div 元素（box2）就会紧贴着 box1，这是由于浮动而形成的效果。

小伙伴们可以尝试在本地编辑器中，设置 box1 右浮动，然后看看实际效果如何？

2. 设置第 2 个 div 浮动

```
#son2
{
```

```
    background-color:#FCD568;
    float:left;
}
```

浏览器预览效果如图 22-8 所示。

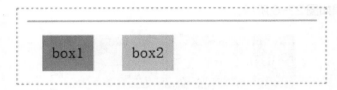

图 22-8　设置 2 个 div 浮动

▼ 分析

由于 box2 变成了浮动元素，因此 box2 也和 box1 一样，宽度不再延伸，而是由内容确定宽度。如果 box2 后面还有其他元素，则其他元素也会紧贴着 box2。

细心的小伙伴估计看出来了，怎么父元素变成一条线了呢？其实这是浮动引起。至于怎么解决，我们在下一节会介绍。

我们都知道在正常文档流的情况下，块元素都是独占一行的。如果要让两个或者多个块元素并排在同一行，这个时候可以考虑使用浮动，将块元素脱离正常文档流来实现。

浮动，可以使元素移到左边或者右边，并且允许后面的文字或元素环绕着它。浮动最常用于实现水平方向上的并排布局，如两列布局、多列布局，如图 22-9 所示。也就是说，如果你想要实现两列并排或者多列并排的效果，首先可以考虑的是使用浮动来实现。

图 22-9　多列布局

22.3　清除浮动

从上一节我们可以看到，浮动会影响周围元素，并且还会引发很多预想不到的问题。在 CSS 中，我们可以使用 clear 属性来清除浮动带来的影响。

▼ 语法

```
clear:取值;
```

▼ 说明

clear 属性取值如表 22-2 所示。

表 22-2　clear 属性取值

属性值	说明
left	清除左浮动
right	清除右浮动
both	同时清除左浮动和右浮动

　　在实际开发中，我们几乎不会使用"clear:left"或"clear:right"来单独清除左浮动或右浮动，往往都是直截了当地使用"clear:both"来把所有浮动清除，既简单又省事。也就是说，我们只需要记住"clear:both"就可以了。

▶ **举例**

```
<!DOCTYPE html>
<html>
<head>
    <meta charset="utf-8" />
    <title></title>
    <style type="text/css">
        /*定义父元素样式*/
        #father
        {
            width:300px;
            background-color:#0C6A9D;
            border:1px solid silver;
        }
        /*定义子元素样式*/
        #father div
        {
            padding:10px;
            margin:15px;
        }
        #son1
        {
            background-color:hotpink;
            float:left;                /*左浮动*/
        }
        #son2
        {
            background-color:#FCD568;
            float:right;               /*右浮动*/
        }
        .clear{clear:both;}
    </style>
</head>
<body>
    <div id="father">
        <div id="son1">box1</div>
        <div id="son2">box2</div>
```

```
        <div class="clear"></div>
    </div>
</body>
</html>
```

浏览器预览效果如图 22-10 所示。

图 22-10　清除浮动

▶ 分析

我们一般都是在浮动元素后面再增加一个空元素，然后为这个空元素定义"clear:both"来清除浮动。在实际开发中，凡是用了浮动之后发现有不对劲的地方，首先应该检查有没有清除浮动。

事实上，可以用来清除浮动的不仅仅只有"clear:both"，还有"overflow:hidden"，以及其他更为常用的伪元素。当然，这些都是后话了。作为初学者，我们只需要掌握 clear:both 就可以了。

float 属性很简单，只有 3 个属性：left、right 和 both。但是浮动涉及的理论知识极其复杂，其中包括块元素和行内元素、CSS 盒子模型、脱离文档流、BFC、层叠上下文。如果一上来就介绍这些晦涩的概念，估计小伙伴们啥兴趣都没了。为了让大家有一个循序渐进的学习过程，我们把高级部分以及开发技巧放在了本系列的《从 0 到 1：CSS 进阶之旅》这本书中。如果小伙伴们希望把自己的水平提升到专业前端工程师的水平，一定要去认真学习。

22.4　本章练习

一、单选题

1. 如果想要实现文本环绕着图片，最好的解决方法是（　　）。
   A. 浮动布局
   B. 定位布局
   C. 表格布局
   D. 响应式布局

2. 在 CSS 中，"clear:both"的作用是（　　）。
   A. 清除该元素的所有样式
   B. 清除该元素的父元素的所有样式
   C. 指明该元素周围不可以出现浮动元素
   D. 指明该元素的父元素周围不可以出现浮动元素

3. 下面有关浮动的说法中，不正确的是（　　）。
   A. 浮动和定位都是使得元素脱离文档流来实现布局的
   B. 如果想要实现多列布局，最好的方式是使用定位布局

C. 浮动是魔鬼，如果控制不好，会造成页面布局混乱

D. 想要清除浮动，更多使用的是"clear:both"，而不是"clear:left"或"clear:right"来实现

二、编程题

使用浮动布局来实现图 22-11 所示的页面布局效果，其中各个元素之间的间距是 10px。下面只给出必要的尺寸，也就是说有些尺寸需要我们自己计算。在实际开发中，计算尺寸是家常便饭，所以这里小伙伴们自己试一下。

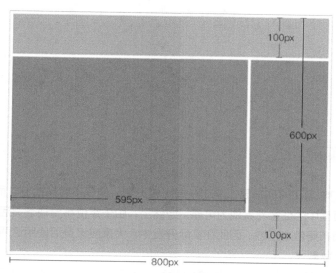

图 22-11　页面布局

第 23 章

定位布局

23.1 定位布局简介

在此之前，我们学习了浮动布局。浮动布局比较灵活，但是不容易控制。而定位布局的出现，使得用户精准定位页面中的任意元素成为可能。当然了，由于定位布局缺乏灵活性，这给空间大小和位置不确定的版面布局带来困惑。因此在实际开发中，大家应该灵活使用这两种布局方式，这样才可以更好地满足开发需求。

CSS 定位使你可以将一个元素精确地放在页面上指定的地方。联合使用定位和浮动，能够创建多种高级而精确的布局。其中，定位布局共有 4 种方式。

- ▶ 固定定位（fixed）。
- ▶ 相对定位（relative）。
- ▶ 绝对定位（absolute）。
- ▶ 静态定位（static）。

这 4 种方式都是通过 position 属性来实现的，其中 position 属性取值如表 23-1 所示。

表 23-1　position 属性取值

属性值	说明
fixed	固定定位
relative	相对定位
absolute	绝对定位
static	静态定位（默认值）

23.2　固定定位：fixed

固定定位是最直观也是最容易理解的定位方式。为了更好地让大家感受什么是定位布局，我们先来介绍一下固定定位。

在 CSS 中，我们可以使用"position:fixed;"来实现固定定位。所谓的固定定位，指的是被固定的元素不会随着滚动条的拖动而改变位置。

▌语法

```
position:fixed;
top:像素值;
bottom:像素值;
left:像素值;
right:像素值;
```

▌说明

"position:fixed;"是结合 top、bottom、left 和 right 这 4 个属性一起使用的。其中，先使用"position:fixed"让元素成为固定定位元素，接着使用 top、bottom、left 和 right 这 4 个属性来设置元素相对浏览器的位置。

top、bottom、left 和 right 这 4 个属性不一定会全部都用到，一般只会用到其中两个。注意，这 4 个值的参考对象是浏览器的 4 条边。

▌举例

```html
<!DOCTYPE html>
<html>
<head>
    <meta charset="utf-8" />
    <title></title>
    <style type="text/css">
        #first
        {
            width:120px;
            height:1800px;
            border:1px solid gray;
            line-height:600px;
            background-color:#B7F1FF;
        }
        #second
        {
            position:fixed;      /*设置元素为固定定位*/
            top:30px;            /*距离浏览器顶部30px*/
            left:160px;          /*距离浏览器左部160px*/
            width:60px;
            height:60px;
            border:1px solid silver;
            background-color:hotpink;
        }
    </style>
</head>
<body>
    <div id="first">无定位的div元素</div>
    <div id="second">固定定位的div元素</div>
```

```
</body>
</html>
```

浏览器预览效果如图 23-1 所示。

图 23-1 固定定位

◤ 分析

我们尝试拖动浏览器的滚动条，其中，有固定定位的 div 元素不会有任何位置改变，但没有定位的 div 元素会发生位置改变，如图 23-2 所示。

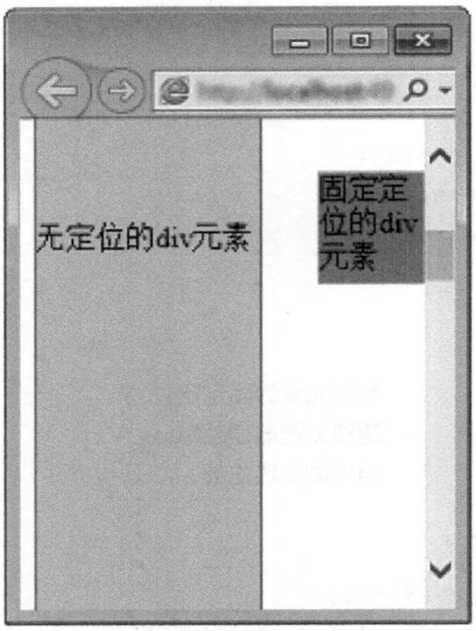

图 23-2 拖动滚动条后效果

注意一下，这里只使用 top 属性和 left 属性来设置元素相对于浏览器顶边和左边的距离就可以准确定位该元素的位置了。top、bottom、left 和 right 这 4 个属性不必全部用到，大家稍微想一下就懂了。

　　固定定位最常用于实现"回顶部特效"如图 23-3 所示，这个效果非常经典。为了实现更好的用户体验，大多数网站都用到了它。此外，回顶部特效还可以做得非常酷炫，我们可以去绿叶学习网首页感受一下。

图 23-3　回顶部效果

23.3　相对定位：relative

　　在 CSS 中，我们可以使用"position:relative;"来实现相对定位。所谓的相对定位，指的是该元素的位置是相对于它的原始位置计算而来的。

▌ 语法

```
position:relative;
top:像素值;
bottom;像素值;
left:像素值;
right:像素值;
```

▌ 说明

　　"position:relative;"也是结合 top、bottom、left 和 right 这 4 个属性一起使用的，其中，先使用"position:relative;"让元素成为相对定位元素，接着使用 top、bottom、left 和 right 这 4 个属性来设置元素的相对定位。

　　top、bottom、left 和 right 这 4 个属性不一定会全部都用到，一般只会用到其中两个。这 4 个值的参考对象是该元素的原始位置。

　　注意，在默认情况下，固定定位元素的位置是相对浏览器而言的，而相对定位元素的位置是相对于原始位置而言的。

▌ 举例

```
<!DOCTYPE html>
<html>
<head>
    <meta charset="utf-8" />
    <title></title>
    <style type="text/css">
        #father
        {
            margin-top:30px;
            margin-left:30px;
            border:1px solid silver;
```

```
            background-color: lightskyblue;
        }
        #father div
        {
            width:100px;
            height:60px;
            margin:10px;
            background-color:hotpink;
            color:white;
            border:1px solid white;
        }
        #son2
        {
            /*这里设置son2的定位方式*/
        }
    </style>
</head>
<body>
    <div id="father">
        <div id="son1">第1个无定位的div元素</div>
        <div id="son2">相对定位的div元素</div>
        <div id="son3">第2个无定位的div元素</div>
    </div>
</body>
</html>
```

浏览器预览效果如图 23-4 所示。

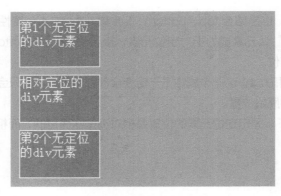

图 23-4　没有加入相对定位

我们为第 2 个 div 元素加入相对定位，CSS 代码如下。

```
#son2
{
    position:relative;
    top:20px;
    left:40px;
}
```

此时浏览器效果如图 23-5 所示。

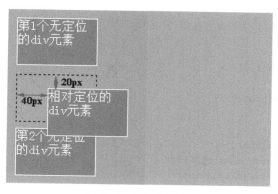

图 23-5　加入相对定位

▶ 分析

从这个例子可以看出，相对定位元素的 top 和 left 是相对于该元素的原始位置而言的，这一点和固定定位是不一样的。

在相对定位中，对于 top、right、bottom、left 这 4 个属性，我们也只需要使用其中两个属性就可以确定一个元素的相对位置。

23.4　绝对定位：absolute

在 CSS 中，我们可以使用"position:absolute;"来实现绝对定位。绝对定位在几种定位方式中使用最为广泛，因为它能够很精确地把元素定位到任意你想要的位置。

一个元素变成了绝对定位元素，这个元素就完全脱离文档流了，绝对定位元素的前面或后面的元素会认为这个元素并不存在，此时这个元素浮于其他元素上面，已经完全独立出来了。

▶ 语法

```
position:absolute;
top:像素值；
bottom:像素值；
left:像素值；
right:像素值；
```

▶ 说明

"position:absolute;"是结合 top、bottom、left 和 right 这 4 个属性一起使用的，先使用"position:absolute"让元素成为绝对定位元素，接着使用 top、bottom、left 和 right 这 4 个属性来设置元素相对浏览器的位置。

top、bottom、left 和 right 这 4 个属性不一定会全部都用到，一般只会用到其中两个。默认情况下，这 4 个值的参考对象是浏览器的 4 条边。

对于前面 3 种定位方式，我们现在可以总结如下：**默认情况下，固定定位和绝对定位的位置是相对于浏览器而言的，而相对定位的位置是相对于原始位置而言的。**

举例

```
<!DOCTYPE html>
<html>
<head>
    <meta charset="utf-8" />
    <title></title>
    <style type="text/css">
        #father
        {
            padding:15px;
            background-color:#0C6A9D;
            border:1px solid silver;
        }
        #father div{padding:10px;}
        #son1{background-color:#FCD568;}
        #son2
        {
            background-color: hotpink;
            /*在这里添加son2的定位方式*/
        }
        #son3{background-color: lightskyblue;}
    </style>
</head>
<body>
    <div id="father">
        <div id="son1">box1</div>
        <div id="son2">box2</div>
        <div id="son3">box3</div>
    </div>
</body>
</html>
```

浏览器预览效果如图 23-6 所示。

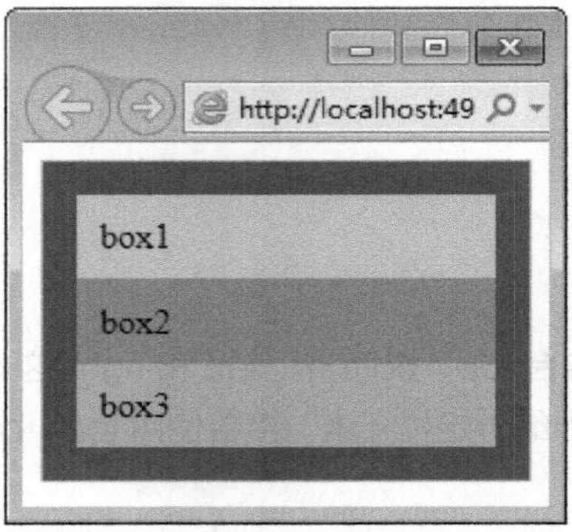

图 23-6　没有加入绝对定位

我们为第 2 个 div 元素加入绝对定位，CSS 代码如下。

```
#son2
{
    position:absolute;
    top:20px;
    right:40px;
}
```

此时浏览器效果如图 23-7 所示。

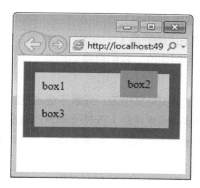

图 23-7　加入绝对定位

▶ 分析

从这个例子可以看出，绝对定位元素的 top 和 right 是相对于浏览器而言的。在绝对定位中，top、right、bottom、left 这 4 个属性，我们也只需要其中两个属性就能确定一个元素的相对位置。

23.5　静态定位: static

在默认情况下，元素没有指定 position 属性时，这个元素就是静态定位的。也就是说，元素 position 属性的默认值是 static。

一般情况下，我们用不到"position:static"，不过在使用 JavaScript 来控制元素定位时，如果想要使元素从其他定位方式变成静态定位，就需要使用"position:static"来实现。

在 CSS 入门中，我们只需要掌握固定定位、相对定位和绝对定位 3 种就可以了，静态定位了解一下就行。

23.6　本章练习

一、单选题

1. 我们可以定义 position 属性值为（　　），以此来实现元素的相对定位。
   A. fixed
   B. relative
   C. absolute
   D. static

2. 下面哪个属性不会让 div 元素脱离文档流？（　　　）

    A. position:fixed;　　　　　　　　　　　B. position:relative;

    C. position:absolute;　　　　　　　　　　D. float:left;

3. 默认情况下，以下关于定位布局的说法，不正确的是（　　　）。

    A. 固定定位元素的位置是相对浏览器的四条边

    B. 相对定位元素的位置是相对于原始位置

    C. 绝对定位元素的位置是相对于原始位置

    D. position 属性的默认值是 static

4. 下面有关定位布局，说法不正确的是（　　　）。

    A. 想要实现相对定位或绝对定位，我们只需要用到 top、right、bottom、left 的其中 2 个就可以了

    B. 绝对定位可以让元素完全脱离文档流，元素不会占据原来的位置

    C. 现在的前端开发不再使用表格布局，而是使用浮动布局和定位布局

    D. 在实际开发中，优先使用定位布局。如果实现不了，再考虑浮动布局

二、编程题

1. 仿照百度首页，自己动手还原出来。说明：模仿还原网站是初学者最佳的实践方式，而百度首页往往是最适合初学者练习的第一个页面。

2. 打造一个属于自己的博客网站。

第三部分
JavaScript
基础

第 24 章

JavaScript 简介

24.1 JavaScript 是什么

24.1.1 JavaScript 简介

JavaScript，就是我们通常所说的 JS。这是一种嵌入到 HTML 页面中的编程语言，由浏览器一边解释一边执行。

我们知道，前端最核心的 3 个技术是 HTML、CSS 和 JavaScript，如图 24-1 所示。三者的区别如下。

图 24-1 HTML、CSS 和 JavaScript

HTML 用于控制网页的结构，CSS 用于控制网页的外观，而 JavaScript 控制着网页的行为。

单纯只有 HTML 和 CSS 的页面一般只供用户浏览，而 JavaScript 的出现，使得用户可以与页面进行交互（如定义各种鼠标效果），让网页实现更多绚丽的效果。拿绿叶学习网来说，二级导航、图片轮播、回顶部等地方都用到了 JavaScript，如图 24-2 所示。HTML 和 CSS 只是描述性的语言，单纯使用这两个没办法做出那些特效，因此必须用编程的方式来实现，也就是使用 JavaScript。

图 24-2　绿叶学习网的图片轮播

24.1.2　教程介绍

很多小伙伴抱怨说 JavaScript 比较难，整个学习过程不像在学习 HTML 和 CSS 时那么顺畅。实际上，对于没有任何编程基础的小伙伴来说，都是一样的。曾经我也是"小白"，所以很清楚小伙伴们的感受。为了更好地帮助大家打好基础，对于很多知识点，我会尽量用简单且易懂的方式进行讲解。还是那句话："没用的知识绝对不会啰唆，但是重要的知识会反复提醒。"本书不像一些大杂烩似的书一样，上来就一大堆废话，这里的每一句话都值得你去精读。

对于 JavaScript 部分，有一点需要和大家说明一下：由于 IE 浏览器外观不错，为了让本书配图更加美观，我们使用 IE 浏览器来截图。但在实际开发中，我们不建议使用 IE 浏览器，这一点大家不要误解了。

【解惑】

1. JavaScript 与 Java 有什么关系吗？

很多人看到 JavaScript 和 Java，自然而然就会问："这两个究竟有什么关系？"其实，它们也是"有一毛钱关系"的，并不能说完全没有关系。

JavaScript 最初的确是受 Java 启发而开始设计的，而且设计的目的之一就是"看上去像 Java"，因此语法上它们有不少类似之处，JavaScript 的很多名称和命名规则也借自 Java。但实际上，JavaScript 的主要设计原则源自 Self 和 Scheme。

JavaScript 和 Java 虽然名字相似，但是本质上是不同的，主要体现在以下两个方面。

- ▶ JavaScript 往往都是在网页中使用的，而 Java 却可以在软件、网页、手机 App 等各个领域中使用。
- ▶ 从本质上讲，Java 是一门面向对象的语言，而 JavaScript 更像是一门函数式编程语言。

2. 我的页面加入了 JavaScript 特效，那这个页面是静态页面，还是动态页面呢？

不是"会动"的页面就叫动态页面，静态页面和动态页面的区别在于是否与服务器进行数据交互。简单地说，页面是否用到了后端技术（如 PHP、JSP、ASP.NET）。下面列出的 4 种情况都不一定是动态页面。

> ▶ 带有音频和视频。
> ▶ 带有 Flash 动画。
> ▶ 带有 CSS 动画。
> ▶ 带有 JavaScript 动画。
>
> 　　特别提醒大家一下，即使你的页面用了 JavaScript，它也不一定是动态页面，除非你还用到了后端技术。
>
> **3. 对于学习 JavaScript，有什么好的建议呢？**
>
> 　　JavaScript 是当下较流行也是较复杂的一门编程语言，对于 JavaScript 的学习，我给初学者 2 个建议。
>
> > ▶ 学完 JavaScript 入门（也就是本书内容）后，不要急于去学习 JavaScript 进阶的内容，而应该先去学习 jQuery。经过 jQuery 的学习，可以让我们对 JavaScript 的基础知识有更深一层的理解。学完了 jQuery，再去学习 JavaScript 进阶的内容会更好。
> > ▶ 很多人在学习 JavaScript 的时候，喜欢在第一遍的学习过程中就对每一个细节都"抠"清楚，实际上，这是效率最低的学习方法。在第一遍的学习中，如果有些内容我们实在没办法理解，那就直接跳过，等学到后面或者看第 2 遍的时候，自然而然就懂了。

24.2　JavaScript 开发工具

　　JavaScript 的开发工具有很多，对于初学者来说，我们建议使用 HBuilder 作为开发工具，下面给大家介绍一下怎么在 HBuilder 中编写 JavaScript。

　　① **新建 Web 项目**：在 HBuilder 的左上方，依次点击【文件】→【新建】→【Web 项目】，如图 24-3 所示。

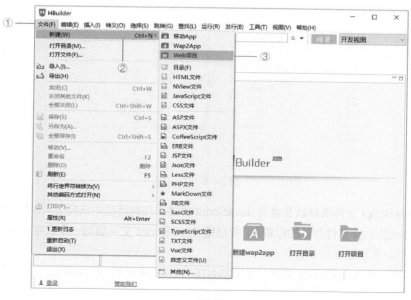

图 24-3

② **选择文件路径以及命名文件夹**：在对话框中给文件夹填写一个名字，并且选择文件夹的路径（也就是文件存放的位置），然后单击【完成】按钮，如图 24-4 所示。

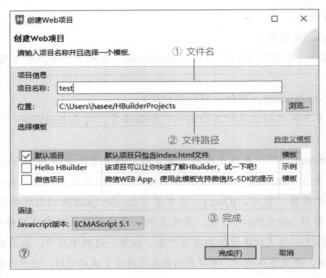

图 24-4

③ **新建 JavaScript 文件**：在 HBuilder 左侧的项目管理器中，选中 test 文件夹，然后单击鼠标右键，依次选择【新建】→【JavaScript 文件】，如图 24-5 所示。

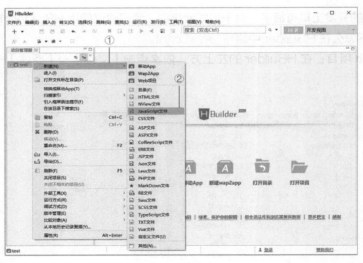

图 24-5

④ **选择 JavaScript 文件路径以及命名 JavaScript 文件**：在对话框中选择 JavaScript 文件夹的路径（也就是 JavaScript 文件存放的位置），并且给 JavaScript 文件填写一个名字，然后单击【完成】按钮，如图 24-6 所示。

这样就建好了一个 JavaScript 文件，至于怎么在 HTML 中使用 JavaScript，下一节我们再给小伙伴们详细介绍。

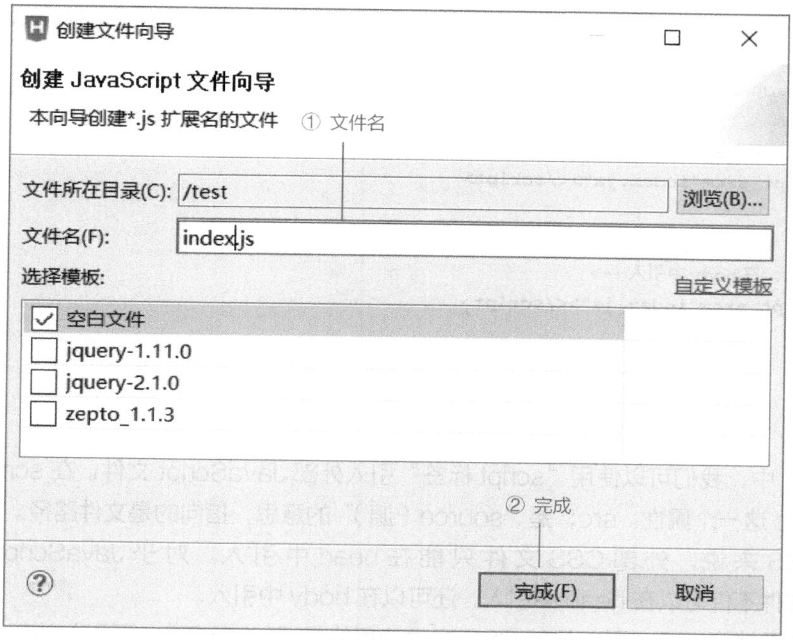

图 24-6

24.3 JavaScript 引入方式

在学习 JavaScript 语法之前，我们首先要知道在哪里写 JavaScript。这一节不涉及太多编程方面的知识，而是先给大家介绍一下 JavaScript 的引入方式。这样大家可以知道在哪里编程，在后面的章节里，我们再给大家详细介绍编程方面的语法。

想要在 HTML 中引入 JavaScript，一般有 3 种方式。

▶ 外部 JavaScript。

▶ 内部 JavaScript。

▶ 元素事件 JavaScript。

实际上，JavaScript 的 3 种引入方式，跟 CSS 的 3 种引入方式（外部样式表、内部样式表、行内样式表）非常相似。大家可以通过对比理解来加深记忆。

24.3.1 外部 JavaScript

外部 JavaScript，指的是把 HTML 代码和 JavaScript 代码单独放在不同的文件中，然后在 HTML 文档中使用"script 标签"来引入 JavaScript 代码。

外部 JavaScript 是最理想的 JavaScript 引入方式。在实际开发中，为了提升网站的性能和可维护性，一般都会使用外部 JavaScript。

▶ 语法

```
<!DOCTYPE html>
```

```
<html>
<head>
    <meta charset="utf-8" />
    <title></title>
    <!--1. 在head中引入-->
    <script src="index.js"></script>
</head>
<body>
    <!--2. 在body中引入-->
    <script src="index.js"></script>
</body>
</html>
```

▼ 说明

在 HTML 中，我们可以使用"script 标签"引入外部 JavaScript 文件。在 script 标签中，我们只需用到 src 这一个属性。src，是"source（源）"的意思，指向的是文件路径。

对于 CSS 来说，外部 CSS 文件只能在 head 中引入。对于 JavaScript 来说，外部 JavaScript 文件不仅可以在 head 中引入，还可以在 body 中引入。

此外还需要注意一点，引入外部 CSS 文件使用的是"link 标签"，而引入外部 JavaScript 文件使用的是"script 标签"。对于这一点，小伙伴们别搞混了。

▼ 举例

```
<!DOCTYPE html>
<html>
<head>
    <meta charset="utf-8" />
    <title></title>
    <!--引入外部CSS-->
    <link rel="stylesheet" type="text/css" href="index.css"/>
    <!--引入外部JavaScript-->
    <script src="js/index.js"></script>
</head>
<body>
</body>
</html>
```

▼ 分析

<script src="js/index.js"></script> 表示引入文件名为"index.js"的 JavaScript 文件，其中，文件的路径是 "js/index.js"。

24.3.2 内部 JavaScript

内部 JavaScript，指的是把 HTML 代码和 JavaScript 代码放在同一个文件中。其中，JavaScript 代码写在 <script></script> 标签对内。

语法

```
<!DOCTYPE html>
<html>
<head>
    <meta charset="utf-8" />
    <title></title>
    <!--1. 在head中引入-->
    <script>
        ……
    </script>
</head>
<body>
    <!--2. 在body中引入-->
    <script>
        ……
    </script>
</body>
</html>
```

说明

同样地，内部 JavaScript 文件不仅可以在 head 中引入，而且可以在 body 中引入。一般情况下，都是在 head 中引入。

实际上，“<script></script>”是一种简写形式，它其实等价于如下代码。

```
<script type="text/javascript">
    ……
</script>
```

一般情况下，简写形式用得比较多。对于上面这种写法，我们也需要了解一下，因为不少地方会采用上面这种旧的写法。

举例

```
<!DOCTYPE html>
<html>
<head>
    <meta charset="utf-8" />
    <title></title>
    <script>
        document.write("绿叶学习网，给你初恋般的感觉~");
    </script>
</head>
<body>
</body>
</html>
```

浏览器预览效果如图 24-7 所示。

图 24-7   内部 JavaScript

▶ 分析

document.write() 表示在页面输出一个内容，大家先记住这个方法，后面我们会经常用到。

24.3.3   元素属性 JavaScript

元素属性 JavaScript，指的是在元素的"事件属性"中直接编写 JavaScript 或调用函数。

▶ 举例：在元素事件中编写 JavaScript

```
<!DOCTYPE html>
<html>
<head>
    <meta charset="utf-8" />
    <title></title>
</head>
<body>
    <input type="button" value="按钮" onclick="alert('绿叶学习，给你初恋般的感觉')"/>
</body>
</html>
```

当我们单击按钮后，浏览器预览效果如图 24-8 所示。

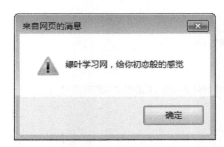

图 24-8   在元素事件中编写 JavaScript

▶ 举例：在元素事件中调用函数

```
<!DOCTYPE html>
<html>
```

```
<head>
    <meta charset="utf-8" />
    <title></title>
    <script>
        function alertMes()
        {
            alert("绿叶学习网，给你初恋般的感觉");
        }
    </script>
</head>
<body>
    <input type="button" value="按钮" onclick="alertMes()"/>
</body>
</html>
```

当我们单击按钮后，浏览器预览效果如图24-9所示。

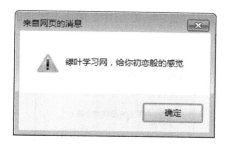

图24-9　在元素事件中调用函数

▌ 分析

alert()表示弹出一个对话框，大家先记住这个语句，后面我们会经常用到。

对于在元素属性中引入JavaScript，只需要简单了解就行，也不需要记住语法。在后面的"第11章 事件基础"中，我们再给大家详细介绍。

此外，这一节学习了两个十分有用的方法，这两个方法在后面的章节中会大量用到，这里我们先记一下。

- ▶ document.write()：在页面输出一个内容。
- ▶ alert()：弹出一个对话框。

24.4　一个简单的 JavaScript 程序

在学习JavaScript语法之前，先举个例子让小伙伴们感受一下神奇的JavaScript是怎么一回事。

下面这个例子实现的功能：当页面打开时，会弹出对话框，内容为"欢迎光临萌萌小店"；当页面关闭时，也会弹出对话框，内容为"记得下次再来喔"。

实现代码如下。

```
<!DOCTYPE html>
<html>
```

```
<head>
    <meta charset="utf-8" />
    <title></title>
    <script>
        window.onload = function () {
            alert("欢迎光临萌萌小店！");
        }
        window.onbeforeunload = function (event) {
            var e = event || window.event;
            e.returnValue = "记得下来再来喔！";
        }
    </script>
</head>
<body>
</body>
</html>
```

刚打开页面的时候，预览效果如图 24-10 所示。单击右上角的关闭页面，此时预览效果如图 24-11 所示。

图 24-10　打开时效果

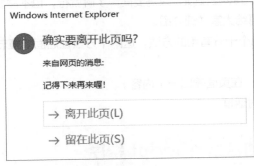

图 24-11　关闭页面时效果

▶ 分析

上面的代码在不同的浏览器中运行得到的效果会不太一样，但功能是一样的。对于这段代码，我们不懂也没关系，这个例子只是让大家感性地认识一下 JavaScript 是什么样的，可以做点什么，更多具体内容到后面我们会慢慢学到，大家可以在本地编辑器中先测试一下效果。当然，我更建议大家直接下载本书的源代码来测试，本书的源代码的具体下载方式见本书的前言部分。

是不是感觉很有趣？ 那就赶紧投入 JavaScript 的怀抱吧！

24.5　本章练习

单选题

1. 在 HTML 中嵌入 JavaScript，应该使用的标签是（　　　）。
   A. <style></style>
   B. <script></script>
   C.
   D.

2. 下面关于 JavaScript 的语法格式，正确的语句是（　　　）。
   A. echo "I love JavaScript!";
   B. document.write(I love JavaScript!);
   C. response.write("I love JavaScript!")
   D. alert("I love JavaScript!");

3. 下面有关说法中，正确的是（　　　）。
   A. JavaScript 其实就是 Java，只是叫法不同而已
   B. 如果一个页面加入 JavaScript，那么这个页面就是动态页面
   C. 在实际开发中，大多数情况下都是使用外部 JavaScript
   D. 内部 JavaScript，指的就是把 HTML 和 JavaScript 放在不同的文件中

注：本书所有练习题的答案请见本书的配套资源，配套资源的具体下载方式见本书的前言部分。

第 25 章

语法基础

25.1 语法简介

我们平时经常可以在电影中看到黑客飞快地敲着键盘，仅仅几秒钟就控制了整栋大楼的系统，或者化解了一次危机。惊讶之余，小伙伴们有没有想过，自己以后也能学会"编程"这种神奇的技能？

在这一章中，我们开始步入"编程"的神圣殿堂，学习如何用"编程"的方式来改变这个世界。（"程序猿们"都自称是这个星球上最富有使命的物种，他们的梦想就是改变世界。）

人类有很多种语言，如中文、英语、法语等。实际上，计算机也有很多种语言，如 C、C++、Java 等。简单地说，JavaScript 就是众多计算机语言（也叫编程语言）中的一种。跟人类语言类似，计算机语言也有一些共性，如我们可以将用 C 写的代码转化为用 JavaScript 写的代码，这就像将英语翻译成中文一样，虽然使用的语言不一样，但是表达出来的意思是一样的。

当我们把 JavaScript 学完后，再去学习另外一门语言（如 C、Java 等），就会变得非常容易。因为两门计算机语言之间，是有非常多的共性的。

我们都知道，学习任何一门人类语言，都得学习这门语言的词汇、语法、结构等。同样地，想要学习一门编程语言，也需要学习类似的东西。只不过在编程语言中，不叫词汇、语法、结构，而是叫变量、表达式、运算符等。

在这一章中，我们主要学习 JavaScript 以下 7 个方面的语法。

▶ 常量与变量。

▶ 数据类型。

▶ 运算符。

▶ 表达式与语句。

▶ 类型转换。

▶ 转义字符。

▶ 注释。

学习 JavaScript，说白了，就是学一门计算机能够理解的语言。在学习的过程中，我们尽量将每一个知识点都跟人类语言进行对比，这样大家理解起来就会变得非常简单。当然，计算机语言跟人类语言相比，自身也有很多不一样的特点，因此我们需要认真学习它的语法。

此外，即使小伙伴们有其他编程语言的基础，也建议认真学一遍本书，因为这本书的内容介绍独树一帜，会让你对编程语言有更深一层的理解。

25.2 变量与常量

先问小伙伴们一个问题：学习一门语言，最先要了解的是什么？

当然是词汇，就像学习英语一样，再简单的一句话，我们也得先弄清楚每一个单词是什么意思，然后才知道一句话说的是什么意思。

同样地，学习 JavaScript 也是如此。下面先来看一句代码。

```
var a = 10;
```

英语都是一句话一句话地表述的，上面这行代码就相当于 JavaScript 中的"一句话"，我们称之为"语句"。在 JavaScript 中，每一条语句都以英文分号（；）作为结束符。每一条语句都有它特定的功能，这个跟英语一样，每一句话都有它表达的意思。

在 JavaScript 中，变量与常量就像是英语中的词汇。上面代码中的 a 就是 JavaScript 中的变量。

25.2.1 变量

在 JavaScript 中，变量指的是一个可以改变的量。也就是说，变量的值在程序运行过程中是可以改变的。

1. 变量的命名

想要使用变量，我们就得先给它起一个名字（命名），就像每个人都有自己的名字一样。当别人喊你的名字时，你就知道别人喊的是你，而不是其他人。

当 JavaScript 程序需要使用一个变量时，我们只需要使用这个变量的名字就行了。变量的名字一般是不会变的，但是它的值却可以变。这就像人一样，名字一般都是固定下来的，但是每个人都会改变，都会从小孩成长为青年，然后从青年慢慢变成老人。

在 JavaScript 中，给一个变量命名，我们需要遵循以下 2 个方面的原则。

▶ **变量由字母、下划线、$ 或数字组成，并且第一个字母必须是字母、下划线或 $。**

▶ **变量不能是系统关键字和保留字。**

上面两句话很简单，也非常重要，一定要字斟句酌，认真理解。从第 1 点可以知道，变量只可以包含字母（大写或小写都行）、下划线、$ 或数字，不能包含这 4 种以外的字符（如空格、%、-、*、/ 等）。因为很多其他的字符都已经被系统当作运算符。

对于第 2 点，系统关键字，指的是 JavaScript 本身**"已经在使用"**的名字，我们在给变量命名的时候，是不能使用这些名字的（因为系统要用）。保留字，指的是 JavaScript 本身"**还没使用**"的名字，虽然没有使用，但是它们有可能在将来会被使用，所以先保留。JavaScript 的关键字和保留字如表 25-1、表 25-2 和表 25-3 所示。

表 25-1 JavaScript 关键字

break	else	new	typeof
case	false	null	var
catch	for	switch	void
continue	function	this	while
default	if	throw	with
delete	in	true	
do	instanceof	try	

表 25-2 ECMA-262 标准的保留字

abstract	enum	int	short
boolean	export	interface	static
byte	extends	long	super
char	final	native	synchronized
class	float	package	throws
const	goto	private	transient
debugger	implements	protected	volatile
double	import	public	

表 25-3 浏览器定义的保留字

alert	eval	location	open
array	focus	math	outerHeight
blur	funtion	name	parent
boolean	history	navigator	parseFloat
date	image	number	regExp
document	isNaN	object	status
escape	length	onLoad	string

这里列举了 JavaScript 常见的关键字和保留字，以方便小伙伴们查询，这里不要求大家记忆。实际上，对于这些关键字，等学到后面，小伙伴们自然而然也就认得了。就算不认得，等需要用的时候再回到这里查一下就行了。

▼ **举例：正确的命名**

```
i
lvye_study
_lvye
$str
n123
```

▛ 举例：错误的命名

```
123n        //不能以数字开头
-study      //不能以中划线开头
my-title    //不能包含中划线
continue    //不能跟系统关键字相同
```

此外，变量的命名一定要区分大小写，如变量"age"与变量"Age"在 JavaScript 中是两个不同的变量。

2. 变量的使用

在 JavaScript 中，如果想要使用一个变量，我们一般需要两步。

▸ 第1步，变量的声明。

▸ 第2步，变量的赋值。

对于变量的声明，小伙伴们记住一句话：**所有 JavaScript 变量都由 var 声明**。在这一点上，JavaScript 跟 C、Java 等语言是不同的。

▛ 语法

```
var 变量名 = 值;
```

▛ 说明

变量的使用语法如图 25-1 所示。

图 25-1　变量的使用语法

▛ 举例

```html
<!DOCTYPE html>
<html>
<head>
    <meta charset="utf-8" />
    <title></title>
    <script>
        var a = 10;
        document.write(a);
    </script>
</head>
```

```
<body>
</body>
</html>
```

浏览器预览效果如图 25-2 所示。

图 25-2

▼ 分析

在这个例子中，我们使用 var 来定义一个变量，变量名为 a，变量的值为 10。然后使用 document.write() 方法输出这个变量的值。

对于变量的命名，我们尽量采用一些有意义的英文名或英文缩写。当然，为了讲解方便，本书有些变量的命名比较简单。在实际开发中，我们尽量不要太随便。

此外，一个 var 也可以同时声明多个变量名，其中，变量名之间必须用英文逗号（,）隔开，举例如下。

```
var a=10,b=20,c=30;
```

实际上，上面的代码等价于下面的代码。

```
var a=10;
var b=20;
var c=30;
```

▼ 举例

```
<!DOCTYPE html>
<html>
<head>
    <meta charset="utf-8" />
    <title></title>
    <script>
        var a = 10;
        a = 12;
        document.write(a);
    </script>
</head>
<body>
</body>
</html>
```

浏览器预览效果如图 25-3 所示。

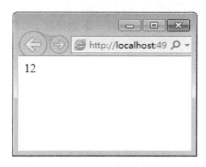

图 25-3

▰ 分析

咦，a 的值不是 10 吗？怎么输出 12 呢？大家别忘了，a 是一个变量。变量，简单地说就是一个值会发生改变的量，因此"a=12"会覆盖"a=10"。我们再来看一个例子，就能有更深的理解了。

▰ 举例

```html
<!DOCTYPE html>
<html>
<head>
    <meta charset="utf-8" />
    <title></title>
    <script>
        var a = 10;
        a = a + 1;
        document.write(a);
    </script>
</head>
<body>
</body>
</html>
```

浏览器预览效果如图 25-4 所示。

图 25-4

▼ **分析**

"a = a +1"表示 a 的最终值是在原来 a 的基础上加 1，因此 a 的最终值为 11（10+1=11）。下面的代码中，a 的最终值是 5，小伙伴们可以思考一下为什么。

```
var a = 10;
a = a + 1;
a = a - 6;
```

25.2.2 常量

在 JavaScript 中，常量指的是一个不能改变的量。也就是说，常量的值从定义开始就是固定的，一直到程序结束都不会改变。

常量，形象地说，就像是千百年来约定俗成的名称，这个名称是定下来的，不能随便改变。

在 JavaScript 中，我们可以把常量看作一种特殊的变量，之所以特殊，是因为它的值是不会变的。一般情况下，常量名全部采用大写形式，这样一看就知道这个值很特殊，有特殊用途，如 var DEBUG = 1。

程序是会变化的，因此变量比常量有用得多。常量在 JavaScript 的初学阶段用得比较少，我们简单了解即可，不需要过于深入。

25.3 数据类型

所谓的数据类型，指的就是图 25-5 中"值"的类型。在 JavaScript 中，数据类型可以分为两种：一种是**基本数据类型**，另外一种是**引用数据类型**。其中，基本数据类型只有一个值，而引用数据类型可以含有多个值。

图 25-5 数据类型

在 JavaScript 中，基本数据类型有 5 种：**数字、字符串、布尔值、未定义值和空值**。常见的引用数据类型只有一种：**对象（数组也是属于对象的一种）**。这一节我们先介绍基本数据类型，在后面的章节中再来介绍对象这种引用数据类型。

25.3.1 数字

在 JavaScript 中，数字是最基本的数据类型。所谓的数字，指的就是我们数学上的数字，如 10、-10、3.14 等。

JavaScript 中的数字是不区分"整型（int）"和"浮点型（float）"的。小伙伴们记住这一句话就可以了：**在 JavaScript 中，所有变量都用 var 来声明。**

▌ 举例

```
<!DOCTYPE html>
<html>
<head>
    <meta charset="utf-8" />
    <title></title>
    <script>
        var n = 1001;
        document.write(n);
    </script>
</head>
<body>
</body>
</html>
```

浏览器预览效果如图 25-6 所示。

图 25-6 数字

25.3.2 字符串

字符串，从名字上看就很好理解，就是一串字符。在 JavaScript 中，字符串都是用英文单引号或英文双引号（注意都是英文）括起来的。

单引号括起来的一个或多个字符，如下所示。

```
'我'
'绿叶学习网'
```

双引号括起来的一个或多个字符，如下所示。

```
"我"
"绿叶学习网"
```

单引号括起来的字符串中可以包含双引号，如下所示。

```
'我来自"绿叶学习网"'
```

双引号括起来的字符串中可以包含单引号，如下所示。

```
"我来自'绿叶学习网'"
```

举例

```
<!DOCTYPE html>
<html>
<head>
    <meta charset="utf-8" />
    <title></title>
    <script>
        var str = "绿叶，给你初恋般的感觉~";
        document.write(str);
    </script>
</head>
<body>
</body>
</html>
```

浏览器预览效果如图25-7所示。

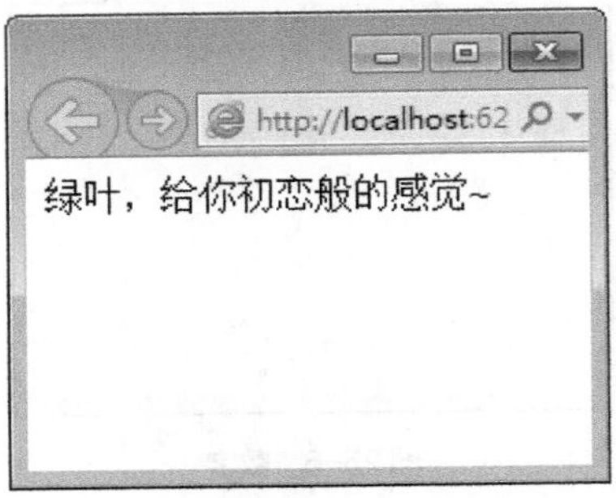

图25-7 字符串

分析

如果我们把字符串两边的引号去掉，就会发现页面不会输出内容了，小伙伴们可以自己试一试。因此，对于一个字符串来说，一定要加上引号，单引号或双引号都可以。

```
var str = "绿叶，给你初恋般的感觉~";
document.write(str);
```

对于上面这两句代码，也可以直接用下面一句代码来实现，因为document.write()这个方法本身就是用来输出一个字符串的。

```
document.write("绿叶，给你初恋般的感觉~");
```

举例

```
<!DOCTYPE html>
<html>
<head>
    <meta charset="utf-8" />
    <title></title>
    <script>
        var str = '绿叶，给你"初恋"般的感觉~';
        document.write(str);
    </script>
</head>
<body>
</body>
</html>
```

浏览器预览效果如图 25-8 所示。

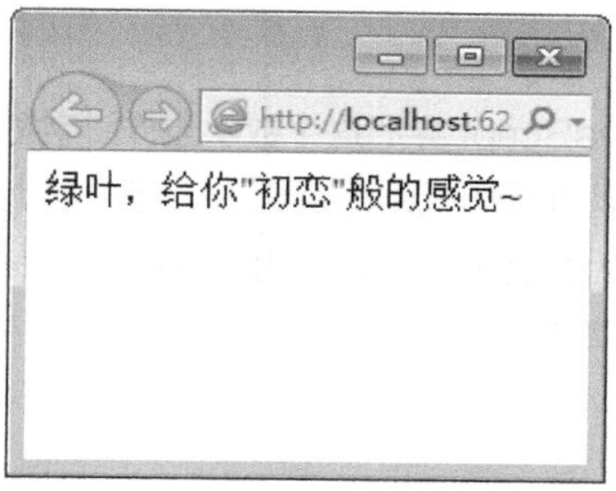

图 25-8 字符串中含有双引号

分析

在用单引号括起来的字符串中，不能含有单引号，只能含有双引号。同样的道理，在用双引号括起来的字符串中，也不能含有双引号，只能含有单引号。

为什么要这么规定？我们看看下面这句代码就知道了。字符串中含有 4 个双引号，此时 JavaScript 无法判断哪两个双引号是一对的。

```
"绿叶，给你"初恋"般的感觉~"
```

举例

```
<!DOCTYPE html>
<html>
<head>
    <meta charset="utf-8" />
    <title></title>
    <script>
        var n = "1001";
        document.write(n);
    </script>
```

```
</head>
<body>
</body>
</html>
```

浏览器预览效果如图 25-9 所示。

图 25-9　数字加上双引号

▌ 分析

如果给数字加上双引号，JavaScript 会把这个数字当作"字符串"来处理，而不是当作"数字"来处理。我们都知道，数字是可以进行加减乘除运算的，但是加上双引号的数字一般是不可以进行数学意义上的加减乘除运算的，因为这个时候它不再是数字，而是一个字符串。至于数字和字符串的区别，我们在下一节中会详细介绍。

```
1001      //这是一个数字
"1001"    //这是一个字符串
```

25.3.3　布尔值

在 JavaScript 中，数字和字符串这两个类型的值可以有无数个，但是布尔类型的值只有两个：true 和 false。true 表示"真"，false 表示"假"。

有些小伙伴可能觉得很奇怪，为什么这种数据类型叫"布尔值"？这一个名字是怎么来的？实际上，布尔是"bool"的音译，是以英国数学家、布尔代数的奠基人乔治 · 布尔（George Boole）的名字来命名的。

布尔值最大的用途：**选择结构的条件判断**。对于选择结构，我们在下一章会给大家详细介绍，这里只需要简单了解一下就行。

▌ 举例

```
<!DOCTYPE html>
<html>
<head>
    <meta charset="utf-8" />
    <title></title>
    <script>
        var a = 10;
```

```
            var b = 20;
            if (a < b)
            {
                document.write("a小于b");
            }
    </script>
</head>
<body>
</body>
</html>
```

浏览器预览效果如图 25-10 所示。

图 25-10 布尔值

▟ 分析

在这个例子中，我们首先定义了两个数字类型的变量：a、b。然后在 if 语句中对 a 和 b 进行大小判断，如果 a 小于 b，会返回 true，并且通过 document.write() 方法输出一个字符串："a 小于 b"。其中，if 语句是用来进行条件判断的，我们在下一章会详细介绍。

25.3.4 未定义值

在 JavaScript 中，未定义值指的是一个变量虽然已经用 var 声明了，但是并没有对这个变量进行赋值，此时该变量的值就是"未定义值"。其中，未定义值用 undefined 表示。

▟ 举例

```
<!DOCTYPE html>
<html>
<head>
    <meta charset="utf-8" />
    <title></title>
    <script>
        var n;
        document.write(n);
    </script>
</head>
<body>
```

```
</body>
</html>
```

浏览器预览效果如图 25-11 所示。

图 25-11 未定义值

分析

凡是已经用 var 声明但没有赋值的变量，值都是 undefined。关于 undefined，后面我们会慢慢接触到。

25.3.5 空值

数字、字符串等数据在定义的时候，系统都会分配一定的内存空间。在 JavaScript 中，空值用 null 表示。如果一个变量的值等于 null，如“var n = null”，则表示系统没有给这个变量 n 分配内存空间。

对于内存分配这个概念，非计算机专业的小伙伴可能理解起来比较困难，不过没关系，我们只需要简单认识一下就可以了。

null 跟 undefined 非常相似，但是也有一定的区别，这里我们不需要深入。对于这些高级部分的知识，可以关注绿叶学习网的 JavaScript 进阶教程。

经过这一节的学习，我们也清楚地知道“数据类型”是什么了。数据类型，就是值的类型。

25.4 运算符

在 JavaScript 中，要完成各种各样的运算，是离不开运算符的。运算符用于将一个或几个值连接起来进行运算，从而得出所需要的结果值。就像在数学中，也需要使用加减乘除这些运算符才可以进行运算。对于 JavaScript 来说，我们需要遵循计算机语言运算的一套方法。

在 JavaScript 中，运算符指的是“变量”或“值”进行运算操作的符号。例如，图 25-12 中的“+”就是一种运算符。常见的运算符有以下 5 种。

- 算术运算符。
- 赋值运算符。
- 比较运算符。

▶ 逻辑运算符。

▶ 条件运算符。

图 25-12 运算符

25.4.1 算术运算符

在 JavaScript 中，算术运算符一般用于实现"数学"运算，包括加、减、乘、除等，如表25-4所示。

表 25-4 算术运算符

运算符	说明	举例	
+	加	10+5	// 返回 15
−	减	10-5	// 返回 5
*	乘	10*5	// 返回 50
/	除	10/5	// 返回 2
%	求余	10%4	// 返回 2
++	自增	var i=10;i++;	// 返回 11
−−	自减	var i=10;i--;	// 返回 9

在 JavaScript 中，乘号是星号（*），而不是（×），除号是斜杠（/），而不是（÷），所以小伙伴们不要搞混了。为什么要这样定义？这是因为 JavaScript 这门语言的开发者，希望尽量使用键盘已有的符号来表示这些运算符，大家看看自己的键盘就明白了。

对于算术运算符，我们需要重点掌握这 3 种：加法运算符、自增运算符、自减运算符。

1. 加法运算符

在 JavaScript 中，加法运算符并没有想象中的那么简单，我们需要注意 3 点。

▶ 数字 + 数字 = 数字。

▶ 字符串 + 字符串 = 字符串。

▶ 字符串 + 数字 = 字符串。

也就是说，当一个数字加上另外一个数字时，运算规则跟数学上的相加一样，举例如下。

```
var num = 10 + 5;                      //num的值为15
```

当一个字符串加上另外一个字符串时，运算规则是将两个字符串连接起来，举例如下。

```
var str = "从0到1" + "系列图书";      //str的值为"从0到1系列图书"
```

当一个字符串加上一个数字时，JavaScript 会将数字变成字符串，然后再连接起来，举例如下。

```
var str = "今年是"+2018              //str的值为"今年是2018"(这是一个字符串)
```

▶ 举例

```html
<!DOCTYPE html>
<html>
<head>
    <meta charset="utf-8" />
    <title></title>
    <script>
        var a = 10 + 5;
        var b = "从0到1" + "系列图书";
        var c = "今年是" + 2018;
        document.write(a + "<br/>" + b + "<br/>" + c);
    </script>
</head>
<body>
</body>
</html>
```

浏览器预览效果如图 25-13 所示。

图 25-13　加法运算符

▶ 分析

在这个例子中，可能有些小伙伴不懂"document.write(a + "<br/>" + b + "<br/>" + c);"这一句代码的意思。实际上，这一句代码等价于如下代码。

```
document.write("15<br/>从0到1系列图书<br/>今年是2018");
```

小伙伴们根据上面的加法运算符的 3 个规则，认真思考一下，就会觉得很简单了。如果你想往字符串里面"塞点东西"，可以用加号连接，然后用英文引号断开来处理，这是经常使用的一个技巧，这个技巧也叫作"字符串拼接"。

▶ 举例

```html
<!DOCTYPE html>
<html>
<head>
    <meta charset="utf-8" />
    <title></title>
    <script>
        var str = "2018" + 1000;
        document.write(str);
    </script>
</head>
<body>
</body>
</html>
```

浏览器预览效果如图 25-14 所示。

图 25-14　字符串加上数字

▶ 分析

"2018" 是一个字符串，而不是数字，大家不要被表象给"欺骗"啦！

▶ 举例

```html
<!DOCTYPE html>
<html>
<head>
    <meta charset="utf-8" />
    <title></title>
    <script>
        var a = 10;
        var b = 4;
        var n1 = a + b;
        var n2 = a - b;
        var n3 = a * b;
        var n4 = a / b;
        var n5 = a % b;
        document.write("a+b=" + n1 + "<br/>");
        document.write("a-b=" + n2 + "<br/>");
        document.write("a*b=" + n3 + "<br/>");
        document.write("a/b=" + n4 + "<br/>");
```

```
        document.write("a%b=" + n5 );
    </script>
</head>
<body>
</body>
</html>
```

浏览器预览效果如图 25-15 所示。

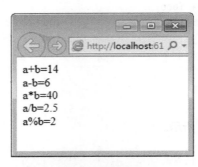

图 25-15　加法运算

▌ 分析

注意，"a+b="、"a−b="、"a*b=" 等由于加上了英文双引号，所以都是字符串。

2. 自增运算符

双加号（++）是自增运算符，表示在"原来的值"的基础上再加上 1。i++ 等价于 i=i+1，自增运算符的使用有以下两种情况。

▶　i++

i++ 指的是在使用 i 之后，再让 i 的值加上 1，举例如下。

```
i=1;
j=i++;
```

上面这段代码等价于下面的代码。

```
i=1;
j=i;
i=i+1;
```

因此，上面执行的结果：i=2，j=1。

▶　++i

"++i"指的是在使用 i 之前，先让 i 的值加上 1，举例如下。

```
i=1;
j=++i;
```

上面这段代码等价于下面的代码。

```
i=1;
i=i+1;    //i=1+1，也就是 i=2 了
j=i;      //由于此时 i 的值变为 2 了，所以 j 为 2
```

因此，上面执行的结果：i=2，j=2。

对于j=++i和j=i++，小伙伴们一定要分清楚。可以这样简单记忆：++在i的左边（前面），就是先使用i=i+1，而后使用j=i；++在i的右边（后面），就是后使用i=i+1，而先使用j=i。i=i+1的使用位置，是根据++的使用位置来决定的。

3. 自减运算符

双减号（--）是自减运算符，表示在"原来的值"的基础上再减去1。i-- 等价于i=i-1，自减运算符的使用同样也有以下两种情况。

▶ i--

"i--"指的是在使用i之后，再让i的值减去1，举例如下。

```
i=1;
j=i--;
```

上面这段代码等价于下面的代码。

```
i=1;
j=i;
i=i-1;
```

因此，上面执行的结果：i=0，j=1。

▶ --i

"--i"指的是在使用i之前，先让i的值减去1，举例如下。

```
i=1;
j=--i;
```

上面这段代码等价于下面的代码。

```
i=1;
i=i-1;    //i=1-1，也就是i=0了
j=i;      //由于此时i的值变为0了，所以j为0
```

因此，上面执行的结果：i=0，j=0。

"--"与"++"的使用方法是一样的，大家可以对比理解一下。

25.4.2 赋值运算符

在JavaScript中，赋值运算符用于将右边的表达式的值保存到左边的变量中，如表25-5所示。

表25-5　赋值运算符

运算符	举例
=	var str=" 绿叶学习网 ";
+=	var a+=b; 等价于 var a=a+b;
-=	var a-=b; 等价于 var a=a-b;
*=	var a*=b; 等价于 var a=a*b;
/=	var a/=b; 等价于 var a=a/b;

　　上面我们只列举了常用的赋值运算符，不常用的没有列举，以免增加小伙伴们的记忆负担。在这本书中，内容的介绍原则是不常用的不会啰唆，重要的则会反复强调。

　　var a+=b; 其实就是 var a=a+b; 的简化形式，+=、-=、*=、/= 这几个运算符就是为了简化代码而使用的，大多数有经验的开发人员都喜欢使用这种简写形式。对于初学者来说，我们还是要熟悉一下这种写法，以免看不懂别人的代码。

▶ **举例**

```
<!DOCTYPE html>
<html>
<head>
    <meta charset="utf-8" />
    <title></title>
    <script>
        var a = 10;
        var b = 5;
        a += b;
        b += a;
        document.write("a的值是" + a + "<br/>b的值是" + b);
    </script>
</head>
<body>
</body>
</html>
```

浏览器预览效果如图 25-16 所示。

图 25-16　赋值运算符

▶ **分析**

　　首先我们初始化变量 a 的值为 10，变量 b 的值为 5。当执行 a+=b 后，此时 a 的值为 15（10+5=15），b 的值没有变化，依旧是 5。

　　程序是从上而下执行的，当执行 b+=a; 时，由于之前 a 的值已经变为 15 了，因此执行后，a 的值为 15，b 的值为 20（15+5=20）。

　　这里小伙伴们要知道一点：a 和 b 都是变量，它们的值会随着程序的执行而变化。

25.4.3　比较运算符

在 JavaScript 中，比较运算符用于将运算符两边的值或表达式进行比较，如果比较的结果是对的，则返回 true；如果比较的结果是错的，则返回 false。true 和 false 是布尔值，前面我们已经介绍过了。常用的比较运算符如表 25-6 所示。

表 25-6　比较运算符

运算符	说明	举例
>	大于	2>1　　// 返回 true
<	小于	2<1　　// 返回 false
>=	大于等于	2 ≥ 2　　// 返回 true
<=	小于等于	2 ≤ 2　　// 返回 true
==	等于	1==2　　// 返回 false
!=	不等于	1!=2　　// 返回 true

等号（=）是赋值运算符，用于将右边的值赋值给左边的变量。双等号（==）是比较运算符，用于比较左右两边的值是否相等。如果想要比较两个值是否相等，写成 a=b 是错误的，正确的写法应该是 a==b。很多初学者都会犯这个低级错误，这个"坑"已经给大家指出来了，以后就不要再勇敢地往前踩啦！

▉ 举例

```
<!DOCTYPE html>
<html>
<head>
    <meta charset="utf-8" />
    <title></title>
    <script>
        var a = 10;
        var b = 5;
        var n1 = (a > b);
        var n2 = (a == b);
        var n3 = (a != b);
        document.write("10>5：" + n1 + "<br/>");
        document.write("10==5：" + n2 + "<br/>");
        document.write("10!=5：" + n3);
    </script>
</head>
<body>
</body>
</html>
```

浏览器预览效果如图 25-17 所示。

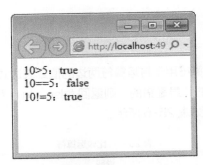

图 25-17　比较运算符

▶ **分析**

对于一条语句，都是先运算等号的右边，然后再将右边的结果赋值给左边的变量。

25.4.4　逻辑运算符

在 JavaScript 中，逻辑运算符用于执行"布尔值的运算"，它常常和比较运算符结合在一起使用。常见的逻辑运算符有 3 种，如表 25-7 所示。

表 25-7　逻辑运算符

运算符	说明
&&	"与"运算
||	"或"运算
!	"非"运算

1."与"运算

在 JavaScript 中，与运算用双与号（&&）表示。如果双与号（&&）两边的值都为 true，则结果返回 true；如果有一个为 false 或者两个都为 false，则结果返回 false。

真&&真→真
真&&假→假
假&&真→假
假&&假→假

▶ **举例**

```
<!DOCTYPE html>
<html>
<head>
    <meta charset="utf-8" />
    <title></title>
    <script>
        var a = 10;
        var b = 5;
        var c = 5;
```

```
            var n = (a < b) && (b == c);
            document.write(n);
        </script>
    </head>
    <body>
    </body>
</html>
```

浏览器预览效果如图 25-18 所示。

图 25-18　与运算

▌ 分析

"var n = (a < b) && (b == c);"等价于"var n = (10 < 5) && (5 == 5);"，由于 (10 < 5) 的返回结果为 false，而 (5==5) 的返回结果为 true，所以"var n = (a < b) && (b == c);"最终等价于"var n = false&&true;"。根据与运算的规则，n 最终的值为 false。

2. "或" 运算

在 JavaScript 中，或运算用双竖线（||）表示。如果双竖线（||）两边的值都为 false，则结果返回 false；如果有一个为 true 或者两个都为 true，则结果返回 true。

真||真→真
真||假→真
假||真→真
假||假→假

▌ 举例

```
<!DOCTYPE html>
<html>
<head>
    <meta charset="utf-8" />
    <title></title>
    <script>
        var a = 10;
        var b = 5;
        var c = 5;
        var n = (a < b) || (b == c);
        document.write(n);
    </script>
```

```
</head>
<body>
</body>
</html>
```

浏览器预览效果如图 25-19 所示。

图 25-19   或运算

▶ 分析

"var n = (a < b) ||(b == c);"等价于"var n = (10 < 5) || (5 == 5);",由于 (10 < 5) 的返回结果为 false,而 (5==5) 的返回结果为 true,所以"var n = (a < b) || (b == c);"最终等价于"var n = false||true;"。根据或运算的规则,n 最终的值为 true。

3. "非"运算

在 JavaScript 中,非运算用英文叹号(!)表示。非运算跟与运算、或运算不太一样,非运算操作的对象只有一个。当英文叹号(!)右边的值为 true 时,最终结果为 false;当英文叹号(!)右边的值为 false 时,最终结果为 true。

!真→假
!假→真

这个其实很简单,直接取反就行,这"家伙"就是专门跟你唱反调的。

▶ 举例

```
<!DOCTYPE html>
<html>
<head>
    <meta charset="utf-8" />
    <title></title>
    <script>
        var a = 10;
        var b = 5;
        var c = 5;
        var n = !(a < b) && !(b == c);
        document.write(n);
    </script>
</head>
```

```
<body>
</body>
</html>
```

浏览器预览效果如图 25-20 所示。

图 25-20　非运算

▶ 分析

"var n = !(a < b) && !(b == c);"等价于"var n =!(10 < 5) && !(5 == 5);",也就是"var n = !false&&!true;"。由于 !false 的值为 true，!true 的值为 false。因此最终等价于"var n = true&&false;"，也就是 false。

当我们把 var n = !(a < b) && !(b == c); 这句代码中的 && 换成 || 后，返回结果为 true，小伙伴们可以自行测试一下。此外，我们也不要被这些看起来复杂的运算吓到了。实际上，再复杂的运算，一步一步来分析，也是非常简单的。

对于与运算、或运算和非运算，我们可以总结出以下 5 点。

▶ true 的 ! 为 false，false 的 ! 为 true。

▶ a&&b：当 a、b 全为 true 时，结果为 true，否则结果为 false。

▶ a||b：当 a、b 全为 false 时，结果为 false，否则结果为 true。

▶ a&&b：系统会先判断 a，再判断 b。如果 a 为 false，则系统不会再去判断 b。

▶ a||b：系统会先判断 a，再判断 b。如果 a 为 true，则系统不会再去判断 b。

最后两条是非常有用的技巧，在后续的学习中我们会经常碰到，这里简单认识一下即可。

25.4.5　条件运算符

除了上面这些常用的运算符，JavaScript 还为我们提供了一种特殊的运算符：条件运算符。条件运算符，也叫作"三目运算符"。在 JavaScript 中，条件运算符用英文问号（？）表示。

▶ 语法

```
var a = 条件 ? 表达式1 ：表达式2；
```

▶ 说明

当条件为 true 时，我们选择的是"表达式 1"，也就是"var a = 表达式 1"；当条件为 false 时，我们选择的是"表达式 2"，也就是"var a = 表达式 2"。注意，a 只是一个变量名，这个变量名可以换成你自己想要的其他符号要求的名字。

条件运算符其实很简单，相当于"二选一"。就好比有两个女生在你面前，也许你都喜欢，但你只能选择其中一个做女朋友。

▉ **举例**

```
<!DOCTYPE html>
<html>
<head>
    <meta charset="utf-8" />
    <title></title>
    <script>
        var result = (2 > 1) ? "小芳" : "小美";
        document.write(result);
    </script>
</head>
<body>
</body>
</html>
```

浏览器预览效果如图 25-21 所示。

图 25-21 条件运算符

▉ **分析**

由于条件（2>1）返回 true，所以最终选择的是"小芳"。

25.5 表达式与语句

一个表达式包含"操作数"和"操作符"两部分。操作数可以是变量，也可以是常量。操作符指的就是我们之前学的运算符。每一个表达式都会产生一个值。

语句，简单地说就是用英文分号（;）分开的代码。一般情况下，一个分号对应一个语句。

在上面的这个例子中，"1+2"是一个表达式，而整一句代码"var a=1+2;"就是一个语句。

对于初学者来说，不用纠结什么是表达式，什么是语句。对于表达式和语句，我们可以简单地认为"语句就是 JavaScript 的一句话"，而"表达式就是一句话的一部分"。一个表达式加上一个分号就可以组成一个语句，如图 25-22 所示。

图 25-22　表达式与语句

25.6　类型转换

类型转换，指的是将"一种数据类型"转换为"另外一种数据类型"。数据类型，我们在 2.3 节给大家介绍过了。在 2.4 节，我们讲到，如果一个数字与一个字符串相加，则 JavaScript 会自动将数字转换成字符串，然后再与另外一个字符串相加，如 "2018"+1000 的结果是 "20181000"，而不是 3018。其中，"JavaScript 会自动将数字转换成字符串"指的就是类型转换。

在 JavaScript 中，共有两种类型转换。

▶ 隐式类型转换。

▶ 显式类型转换。

隐式类型转换，指的是 JavaScript 自动进行的类型转换。显式类型转换，指的是需要我们手动用代码强制进行的类型转换。这两种类型转换方式，我们从名字上就能区分开来。

对于隐式类型转换，这里就不做介绍了，大家只需要把"2.4 运算符"这一节中的加号运算符涉及的内容认真学习一遍就可以了。在接下来的这一节中，我们重点介绍显式类型转换的两种情况。

25.6.1　"字符串"转换为"数字"

在 JavaScript 中，想要将字符串转换为数字，有两种方式。

▶ Number()。

▶ parseInt() 和 parseFloat()。

Number() 方法可以将任何"数字型字符串"转换为数字。那么，什么是数字型字符串？如 "123" 和 "3.1415"，这些只有数字的字符串就是数字型字符串，而 "hao123" 和 "100px" 这样的就不是。

准确地说，parseInt() 和 parseFloat() 可以提取**首字母为数字的任意字符串**中的数字，其中，parseInt() 会提取整数部分，parseFloat() 不仅会提取整数部分，还会提取小数部分。

▼ 举例：Number()

```
<!DOCTYPE html>
<html>
```

```
<head>
    <meta charset="utf-8" />
    <title></title>
    <script>
        var a = Number("2018") + 1000;
        document.write(a);
    </script>
</head>
<body>
</body>
</html>
```

浏览器预览效果如图 25-23 所示。

3018

图 25-23　Number() 实例 1

▌ 分析

根据前面的学习可以知道，"2018"+1000 的结果是 "20181000"。在这里，我们通过使用 Number() 方法，将 "2018" 转换为一个数字，因此 Number("2018")+1000 的结果是 3018。

▌ 举例: Number()

```
<!DOCTYPE html>
<html>
<head>
    <meta charset="utf-8" />
    <title></title>
    <script>
        document.write("Number('123'):" + Number("123") + "<br/>");
        document.write("Number('3.1415'):" + Number("3.1415") + "<br/>");
        document.write("Number('hao123'):" + Number("hao123") + "<br/>");
        document.write("Number('100px'):" + Number("100px"));
    </script>
</head>
<body>
</body>
</html>
```

浏览器预览效果如图 25-24 所示。

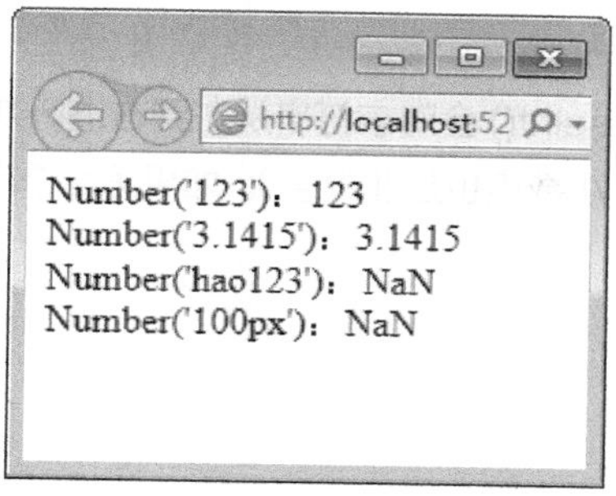

图 25-24 Number() 实例 2

分析

NaN 指的是“Not a Number（非数字）”，从中可以看出，Number() 方法只能将纯“数字型字符串”转换为数字，不能将其他字符串（即使字符串内有数字字符）转换为数字。在实际开发中，很多时候我们需要提取类似 "100px" 这种字符串中的数字，这个时候我们就应该使用 parseInt() 和 parseFloat()，而不是 Number()。

举例：parseInt()

```
<!DOCTYPE html>
<html>
<head>
    <meta charset="utf-8" />
    <title></title>
    <script>
        document.write("parseInt('123')：" + parseInt("123") + "<br/>");
        document.write("parseInt('3.1415')：" + parseInt("3.1415") + "<br/>");
        document.write("parseInt('hao123')：" + parseInt("hao123") + "<br/>");
        document.write("parseInt('100px')：" + parseInt("100px"));
    </script>
</head>
<body>
</body>
</html>
```

浏览器预览效果如图 25-25 所示。

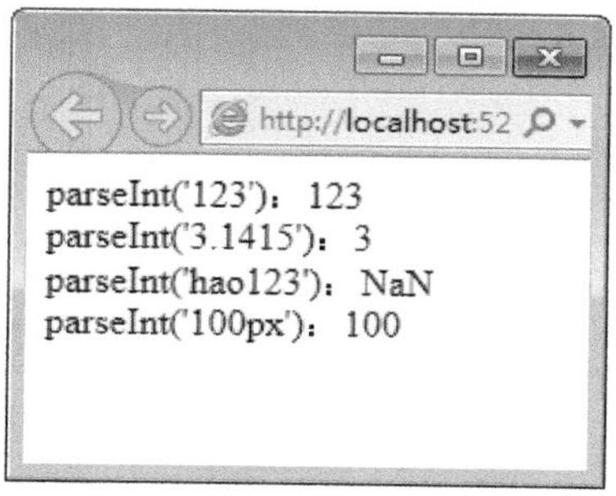

图 25-25 parseInt() 实例 1

▎ 分析

从这个例子可以看出来，parseInt() 会对字符串从左到右进行判断。如果第 1 个字符是数字，则继续判断，直到出现非数字为止（小数点也是非数字）；如果第 1 个字符是非数字，则直接返回 NaN。

▎ 举例

```
<!DOCTYPE html>
<html>
<head>
    <meta charset="utf-8" />
    <title></title>
    <script>
        document.write("parseInt('+123'):" + parseInt("+123") + "<br/>");
        document.write("parseInt('-123'):" + parseInt("-123"));
    </script>
</head>
<body>
</body>
</html>
```

浏览器预览效果如图 25-26 所示。

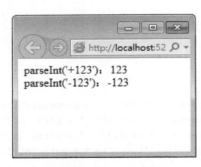

图 25-26　parseInt() 实例 2

▎ 分析

前面我们说过，对于 parseInt() 来说，如果第 1 个字符不是数字，会返回 NaN。这里的第 1 个字符是加号（+）或减号（−），也就是非数字，但 parseInt() 同样也是可以转换的。因为加号和减号在数学上其实就是表示一个数的正和负，所以 parseInt() 可以接受第 1 个字符是加号或减号。同样地，parseFloat() 也有这个特点。

▎ 举例：parseFloat()

```
<!DOCTYPE html>
<html>
<head>
    <meta charset="utf-8" />
    <title></title>
    <script>
        document.write("parseFloat('123'):" + parseFloat("123") + "<br/>");
        document.write("parseFloat('3.1415'):" + parseFloat("3.1415") + "<br/>");
```

```
        document.write("parseFloat('hao123') : " + parseFloat("hao123") + "<br/>");
        document.write("parseFloat('100px') : " + parseFloat("100px"));
    </script>
</head>
<body>
</body>
</html>
```

浏览器预览效果如图 25-27 所示。

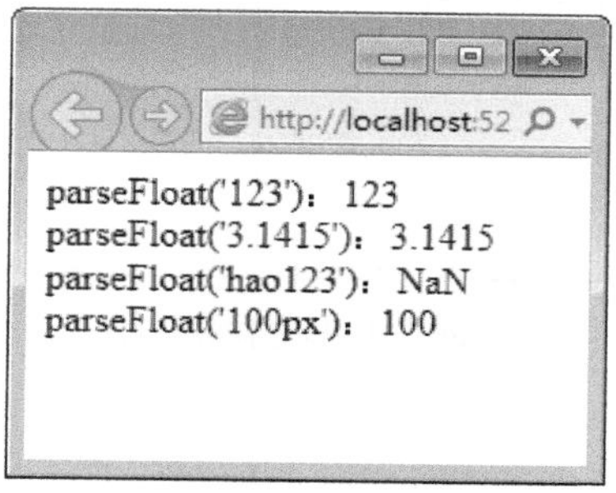

图 25-27　parseFloat() 实例

分析

parseFloat() 跟 parseInt() 类似，都是从字符串第 1 个字符从左到右开始判断。如果第 1 个字符是数字，则继续判断，直到出现除了数字和小数点之外的字符为止；如果第 1 个字符是非数字，则直接返回 NaN。

在首字母是 +、- 或数字的字符串中，不管是整数部分，还是小数部分，parseFloat() 都可以转换，这一点跟 parseInt() 是不一样的。

25.6.2　“数字”转换为“字符串”

在 JavaScript 中，想要将数字转换为字符串，也有两种方式。

- 与空字符串相加。
- toString()。

举例：与空字符串相加

```
<!DOCTYPE html>
<html>
<head>
    <meta charset="utf-8" />
    <title></title>
    <script>
        var a = 2018 + "";
        var b = a + 1000;
        document.write(b);
    </script>
</head>
```

```
<body>
</body>
</html>
```

浏览器预览效果如图 25-28 所示。

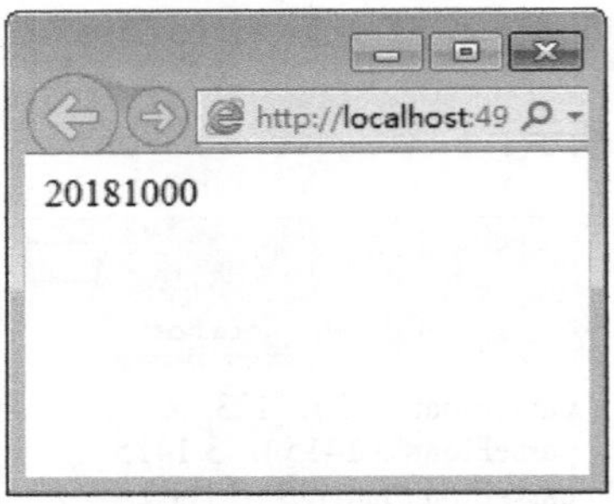

图 25-28 与空字符串相加

◤ 分析

如果数字和字符串相加，系统会将数字转换成字符串。如果要将一个数字转换为字符串，而又不增加多余的字符，我们可以将这个数字加上一个空字符串。

◤ 举例：toString()

```
<!DOCTYPE html>
<html>
<head>
    <meta charset="utf-8" />
    <title></title>
    <script>
        var a = 2018;
        var b = a.toString() + 1000;
        document.write(b);
    </script>
</head>
<body>
</body>
</html>
```

浏览器预览效果如图 25-29 所示。

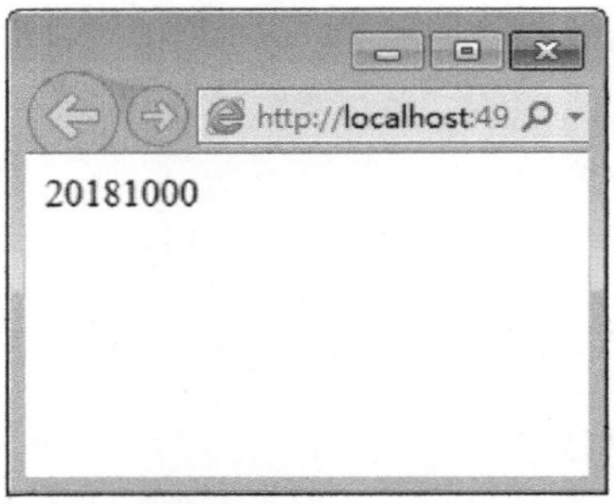

图 25-29 toString() 方法

▶ 分析

a.toString() 表示将 a 转换为字符串，也就是将 2018 转换为 "2018"，因此最终 b 的值为
"20181000"。

在实际开发中，如果想要将数字转换为字符串，我们很少使用 toString() 方法，使用更多的是
隐式类型转换的方式（也就是直接跟一个字符串相加）。

25.7　转义字符

在学习转义字符之前，我们先来看一个例子。

```
<!DOCTYPE html>
<html>
<head>
    <meta charset="utf-8" />
    <title></title>
    <script>
        document.write("绿叶，给你初恋般的感觉~");
    </script>
</head>
<body>
</body>
</html>
```

浏览器预览效果如图 25-30 所示。

图 25-30　字符串中没有引号

如果我们想要实现图 25-31 所示的效果，该怎么做？

图 25-31　字符串中含有引号

不少小伙伴首先想到的，可能就是使用下面这句代码来实现。

```
document.write("绿叶，给你"初恋"般的感觉~");
```

试过的小伙伴肯定会疑惑：怎么在页面上没有输出内容呢？其实大家仔细观察一下就知道，双引号都是成对出现的，这句代码中有 4 个双引号，JavaScript 无法判断前后哪两个双引号是一对的。为了避免这种情况发生，JavaScript 引入了转义字符。

在默认情况下，某些字符在浏览器是无法显示的，为了能够让这些字符能够显示出来，我们可以使用这些字符对应的转义字符来代替。在 JavaScript 中，常见的转义字符如表 25-8 所示。

表 25-8   常见的转义字符

转义字符	说明
\'	英文单引号
\"	英文双引号
\n	换行符

实际上，JavaScript 中的转义字符很多，但是我们只需要记住上面 3 种就可以了。此外还需要特别说明一下，对于字符串的换行，有以下两种情况。

- ▶ 如果是在 document.write() 中换行，则应该用
。
- ▶ 如果是在 alert() 中换行，则应该用 \n。

▶ 举例：document.write() 中的换行

```
<!DOCTYPE html>
<html>
<head>
    <meta charset="utf-8" />
    <title></title>
    <script>
        document.write("绿叶,<br/>初恋般的感觉~");
    </script>
</head>
<body>
</body>
</html>
```

浏览器预览效果如图 25-32 所示。

图 25-32   document.write() 中的换行

举例：alert() 中的换行

```
<!DOCTYPE html>
<html>
<head>
    <meta charset="utf-8" />
    <title></title>
    <script>
        alert("绿叶,\n初恋般的感觉~");
    </script>
</head>
<body>
</body>
</html>
```

浏览器预览效果如图 25-33 所示。

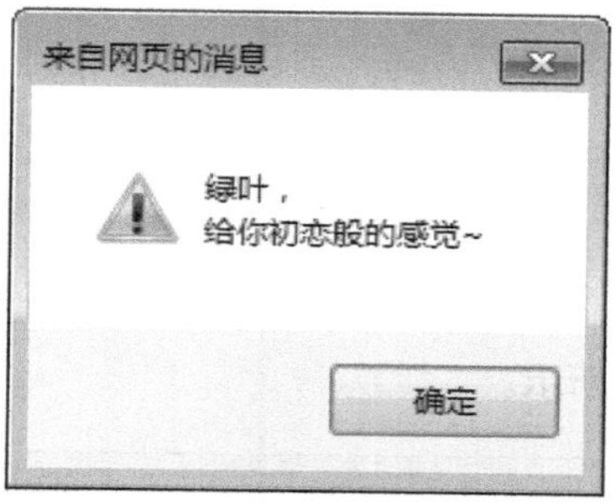

图 25-33　alert() 中的换行

分析

\n 是转义字符，一般用于对话框文本的换行，这里如果使用
 就无法实现了。

25.8　注释

在 JavaScript 中，为一些关键代码进行注释是非常有必要的。注释的好处很多，如方便理解、方便查找或方便项目组里的其他开发人员了解你的代码，而且也方便以后你对自己的代码进行修改。

25.8.1　单行注释

当注释的内容比较少，只有一行时，我们可以采用单行注释的方式。

语法

```
//单行注释
```

说明

小伙伴们要特别注意，HTML 注释、CSS 注释和 JavaScript 注释是不一样的。此外，并不是所有代码都需要注释，一般情况下，只需要对一些关键代码进行注释。

▌ 举例

```
<!DOCTYPE html>
<html>
<head>
    <meta charset="utf-8" />
    <title></title>
    <style type="text/css">
        /*这是CSS注释*/
        body{color:Red;}
    </style>
    <script>
        //这是JavaScript注释（单行）
        document.write("不要把无知当个性");
    </script>
</head>
<body>
    <!--这是HTML注释-->
    <div></div>
</body>
</html>
```

浏览器预览效果如图 25-34 所示。

图 25-34　单行注释

▌ 分析

从上面我们知道，被注释的内容是不会在浏览器中显示出来的。

25.8.2　多行注释

当注释的内容比较多，用一行表达不出来时，我们可以采用多行注释的方式。

▌ 语法

```
/*多行注释*/
```

▌ 说明

有小伙伴可能会说，HTML 注释、CSS 注释和 JavaScript 注释都不一样，而 JavaScript 还分单行注释和多行注释，记不住啊！其实我们不需要去记忆，稍微有个印象就可以了，因为开发工具都有代码高亮的提示功能。在实际开发中，要是忘记了，在编辑器中测试一下就知道了。

举例

```
<!DOCTYPE html>
<html>
<head>
    <meta charset="utf-8" />
    <title></title>
    <script>
        /*
          这是JavaScript注释（多行）
          这是JavaScript注释（多行）
          这是JavaScript注释（多行）
         */
        document.write("不要把无知当个性");
    </script>
</head>
<body>
    <div></div>
</body>
</html>
```

浏览器预览效果如图 25-35 所示。

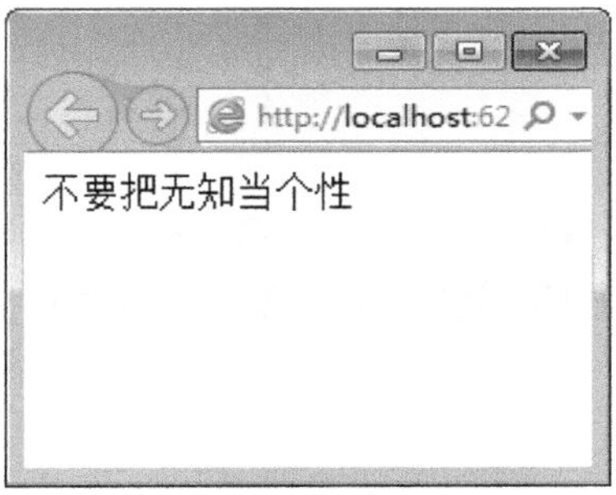

图 25-35 多行注释

分析

当然，即使注释的内容只有一行，我们也可以采用多行注释的方式。

25.9 本章练习

单选题

1. 下面的 JavaScript 变量名中，合法的是（　　）。
   A. 666variable　　B. my_variable　　C. function　　D. -variable

2. parseFloat(18.98) 返回的值是（　　　）。

   A. 18　　　　　　　B. 19　　　　　　　C. 18.98　　　　　　D. "18.98"

3. 下面不属于 JavaScript 基本数据类型的是（　　　）。

   A. 字符串　　　　　　B. 布尔值　　　　　　C. undefined　　　　D. 对象

4. 下面的选项中，属于 JavaScript 正确的注释方式是（　　　）。（选两项）

   A. // 注释内容　　　　　　　　　　　　B. /* 注释内容 */

   C. <!-- 注释内容 -->　　　　　　　　D. / 注释内容 /

5. document.write("\" 复仇者 \" 联盟 ");这句代码的输出结果是（　　　）。

   A. 复仇者联盟　　　　　　　　　　　　B. " 复仇者 " 联盟

   C. \" 复仇者 \" 联盟　　　　　　　　　D. 语法有误，程序报错

6. 下面有一段 JavaScript 程序，输出的结果是（　　　）。

```
var str = "101中学";
document.write(parseInt(str));
```

   A. NaN　　　　　　　B. 101　　　　　　　C. 101 中学　　　　D. 程序报错

7. 下面哪一个表达式将会返回 false？（　　　）

   A. !(3<=1)　　　　　　　　　　　　　B. (4>=4)&&(5<=2)

   C. ("a"=="a")&&("c"!="d")　　　　　D. (2<3)||(3<2)

8. 下面有一段 JavaScript 程序，运行之后变量 c 的值为（　　　）。

```
var a, b, c;
a = "2";
b = 2;
c = a + b;
```

   A. 4　　　　　　　　B. "4"　　　　　　　C. 22　　　　　　　D. "22"

9. 下面有一段 JavaScript 程序，运行之后变量 y 的值为（　　　）。

```
var x, y;
x = 10;
y = x++;
```

   A. 9　　　　　　　　B. 10　　　　　　　C. 11　　　　　　　D. undefined

第 26 章

流程控制

26.1 流程控制简介

流程控制，是任何一门编程语言都有的语法，指的是控制程序按照怎样的顺序执行。

在 JavaScript 中，共有 3 种流程控制方式（其实任何计算机语言也只有这 3 种）。

- ▶ 顺序结构。
- ▶ 选择结构。
- ▶ 循环结构。

26.1.1 顺序结构

在 JavaScript 中，顺序结构是最基本的结构。所谓的顺序结构，就是指代码按照从上到下、从左到右的"顺序"执行。

▼ 语法

JavaScript 执行的顺序结构如图 26-1 所示。

图 26-1 顺序结构

举例

```
<!DOCTYPE html>
<html>
<head>
    <meta charset="utf-8" />
    <title></title>
    <script>
         var str1 = "从0到1";
         var str2 = "系列图书";
         var str3 = str1 + str2;
         document.write(str3);
    </script>
</head>
<body>
</body>
</html>
```

浏览器预览效果如图 26-2 所示。

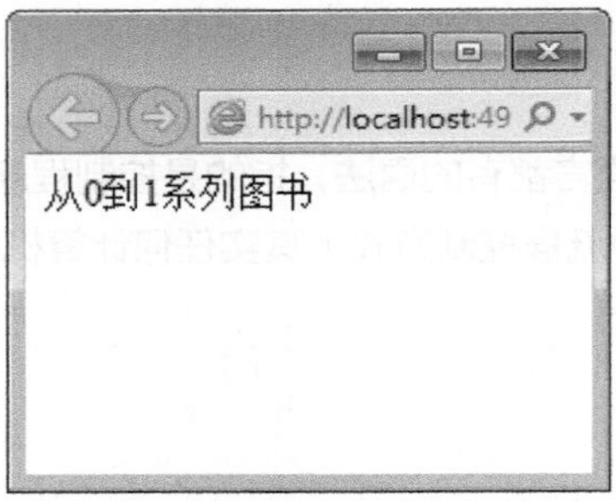

图 26-2　顺序结构实例

分析

按照“从上到下、从左到右”的顺序，JavaScript 会按照以下顺序执行。

① 执行 var str1 = " 从 0 到 1";。

② 执行 var str2 = " 系列图书 ";。

③ 执行 var str3 = str1 + str2;。

④ 执行 document.write(str3);。

一般情况下，JavaScript 就是按照顺序结构来执行的。但是在其他的一些场合，单纯只用顺序结构可能没法解决问题，此时就需要引入选择结构和循环结构。

26.1.2　选择结构

在 JavaScript 中，选择结构指的是根据“条件判断”来决定使用哪一段代码。选择结构有 3 种：单向选择、双向选择以及多向选择。但无论是哪一种，JavaScript 都只会执行其中的一个分支。

▼ **语法**

JavaScript 执行的选择结构如图 26-3 所示。

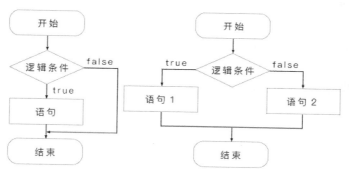

图 26-3 选择结构

26.1.3 循环结构

循环结构，指的是根据条件来判断是否重复执行某一段程序。若条件为 true，则继续循环；若条件为 false，则退出循环，如图 26-4 所示。

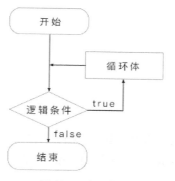

图 26-4 循环结构

是不是感觉这 3 种流程控制的方式很熟悉？没错，这些都是我们在高中数学课上学到过的内容。在高中之所以学习这些内容，就是为了给我们以后学习编程做铺垫的。在接下来的这一章中，我们会给大家详细介绍这 3 种方式在编程中是怎么用的。

26.2 选择结构：if

在 JavaScript 中，选择结构指的是根据"条件判断"来决定执行哪一段代码。选择结构有 3 种：单向选择、双向选择和多向选择。无论是哪一种，JavaScript 只会执行其中的一个分支。

在 JavaScript 中，选择结构共有两种方式：一种是 if 语句，另外一种是 switch 语句。这一节我们先来介绍 if 语句。对于 if 语句，主要包含以下 4 个要点。

▶ 单向选择：if...。

- ▶ 双向选择：if...else...。
- ▶ 多向选择：if...else if...else...。
- ▶ if 语句的嵌套。

26.2.1　单向选择：if...

单向选择结构如图 26-5 所示。

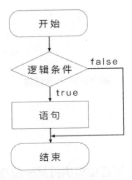

图 26-5　单向选择结构

▼ 语法

```
if(条件)
{
    ......
}
```

▼ 说明

这个 "条件" 一般是一个比较表达式。如果 "条件" 返回结果为 true，则会执行大括号 {} 内部的程序；如果 "条件" 返回结果为 false，则会直接跳过大括号 {} 内部的程序，然后按照顺序执行后面的程序。

由大括号括起来的程序，我们又称为 "语句块"。语句块常用于选择结构、循环结构以及函数中，JavaScript 会把一个语句块看成一个整体来执行。

▼ 举例

```
<!DOCTYPE html>
<html>
<head>
    <meta charset="utf-8" />
    <title></title>
    <script>
        var score = 100;
        if (score > 60) {
            alert("那你很棒棒噢~");
        }
    </script>
```

```
</head>
<body>
</body>
</html>
```

浏览器预览效果如图26-6所示。

图26-6　单向选择实例

▶ **分析**

由于变量score的值为100，所以"score>60"会返回true，因此会执行大括号{}内部的程序。

26.2.2　双向选择：if...else...

双向选择结构如图26-7所示。

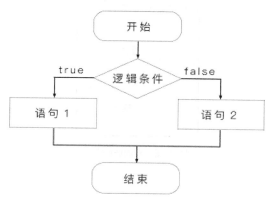

图26-7　双向选择结构

▶ **语法**

```
if(条件)
{
    ......
}
else
{
    ......
}
```

▌ **说明**

"if...else..." 相对 "if..." 来说，仅仅是多了一个选择。当条件返回结果为 true 时，会执行 if 后面大括号 {} 中的程序；当条件返回结果为 false 时，会执行 else 后面大括号 {} 中的程序。

▌ **举例**

```
<!DOCTYPE html>
<html>
<head>
    <meta charset="utf-8" />
    <title></title>
    <script>
        var score = 100;
        if (score < 60) {
            alert("补考! ");
        } else {
            alert("通过! ");
        }
    </script>
</head>
<body>
</body>
</html>
```

浏览器预览效果如图 26-8 所示。

图 26-8　双向选择实例

▌ **分析**

由于变量 score 的值为 100，"score<60" 会返回 false，因此会执行 else 后面大括号 {} 中的程序。

对于双向选择，我们可以使用三目运算符来代替它，像上面的这个例子，如果用三目运算符来写，实现代码如下。

▌ **举例："三目运算符"代替"双向选择"**

```
<!DOCTYPE html>
<html>
<head>
    <meta charset="utf-8" />
    <title></title>
```

```
<script>
    var score = 100;
    var result = (score < 60) ? "补考！" : "通过！";
    alert(result);
</script>
</head>
<body>
</body>
</html>
```

浏览器预览效果如图 26-9 所示。

图 26-9　三目运算符

26.2.3　多向选择：if...else if...else...

多向选择，就是在双向选择的基础上增加 n 个选择分支。

▶ 语法

```
if(条件1)
{
    //当条件1为true时执行的代码
}
else if(条件2)
{
    //当条件2为true时执行的代码
}
else
{
    //当条件1和条件2都为false时执行的代码
}
```

▶ 说明

多向选择的语法看似复杂，其实也很简单，它只是在双向选择的基础上再增加一个或多个选择分支而已。小伙伴们对比一下它们的语法格式就知道了。

▶ 举例

```
<!DOCTYPE html>
<html>
```

```
<head>
    <meta charset="utf-8" />
    <title></title>
    <script type="text/javascript">
        var time = 21;
        if (time < 12)
        {
            document.write("早上好! ");    //如果小时数小于12则输出"早上好! "
        }
        else if (time > =12 && time < 18)
        {
            document.write("下午好! ");    //如果小时数大于等于12并且小于18，输出"下午好! "
        }
        else
        {
            document.write("晚上好! ");    //如果上面两个条件都不符合，则输出"晚上好! "
        }
    </script>
</head>
<body>
</body>
</html>
```

浏览器预览效果如图 26-10 所示。

图 26-10 多向选择

分析

对于多向选择，我们会从第 1 个 if 条件开始判断，如果第 1 个 if 条件不满足，则判断第 2 个 if 条件；如果还是不满足，则判断第 3 个 if 条件，直到满足为止。一旦满足，就会退出整个 if 结构。

26.2.4 if 语句的嵌套

在 JavaScript 中，if 语句是可以嵌套使用的。

语法

```
if(条件1)
{
```

```
    if(条件2)
    {
        当"条件1"和"条件2"都为true时执行的代码
    }
    else
    {
        当"条件1"为true、"条件2"为false时执行的代码
    }
}
else
{
    if(条件2)
    {
        当"条件1"为false、"条件2"为true时执行的代码
    }
    else
    {
        当"条件1"和"条件2"都为false时执行的代码
    }
}
```

▲ 说明

对于这种结构，我们不需要去记忆，只需要从外到内根据条件一个个去判断就可以了。

▲ 举例

```html
<!DOCTYPE html>
<html>
<head>
    <meta charset="utf-8" />
    <title></title>
    <script>
        var gender = "女";
        var height = 172;
        if(gender=="男")
        {
            if(height>170)
            {
                document.write("高个子男生");
            }
            else
            {
                document.write("矮个子男生");
            }
        }
        else
        {
            if (height > 170)
            {
                document.write("高个子女生");
            }
```

```
            else
            {
                document.write("矮个子女生");
            }
        }
    </script>
</head>
<body>
</body>
</html>
```

浏览器预览效果如图 26-11 所示。

图 26-11　if 语句的嵌套（1）

▶ 分析

在这个例子中，首先外层 if 语句的判断条件 gender=="男" 返回 false，因此会执行 else 语句。然后我们可以看到 else 语句内部还有一个 if 语句，这个内层 if 语句的判断条件"height>170"返回 true，所以最终输出内容为"高个子女生"。

实际上，if 语句的嵌套也很好理解，就是在 if 或 else 大括号的内部再增加一层判断。对于 if 语句的嵌套，我们一层一层由外到内进行判断就可以了。这个过程就像剥洋葱一样，非常简单。下面再来举一个例子，让小伙伴们消化一下。

▶ 举例

```
<!DOCTYPE html>
<html>
<head>
    <meta charset="utf-8" />
    <title></title>
    <script>
        var x = 4;
        var y = 8;
        if (x < 5)
        {
            if (y < 5)
            {
                document.write("x小于5,y小于5");
            }
```

```
                else
                {
                        document.write("x小于5,y大于5");
                }
        }
        else
        {
                if (y < 5)
                {
                        document.write("x大于5,y小于5");
                }
                else
                {
                        document.write("x大于5,y大于5");
                }
        }
    </script>
</head>
<body>
</body>
</html>
```

浏览器预览效果如图 26-12 所示。

图 26-12　if 语句的嵌套（2）

26.3 选择结构：switch

在 JavaScript 中，选择结构共有两种方式：if 语句和 switch 语句。上一节介绍了 if 语句，这一节我们给大家介绍一下 switch 语句。

语法

```
switch(判断值)
{
    case 取值1:
        语块1;break;
    case 取值2:
        语块2;break;
```

```
        ……
        case 取值n:
               语块n;break;
        default:
               语句块n+1;
}
```

▌ 说明

从英文意思的角度来看，switch 是"开关"，case 是"情况"，break 是"断开"，default 是"默认"。小伙伴们根据英文意思来理解就很容易了。

switch 语句会根据"判断值"进行判断，然后选择要使用哪一个 case。如果每一个 case 的取值都不符合，那就执行 default 的语句。

▌ 举例

```html
<!DOCTYPE html>
<html>
<head>
    <meta charset="utf-8" />
    <title></title>
    <script>
        var day = 3;
        var week;

        switch (day)
        {
            case 1:
                week = "星期一"; break;
            case 2:
                week = "星期二"; break;
            case 3:
                week = "星期三"; break;
            case 4:
                week = "星期四"; break;
            case 5:
                week = "星期五"; break;
            case 6:
                week = "星期六"; break;
            default:
                week = "星期日";
        }
        document.write("今天是" + week);      //输出今天是星期几
    </script>
</head>
<body>
</body>
</html>
```

浏览器预览效果如图 26-13 所示。

图 26-13 switch 语句

▼ 分析

在 switch 语句中，系统会从第 1 个 case 开始判断，直到找到满足条件的 case 后，就会退出，后面的 case 就不会执行了。

对于 switch 和 case，大家都知道是怎么一回事，却不太理解 break 和 default 有什么用。下面我们通过 2 个例子来理解一下。

▼ 举例：break 语句

```html
<!DOCTYPE html>
<html>
<head>
    <meta charset="utf-8" />
    <title></title>
    <script>
        var day = 5;
        var week;

        switch (day)
        {
            case 1:
                week = "星期一";
            case 2:
                week = "星期二";
            case 3:
                week = "星期三";
            case 4:
                week = "星期四";
            case 5:
                week = "星期五";
            case 6:
                week = "星期六";
            default:
                week = "星期日";
        }
        document.write(week);        //输出今天是星期几
    </script>
</head>
<body>
```

```
    </body>
    </html>
```

浏览器预览效果如图 26-14 所示。

图 26-14   break 语句

▶ **分析**

day 的值为 5，为什么最终输出的是"星期日"呢？这是因为缺少 break 语句。

实际上，在 switch 语句中，首先会判断 case 的值是否符合 day 的值。因为 day 的值为 5，因此会执行"case 5"这一分支。但是，由于没有在"case 5"后面加 break 语句，因此程序还会继续执行后面的"case 6"以及"default"，后面 week 的值会覆盖前面 week 的值，因此最终输出的是"星期日"。

break 语句用于结束 switch 语句，从而使 JavaScript 仅仅执行对应的一个分支。如果没有 break 语句，则该 switch 语句中"对应的分支"被执行后还会继续执行后面的分支。因此，对于 switch 语句，一定要在每一个 case 语句后面加上 break 语句。一定记住！

▶ **举例：default 语句**

```
<!DOCTYPE html>
<html>
<head>
    <meta charset="utf-8" />
    <title></title>
    <script>
        var n = 10;

        switch (n)
        {
            case 1:
                document.write("你选择的数字是: 1"); break;
            case 2:
                document.write("你选择的数字是: 2"); break;
            case 3:
                document.write("你选择的数字是: 3"); break;
            case 4:
                document.write("你选择的数字是: 4"); break;
            case 5:
                document.write("你选择的数字是: 5"); break;
```

```
            default:
                document.write("你选择的数字不在1~5之间");
        }
    </script>
</head>
<body>
</body>
</html>
```

浏览器预览效果如图 26-15 所示。

图 26-15　default 语句

▌ 分析

在这个例子中，我们使用 default 来定义默认情况，因此无论 n 的值是 10、12 还是 100，最终执行的也是 default 这一个分支。

此外，case 后面的取值不仅可以是数字，还可以是字符串等。switch 语句在实际开发中是非常重要的，建议大家认真掌握。

26.4　循环结构：while

在 JavaScript 中，循环语句指的是在"满足某个条件下"循环反复地执行某些操作的语句。因此，像"1+2+3+…+100""1+3+5+…+99"这种计算，可以使用程序轻松实现。

在 JavaScript 中，循环语句共有以下 3 种。

▶ while 语句。

▶ do...while 语句。

▶ for 语句。

这一节，我们先给大家介绍一下 while 语句的用法。

▌ 语法

```
while(条件)
{
    //当条件为true时，循环执行
}
```

▼ **说明**

如果"条件"返回结果为 true，则会执行大括号 {} 内部的程序。当执行完大括号 {} 内部的程序后，会再次判断"条件"。如果"条件"返回结果依旧还是 true，则会继续重复执行大括号中的程序，直到条件为 false，才会结束整个循环，然后再执行 while 语句后面的程序。

▼ **举例：计算 1+2+3+…+100 的值**

```
<!DOCTYPE html>
<html>
<head>
    <meta charset="utf-8" />
    <title></title>
    <script>
        var n = 1;
        var sum = 0;

        //如果n小于等于100，则会执行while循环
        while (n <= 100)
        {
            sum=sum+n;
            n=n+1;
        }
        document.write("1+2+3+…+100 = " + sum);
    </script>
</head>
<body>
</body>
</html>
```

浏览器预览效果如图 26-16 所示。

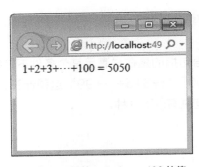

图 26-16　计算 1+2+3+…+100 的值

▼ **分析**

变量 n 用于递增（也就是不断加 1），初始值为 1；sum 用于求和，初始值为 0。对于 while 循环，我们一步步来给大家分析一下。

第 1 次执行 while 循环，sum=0+1，n=2。

第 2 次执行 while 循环，sum=0+1+2，n=3。

第 3 次执行 while 循环，sum=0+1+2+3，n=4。

……

第 100 次执行 while 循环，sum=0+1+…+100，n=101。

记住，在每一次执行 while 循环之前，我们都需要判断条件是否满足。如果满足，则继续执行 while 循环；如果不满足，则退出 while 循环。

当我们第 101 次执行 while 循环时，由于此时 n=101，不再满足条件，n<=100 返回 false，此时 while 循环不再执行（也就是退出 while 循环）。由于退出了 while 循环，接下来就不会再执行 while 中的程序，而是执行 while 后面的 document.write() 了。

▶ **举例：计算 1+3+5+…+99 的值**

```
<!DOCTYPE html>
<html>
<head>
    <meta charset="utf-8" />
    <title></title>
    <script>
        var n = 1;
        var sum = 0;

        //如果n小于100，则会执行while循环
        while (n < 100)
        {
            sum += n;    //等价于sum=sum+n;
            n += 2;      //等价于n=n+2;
        }
        document.write("1+3+5+…+99 = " + sum);
    </script>
</head>
<body>
</body>
</html>
```

浏览器预览效果如图 26-17 所示。

图 26-17 计算 1+3+5+…+99 的值

▶ **分析**

在这个例子中，将 while 循环的条件"n < 100"改为"n<=99"也是一样的，两个条件是等

价的。当然，上一个例子中，"n<=100"其实也等价于"n<101"。我们可以思考一下原因。

此外，"sum += n;"等价于"sum=sum+n;"，而"n+=2;"等价于"n=n+2;"。在实际开发中，我们一般使用简写形式，大家一定要熟悉这种赋值运算符的简写形式。

至于 while 循环是怎么进行的，可以对比一下上一个例子的具体流程，自己整理一下思路，慢慢消化，很简单。

对于 while 语句，我们还需要特别注意以下两点。

▸ 循环内部的语句一定要用大括号 {} 括起来，即使只有一条语句。

▸ 在循环内部，一定要有可以结合"判断条件"来让循环退出的语句。如果没有"判断条件"和"退出语句"，循环就会一直运行下去，变成一个"死循环"。要是这样的话，浏览器崩溃了，你崩溃了，老板也跟着崩溃了……

▮ 举例：死循环

```
<!DOCTYPE html>
<html>
<head>
    <meta charset="utf-8" />
    <title></title>
    <script>
        while (true)
        {
            alert("我也是醉了~");
        }
    </script>
</head>
<body>
</body>
</html>
```

浏览器预览效果如图 26-18 所示。

图 26-18　死循环

▮ 分析

这就是最简单的"死循环"，因为判断条件一直为 true，因此会一直执行 while 循环，会不断弹出对话框。小伙伴们可以试一下，会发现没办法停止对话框弹出。想要关闭浏览器，可以按快捷键【Shift+Ctrl+Esc】，使用任务管理器来关闭。

在实际开发中，我们一定要避免"死循环"的出现，因为这是很低级的错误。

26.5　循环结构：do...while

在 JavaScript 中，除了 while 语句，我们还可以使用 do...while 语句来实现循环。

▼ **语法**

```
do
{
    ……
}while(条件);
```

▼ **说明**

do...while 语句首先会无条件执行循环体一次，然后再判断是否符合条件。如果符合条件，则重复执行循环体；如果不符合条件，则退出循环。

do...while 语句跟 while 语句非常相似，并且任何一个都可以转换成等价的另外一个。

do...while 语句结尾处括号后有一个分号（;），该分号一定不能省略，这是初学者最容易忽略的一点，大家一定要注意呀！

▼ **举例**

```
<!DOCTYPE html>
<html>
<head>
    <meta charset="utf-8" />
    <title></title>
    <script>
        var n = 1;
        var sum = 0;
        do
        {
            sum += n;
            n++;
        }while (n <= 100);
        document.write("1+2+3+…+100 = " + sum);
    </script>
</head>
<body>
</body>
</html>
```

浏览器预览效果如图 26-19 所示。

▼ **分析**

将这个例子与上一节的例子进行对比，可以总结出以下 2 点。

▶ while 语句和 do...while 语句是可以互相转换的，对于这两个语句，我们掌握其中一个就可以了。

▶ while 语句是"先判断、后循环"，do...while 语句是"先循环、后判断"，这是两者本质的区别。

图 26-19　do...while

在实际开发中，一般用的都是 while 语句，而不是 do...while 语句，因为 do...while 语句会先无条件执行一次循环，这个特点有时候可能会导致执行一次不该执行的循环。也就是说，我们只需要重点掌握 while 语句就可以了。

26.6　循环结构：for

在 JavaScript 中，除了 while 语句以及 do...while 语句，我们还可以使用 for 语句来实现循环。

▌ 语法

```
for(初始化表达式；条件表达式；循环后操作)
{
    ......
}
```

▌ 说明

初始化表达式，一般用于定义"用于计数的变量"的初始值；条件表达式，表示退出循环的条件，类似 while 中的条件，如 n<100；循环后操作，指的是执行循环体（也就是大括号中的程序）后的操作，类似 while 中的 n++。

对于初学者来说，只看上面的语法是无法理解的，先来看一个例子。

▌ 举例

```
<!DOCTYPE html>
<html>
<head>
    <meta charset="utf-8" />
    <title></title>
    <script>
        for(var i=0;i<5;i++ )
        {
            document.write(i+"<br/>");
        }
    </script>
```

```
</head>
<body>
</body>
</html>
```

浏览器预览效果如图 26-20 所示，分析过程如图 26-21 所示。

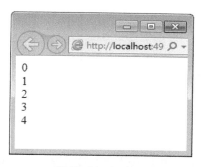

图 26-20　for 循环

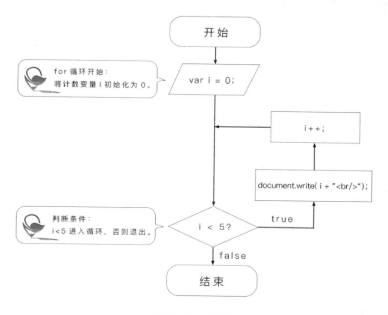

图 26-21　分析图

▶ 分析

在 for 循环中，首先定义一个用于计数的变量 i，其中 i 的初始值为 0。然后定义一个判断条件 i<5，只要 i 小于 5 就会执行 for 循环中的程序。最后定义一个循环后的表达式 i++，也就是说，每次循环之后都会进行一次 i++。

第 1 次执行 for 循环。

初始化：var i = 0;

判断：i<5（i 的值为 0，返回 true）；

输出：0；

更新：i++（执行后 i=1）。

第 2 次执行 for 循环。

判断：i<5（i 的值为 1，返回 true）；

输出：1；

更新：i++（执行后 i=2）。

......

第 5 次执行 for 循环。

判断：i<5（i 的值为 4，返回 true）；

输出：4；

更新：i++（执行后 i=5）。

第 6 次执行 for 循环。

判断：i<5（i 的值为 5，返回 false）。由于 i<5 返回 false，因此条件不满足，退出 for 循环。

当然，这个例子我们也可以使用 while 或 do...while 来实现。因为程序是活的，不是死的，想要实现某一个功能，方式是多种多样的。

▌ **举例**

```html
<!DOCTYPE html>
<html>
<head>
    <meta charset="utf-8" />
    <title></title>
    <script>
        for (var i = 2; i < 5; i++)
        {
            var str = "<p style='font-size:" + i * 5 + "px'>差不多，其实差很多</p>";
            document.write(str);
        }
    </script>
</head>
<body>
</body>
</html>
```

浏览器预览效果如图 26-22 所示。

图 26-22　for 循环

▶ 分析

小伙伴们要特别注意，这里的 for 循环，变量 i 的初始值是 2 而不是 1。在循环体中，我们采用"拼接字符串"（也就是用加号拼接）的方式构造了一个"HTML 字符串"。大家好好琢磨一下这个例子，非常有用。

很多没有编程基础的初学者在学习 for 循环时都会卡一下，对这种语法感到很难理解。其实大家都是这样过来的，所以不要老埋怨自己笨，因为谁都曾经是小白。语法记不住没关系，等要用的时候，回到这里照着这几个例子"抄"过去，然后多写两次，自然就会了。

26.7 实战题：判断一个数是整数，还是小数

从前面的学习中可以知道，对于一个"数字型字符串"，如果这个数字是整数，则 parseInt() 和 parseFloat() 两个方法返回的结果是一样的，如 parseInt("2017") 返回 2017，parseFloat("2017") 返回 2017。如果这个数字是小数，则 parseInt() 和 parseFloat() 两个方法返回的结果是不一样的，如 parseInt("3.14") 返回 3，而 parseFloat("3.14") 返回的是 3.14。

也就是说，如果是整数，则 parseInt() 和 parseFloat() 返回的结果一样。如果是小数，则 parseInt() 和 parseFloat() 返回的结果不一样。因此我们可以利用这个特点，来判断一个数是整数，还是小数。

实现代码如下。

```
<!DOCTYPE html>
<html>
<head>
    <meta charset="utf-8" />
    <title></title>
    <script>
        var n = 3.14;
        if (parseInt(n.toString()) == parseFloat(n.toString()))
        {
            document.write(n+ "是整数")
        }
        else
        {
            document.write(n + "是小数")
        }
    </script>
</head>
<body>
</body>
</html>
```

浏览器预览效果如图 26-23 所示。

图 26-23　判断一个数是整数，还是小数

26.8　实战题："找出"水仙花数"

水仙花数是指一个 3 位数，它的每个位上的数字的立方和等于该数本身。如 153 就是一个水仙花数，因为 $153 = 1^3 + 5^3 + 3^3$。

实现代码如下。

```
<!DOCTYPE html>
<html>
<head>
    <meta charset="utf-8" />
    <title></title>
    <script>
        //定义一个空字符串，用来保存水仙花数
        var str = "";
        for (var i = 100; i < 1000; i++)
        {
            var a = i % 10;            //提取个位数
            var b = (i / 10) % 10      //提取十位数
            b = parseInt(b);           //舍弃小数部分
            var c = i / 100;           //提取百位数
            c = parseInt(c);           //舍弃小数部分

            if (i == (a * a * a + b * b * b + c * c * c))
            {
                str = str + i + "、";
            }
        }
        document.write("水仙花数有:" + str);
    </script>
</head>
<body>
</body>
</html>
```

浏览器预览效果如图 26-24 所示。

图 26-24　水仙花数

26.9　本章练习

一、单选题

1. 下面哪一个是 JavaScript 循环语句的正确写法？（　　）
   - A. if(i<10;i++)
   - B. for(i=0;i<10)
   - C. for i=1 to 10
   - D. for(i=0;i<10;i++)

2. 下面有关循环结构的说法中，不正确的是（　　）。
   - A. do...while 的循环体至少无条件执行一次
   - B. for 循环是先判断表达式，后执行循环体
   - C. "while(!e);" 这一句代码中的 "!e" 等价于 "e!=0"
   - D. 在实际开发中，我们应该尽量避免死循环

3. 下面有一段 JavaScript 程序，其中 while 循环执行的次数是（　　）。

```
var i = 0;
while(i=1){i++;}
```

   - A. 一次也不执行
   - B. 执行一次
   - C. 无限次
   - D. 有语法错误，不能执行

4. 下面有一段 JavaScript 程序，运行之后变量 i 的值为（　　）。

```
var i = 8;
do
{
    i++;
}while(i>100);
```

   - A. 8
   - B. 9
   - C. 100
   - D. 101

5. 下面有一段 JavaScript 程序，输出的结果是（　　）。

```
var sum = 0;
var i = 0;
for(; i<5; i++)
{
```

```
        sum +=i;
    }
    document.write(sum);
```

A. 9　　　　　　B. 10　　　　　C. 11　　　　　D. 程序报错

6. 下面有一段 JavaScript 程序，输出的结果是（　　　）。

```
var i = 6;
switch(i)
{
    case 5: i++;
    case 6: i++;
    case 7: i++;
    case 8: i++;
    default:i++;
}
document.write(i);
```

A. 6　　　　　　B. 7　　　　　C. 8　　　　　D. 10

二、编程题

1. 利用 3 种循环来计算 1+2+3+…+100 的值。

2. 使用循环语句输出下面的菱形图案（由 "-" 和 "*" 这两种符号组成）。

```
---*
--***
-*****
*******
-*****
--***
---*
```

3. 输出九九乘法表，格式如下。

```
1 * 1 = 1
1 * 2 = 2    2 * 2 = 4
1 * 3 = 3    2 * 3 = 6    3 * 3 = 9
......
```

第 27 章

初识函数

27.1 函数是什么

很多书都喜欢一上来就介绍"函数定义、函数参数、函数调用……",然后就滔滔不绝地开始说函数的语法。小伙伴们把函数这一章看完了,都不知道函数究竟是什么。

为了避免这种情况的发生,在讲解函数语法之前,我们先给大家介绍一下函数是什么。下面先来看一段代码。

```
<!DOCTYPE html>
<html>
<head>
    <meta charset="utf-8" />
    <title></title>
    <script>
        var sum = 0;
        for (var i = 1; i <= 50; i ++)
        {
            sum += i;
        }
        document.write("50以内所有整数之和为: " + sum);
    </script>
</head>
<body>
</body>
</html>
```

大家一看就知道,上面这段代码实现的功能是**计算 50 以内所有整数之和**。如果要分别计算"50 以内所有整数之和"以及"100 以内所有整数之和",那应该怎么实现呢?不少小伙伴很快就写下了以下代码。

```
<!DOCTYPE html>
```

```html
<html>
<head>
    <meta charset="utf-8" />
    <title></title>
    <script>
        var sum1 = 0;
        for (var i = 1; i <= 50; i++)
        {
            sum1 += i;
        }
        document.write("50以内所有整数之和为: " + sum1);
        document.write("<br/>");
        var sum2 = 0;
        for (var i = 1; i <= 100; i++)
        {
            sum2 += i;
        }
        document.write("100以内所有整数之和为: " + sum2);
    </script>
</head>
<body>
</body>
</html>
```

我现在提一个问题: 如果要你分别实现"50 以内、100 以内、150 以内、200 以内、250 以内"所有整数之和, 那岂不是要重复写 5 次相同的代码?

为了减轻这种重复编码的负担, JavaScript 引入了函数的概念。如果我们想要实现上面 5 个范围内所有整数之和, 用函数可以这样实现。

```html
<!DOCTYPE html>
<html>
<head>
    <meta charset="utf-8" />
    <title></title>
    <script>
        //定义函数
        function sum(n)
        {
            var m = 0;
            for (var i = 1; i <= n; i++)
            {
                m += i;
            }
            document.write(n + "以内所有整数之和为: " + m + "<br/>");
        }
        //调用函数, 计算50以内所有整数之和
        sum(50);
        //调用函数, 计算100以内所有整数之和
        sum(100);
        //调用函数, 计算150以内所有整数之和
        sum(150);
```

```
            //调用函数，计算200以内所有整数之和
            sum(200);
            //调用函数，计算250以内所有整数之和
            sum(250);
        </script>
    </head>
    <body>
    </body>
    </html>
```

浏览器预览效果如图 27-1 所示。

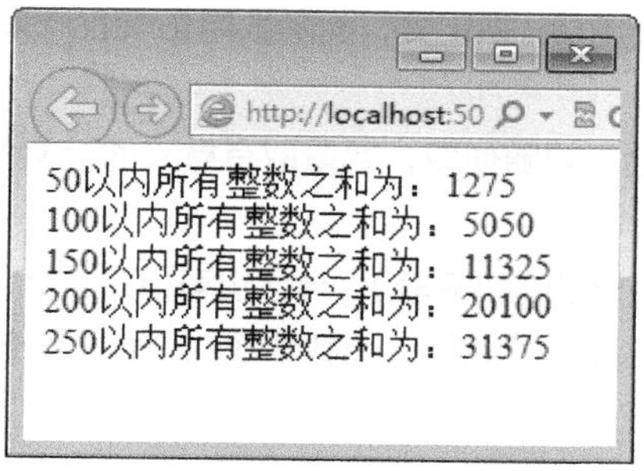

图 27-1　函数

分析

对于这段代码，大家暂时看不懂没关系，学完这一章就明白了。从上面我们也可以看出，使用函数可以减少大量的重复工作，它简直是编程的一大“神器”！

函数一般用来实现某种重复使用的功能，在需要使用该功能的时候，直接调用函数就可以了，不需要再重复地编写一大堆代码。并且在需要修改该函数功能的时候，也只需要修改和维护这一个函数就行。

函数一般会在两种情况下使用：一种是“重复使用的功能”，另外一种是“特定的功能”。

在 JavaScript 中，如果我们要使用函数，一般只需要简单的 2 步。

① 定义函数。

② 调用函数。

27.2　函数的定义

在 JavaScript 中，函数可以分为两种：一种是“没有返回值的函数”，另外一种是“有返回值的函数”。无论是哪一种函数，都必须使用 function 来定义。

27.2.1　没有返回值的函数

没有返回值的函数，指的是函数执行完就可以了，不会返回任何值。

▼ 语法

```
function 函数名(参数1 , 参数2 ,..., 参数n)
{
    ......
}
```

▼ 说明

在 JavaScript 中，使用"{}"括起来的一块代码，我们称之为一个语句块。函数本质上是一个语句块，但它并不是简单的一个语句块，而是一个可重复使用、具有特定功能的语句块。此外，像 if、while、do...while、for 等都有语句块。对于语句块来说，我们都是把它当作一个整体来处理的。

函数跟变量非常相似，变量用 var 来定义，而函数用 function 来定义。变量需要取一个变量名，而函数也需要取一个函数名。

在定义函数的时候，函数名不要随便取，尽量取有意义的英文名，让人一看就知道这个函数的功能。

对于函数的参数，是可以省略的（即不写），当然也可以是 1 个、2 个或 n 个。如果是多个参数，则参数之间需要用英文逗号（,）隔开。此外，函数参数的个数，一般取决于实际开发的需要。

▼ 举例

```
<!DOCTYPE html>
<html>
<head>
    <meta charset="utf-8" />
    <title></title>
    <script>
        //定义函数
        function addSum(a,b)
        {
            var sum = a + b;
            document.write(sum);
        }
        //调用函数
        addSum(1, 2);
    </script>
</head>
<body>
</body>
</html>
```

浏览器预览效果如图 27-2 所示，而分析过程如图 27-3 所示。

▼ 分析

这里我们使用 function 定义了一个名字为 addSum 的函数，这个函数用于计算任意两个数之和。

"function addSum(a,b){…}"是函数的定义，这里的 a、b 是参数，也叫作"形参"。初学的小伙伴可能会问："怎么判断需要多少个参数？"其实很简单，由于这个函数是用于计算任何两个数之和的，因此需要两个参数。

图 27-2 没有返回值的函数

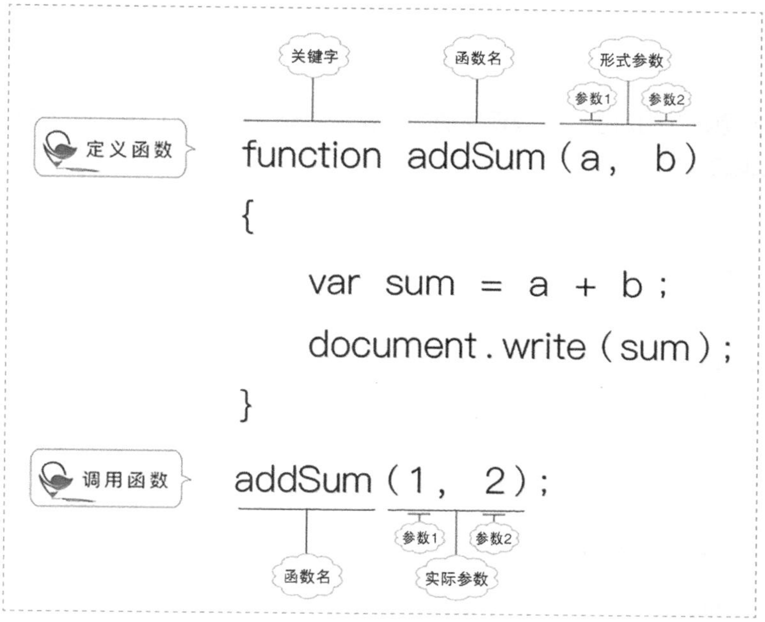

图 27-3 分析图

addSum(1,2) 是函数的调用，这里的 1、2 也是参数，叫作"实参"。实际上，函数调用是对应于函数定义的，像 addSum(1,2) 就刚好对应于 addSum(a,b)，其中 1 对应 a，2 对应 b，因此 addSum(1,2) 等价于如下代码。

```
function addSum(1,2)
{
    var sum = 1 + 2;
    document.write(sum);
}
```

也就是说，函数的调用，其实就是把"实参"（即 1 和 2）传递给"形参"（即 a 和 b），然后把函数执行一遍。

在这个例子中，我们可以改变函数调用的参数，也就是把 1 和 2 换成其他数字。此外，函数如果只有定义部分，却没有调用部分，则没有意义。如果函数只定义而不调用，那么 JavaScript 就会自动忽略这个函数，也就是不会执行这个函数。函数只有在调用的时候，才会被执行。

27.2.2 有返回值的函数

有返回值的函数，指的是函数执行完了之后，会返回一个值，这个返回值可以供我们使用。

语法

```
function 函数名(参数1 , 参数2 ,..., 参数n)
{
    ......
    return 返回值;
}
```

说明

“有返回值的函数”相对于“没有返回值的函数”来说，多了一个 return 语句。return 语句是用来返回一个结果的。

举例

```
<!DOCTYPE html>
<html>
<head>
    <meta charset="utf-8" />
    <title></title>
    <script>
        //定义函数
        function addSum(a, b) {
            var sum = a + b;
            return sum;
        }
        //调用函数
        var n = addSum(1, 2) + 100;
        document.write(n);
    </script>
</head>
<body>
</body>
</html>
```

浏览器预览效果如图 27-4 所示。

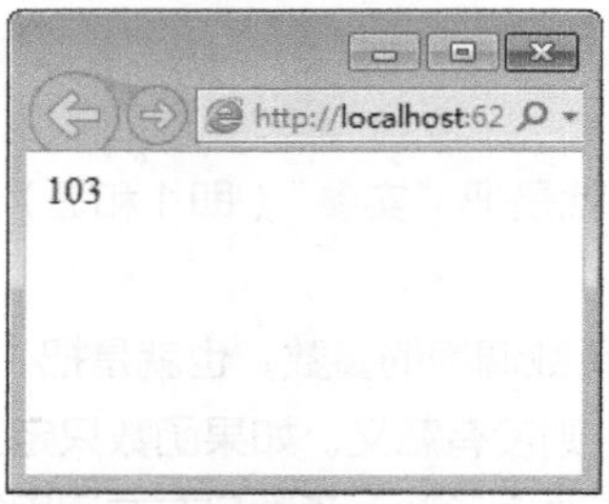

图 27-4 有返回值的函数

� 分析

这里我们使用 function 定义了一个名为 addSum 的函数，这个函数跟之前那个例子的函数的功能一样，也是用来计算任何两个数之和的。唯一不同的是，这个 addSum() 函数会返回相加的结果。

为什么要返回相加的结果呢？因为这个相加的结果在后面要用。一般情况下，如果后面的程序需要用到函数的计算结果，就要用 return 返回；如果后面的程序不需要用到函数的计算结果，就不用 return 返回。

27.2.3　全局变量与局部变量

在 JavaScript 中，变量有一定的作用域（也就是变量的有效范围）。根据作用域，变量可以分为以下两种。

- ▶ 全局变量。
- ▶ 局部变量。

全局变量一般在主程序中定义，其有效范围是从定义开始，一直到整个程序结束。也就是全局变量在任何地方都可以使用。

局部变量一般在函数中定义，其有效范围只限于在函数中。也就是局部变量只能在函数中使用，函数之外是不能使用函数中定义的变量的。

▮ 举例

```
<!DOCTYPE html>
<html>
<head>
    <meta charset="utf-8" />
    <title></title>
    <script>
        var a = "十里";
        //定义函数
        function getMes()
        {
            var b = a + "桃花";
            document.write(b);
        }
        //调用函数
        getMes();
    </script>
</head>
<body>
</body>
</html>
```

浏览器预览效果如图 27-5 所示。

图 27-5　全局变量与局部变量

▼ 分析

变量 a 由于是在主程序中定义的，因此它是全局变量，也就是在程序的任何地方（包括函数内）都可以使用。变量 b 由于是在函数内部定义的，因此它是局部变量，也就是只限在 getMes() 函数内部使用。

▼ 举例

```
<!DOCTYPE html>
<html>
<head>
    <meta charset="utf-8" />
    <title></title>
    <script>
        var a = "十里";
        //定义函数
        function getMes()
        {
            var b = a + "桃花";
        }
        //调用函数
        getMes();
        //尝试使用函数内的变量b
        var str = "三生三世" + b;
        document.write(str);
    </script>
</head>
<body>
</body>
</html>
```

浏览器预览效果如图 27-6 所示。

图 27-6　局部变量

▶ **分析**

咦，为什么没有内容呢？这是因为变量 b 是局部变量，只能在函数内使用，不能在函数外使用。如果我们想要在函数外使用函数内的变量，可以使用 return 语句返回该变量的值，实现代码如下。

▶ **举例**

```html
<!DOCTYPE html>
<html>
<head>
    <meta charset="utf-8" />
    <title></title>
    <script>
        var a = "十里";
        //定义函数
        function getMes()
        {
            var b = a + "桃花";
            return b;
        }
        var str = "三生三世" + getMes();
        document.write(str);
    </script>
</head>
<body>
</body>
</html>
```

浏览器预览效果如图 27-7 所示。

图 27-7　return 返回值

27.3　函数的调用

如果一个函数只是被定义而没有被调用，那么函数本身是不会执行的（认真琢磨这句话，非常重要）。我们都知道，JavaScript 代码是从上到下执行的，JavaScript 遇到函数定义部分会直接跳过（忽略掉），只有遇到函数调用时才会返回执行函数定义部分。也就是说，函数定义之后只有被调用才有意义。

在函数这个方面，JavaScript 跟其他编程语言（如 C、Java 等）有很大不同。JavaScript 的函数调用方式有很多，常见的有以下 4 种。

- 直接调用。
- 在表达式中调用。
- 在超链接中调用。
- 在事件中调用。

27.3.1 直接调用

直接调用，是常见的函数调用方式，一般用于“没有返回值的函数”。

语法

```
函数名(实参1, 实参2, ... , 实参n);
```

说明

从外观上看，函数调用与函数定义非常相似，大家可以对比一下。一般情况下，函数定义时有多少个参数，函数调用时就有多少个参数。

举例

```
<!DOCTYPE html>
<html>
<head>
    <meta charset="utf-8" />
    <title></title>
    <script>
        //定义函数
        function getMes()
        {
            document.write("愿你眼里长着太阳，笑容全是坦荡。");
        }
        //调用函数
        getMes();
    </script>
</head>
<body>
</body>
</html>
```

浏览器预览效果如图27-8所示。

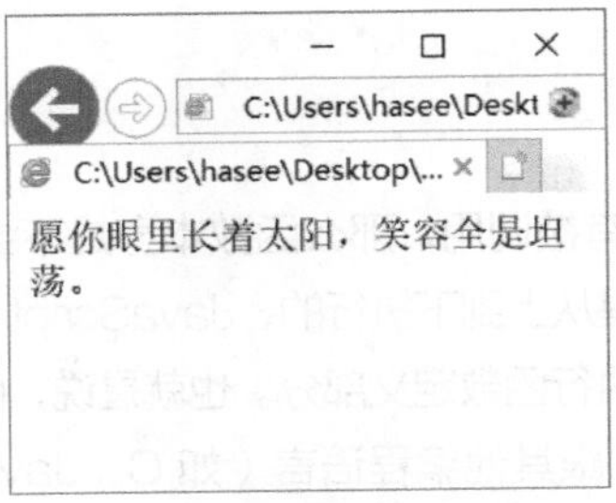

图27-8 直接调用

▶ 分析

可能有些小伙伴会有疑问：为什么这里的函数没有参数呢？其实函数不一定都是有参数的。如果我们在函数体内不需要用到传递过来的数据，就不需要参数。有没有参数，或者有多少个参数，都是根据实际开发需求来决定的。

27.3.2　在表达式中调用

在表达式中调用，一般用于"有返回值的函数"，函数的返回值会参与表达式的计算。

▶ 举例

```html
<!DOCTYPE html>
<html>
<head>
    <meta charset="utf-8" />
    <title></title>
    <script>
        //定义函数
        function addSum(a, b)
        {
            var sum = a + b;
            return sum;
        }
        //调用函数
        var n = addSum(1, 2) + 100;
        document.write(n);
    </script>
</head>
<body>
</body>
</html>
```

浏览器预览效果如图27-9所示。

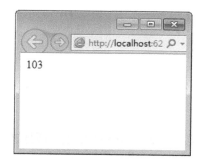

图27-9　在表达式中调用

▶ 分析

从"var n = addSum(1, 2) + 100;"这句代码可以看出，函数是在表达式中调用的。这种调用方式，一般只适用于有返回值的函数，函数的返回值会作为表达式的一部分参与运算。

27.3.3　在超链接中调用

在超链接中调用，指的是在 a 元素的 href 属性中用"javascript: 函数名"的形式来调用函数。当用户点击超链接时，就会调用该函数。

▶ 语法

```
<a href="javascript:函数名"></a>
```

▶ 举例

```
<!DOCTYPE html>
<html>
<head>
    <meta charset="utf-8" />
    <title></title>
    <script>
        function expressMes()
        {
            alert("她: 我爱helicopter。\n我: oh~my,= =?!");
        }
    </script>
</head>
<body>
    <a href="javascript:expressMes()">表白对话</a>
</body>
</html>
```

浏览器预览效果如图 27-10 所示。

图 27-10　打开时效果

当我们点击超链接后，就会调用函数 expressMes()，预览效果如图 27-11 所示。

▶ 分析

这里使用转义字符 \n 来实现 alert() 方法中文本的换行。alert() 和 document.write() 这两个方法的换行方式是不一样的，忘记了的小伙伴可以翻一下我们之前学过的"2.7 转义字符"这一节。

图 27-11 点击后的效果

27.3.4 在事件中调用

JavaScript 是一门基于事件的语言，例如，鼠标移动是一个事件，鼠标单击也是一个事件，类似的事件很多。当一个事件产生的时候，我们就可以调用某个函数来针对这个事件作出响应。

看到这里，估计不少小伙伴会感到有点懵，因为不理解事件到底是怎么一回事。现在不理解概念、看不懂代码都没关系，这里我们只是先给大家讲一下有"在事件中调用函数"这么一回事，以便大家有个大概的学习思路。对于事件操作，我们在后面会给大家详细介绍。

▋ 举例

```
<!DOCTYPE html>
<html>
<head>
    <meta charset="utf-8" />
    <title></title>
    <script>
        function alertMes()
        {
            alert("绿叶，给你初恋般的感觉~");
        }
    </script>
</head>
<body>
    <input type="button" onclick="alertMes()" value="提交" />
</body>
</html>
```

默认情况下，预览效果如图 27-12 所示。点击"提交"按钮，会弹出对话框，此时预览效果如图 27-13 所示。

图 27-12 打开时效果

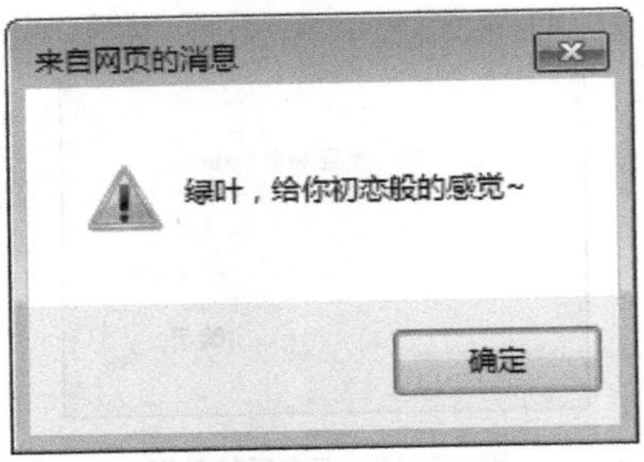

图 27-13 点击后的效果

▶ 分析

对于在事件中调用函数，等学到后面，我们还会接触很多，这里简单了解一下即可。

27.4 嵌套函数

嵌套函数，简单地说，就是在一个函数的内部定义另外一个函数。但是在内部定义的函数只能在内部调用，如果在外部调用，就会出错。

▶ 举例：嵌套函数用于“阶乘”

```
<!DOCTYPE html>
<html>
<head>
    <meta charset="utf-8" />
    <title></title>
    <script>
         //定义阶乘函数
         function func(a)
         {
              //嵌套函数定义，计算平方值的函数
              function multi (x)
              {
                   return x*x;
              }
              var m=1;
              for(var i=1;i<=multi(a);i++)
              {
                   m=m*i;
              }
              return m;
         }
         //调用函数
         var sum =func(2)+func(3);
         document.write(sum);
    </script>
</head>
<body>
```

```
</body>
</html>
```

浏览器预览效果如图 27-14 所示。

图 27-14　嵌套函数

▶ 分析

在这个例子中，我们先定义了一个函数 func()，这个函数有一个参数 a，然后在 func() 内部定义了一个函数 multi()。其中，multi() 作为一个内部函数，只能在函数 func() 内部使用。

对于 func(2)，相当于我们把 2 作为实参传递进去，此时 func(2) 等价于如下代码。

```
function func(2)
{
    function multi(2)
    {
        return 2 * 2;
    }
    var m = 1;
    for (var i = 1; i <= multi(2) ; i++)
    {
        m = m * i;
    }
    return m;
}
```

从上面我们可以看出，func(2) 实现的是 1×2×3×4，也就是 4 的阶乘。同理，func(3) 实现的是 1×2×…×9，也就是 9 的阶乘。

嵌套函数的功能非常强大，并且跟 JavaScript 最重要的一个概念"闭包"有重要的关系。对于初学者来说，我们只需要知道有嵌套函数这么一回事就行了。

27.5　内置函数

在 JavaScript 中，函数还可以分为"自定义函数"和"内置函数"。自定义函数，指的是需要我们自己定义的函数，我们前面学习的就是自定义函数。内置函数，指的是 JavaScript 内部已经定义好的函数，也就是说我们不需要自己写函数体，直接调用所需函数就可以了，如表 27-1 所示。

表 27-1　内置函数

函数	说明
parseInt()	提取字符串中的数字，只限提取整数
parseFloat()	提取字符串中的数字，可以提取小数
isFinite()	判断某一个数是否是一个有限数值
isNaN()	判断一个数是否是 NaN 值
escape()	对字符串进行编码
unescape()	对字符串进行解码
eval()	把一个字符串当作一个表达式来执行

　　JavaScript 的内置函数非常多，但大部分都用不上。比较重要的是 parseInt() 和 parseFloat()，这两个函数我们在"25.6 类型转换"这一节已经介绍过了。对于其他的内置函数，我们不需要深入了解，也不需要记忆。如果在实际开发中需要使用，可以上网搜索一下。

27.6　实战题：判断某一年是否是闰年

　　闰年的判断条件有两个。

▶ 对于普通年，能被 4 整除且不能被 100 整除的是闰年。

▶ 对于世纪年，能被 400 整除的是闰年。

实现代码如下。

```
<!DOCTYPE html>
<html>
<head>
    <meta charset="utf-8" />
    <title></title>
    <script>
        //定义函数
        function isLeapYear(year)
        {
            //判断闰年的条件
            if ((year % 4 == 0) && (year % 100 != 0) || (year % 400 == 0))
            {
                return year + "年是闰年";
            }
            else
            {
                return year + "年不是闰年";
            }
        }
        //调用函数
        document.write(isLeapYear(2017));
    </script>
</head>
<body>
```

```
</body>
</html>
```

浏览器预览效果如图 27-15 所示。

图 27-15　判断某一年是否闰年

27.7　实战题: 求出任意 5 个数的最大值

如何求出 n 个数中的最大值? 很简单! 只需定义一个变量, 每次在比较两个数后, 将较大的数赋值给变量就可以了。

实现代码如下。

```
<!DOCTYPE html>
<html>
<head>
    <meta charset="utf-8" />
    <title></title>
    <script>
        function getMax(a,b,c,d,e) {
            var maxNum;
            maxNum = (a > b) ? a : b;
            maxNum = (maxNum > c) ? maxNum : c;
            maxNum = (maxNum > d) ? maxNum : d;
            maxNum = (maxNum > e) ? maxNum : e;
            return maxNum;
        }
        document.write("5个数中的最大值为: " + getMax(3, 9, 1, 12, 50));
    </script>
</head>
<body>
</body>
</html>
```

浏览器预览效果如图 27-16 所示。

▶ 分析

这个例子只是让大家熟悉一下函数的使用。在实际开发中, 如果要求一组数中的最大值或最小值，我们更倾向于使用后面的章节中介绍的两种方法：数组对象的 sort() 方法，Math 对象的 max() 和 min() 方法。

图 27-16　求出最大值

　　与函数相关的内容是极其复杂的，我们在这一章中学到的只是一点皮毛。函数高级部分的内容包括 this、闭包、类、继承、递归函数、高阶函数等。实际上，函数在 JavaScript 又被称为 "第一等公民"，由此足见其重要程度。对于 JavaScript 的进阶部分，大家可以关注绿叶学习网的相关内容。

27.8　本章练习

一、单选题

1. 如果要从函数返回一个值，必须使用哪一个关键字？（　　　）
   A. continue　　　B. break　　　C. return　　　　D. exit

2. 下面有关函数的说法中，正确的是（　　　）。
   A. 函数至少要有一个参数，不能没有参数
   B. 函数的实参个数一般跟形参个数相同
   C. 在函数内部定义的变量是全局变量
   D. 任何函数都必须要有返回值

3. 下面有一段 JavaScript 程序，输出结果是（　　　）。

```
function fn()
{
    var a;
    document.write(a);
}
fn();
```

   A. 0　　　　　　B. 1　　　　　C. undefined　　　　　D. null

4. 下面有一段 JavaScript 程序，输出结果是（　　　）。

```
var a = 3, b = 5;
function swap() {
    var tmp;
    tmp = a;
```

```
        a = b;
        b = tmp;
}
swap();
document.write("a=" + a + ",b=" + b);
```

A. 3,5　　　　　B. 5,3　　　　　C. a=3,b=5　　　　D. a=5,b=3

二、编程题

定义两个函数，它们的功能分别是求出任意五个数中的最大值和最小值。

第 28 章 字符串对象

28.1 内置对象简介

在 JavaScript 中，对象是非常重要的知识点。对象可以分为两种：一种是“自定义对象”，另外一种是“内置对象”。自定义对象，指的是需要我们自己定义的对象，和“自定义函数”是一样的道理；内置对象，指的是不需要我们自己定义的（即系统已经定义好的）、可以直接使用的对象，和“内置函数”也是一样的道理。

作为初学者，我们先学习内置对象，然后在学习 JavaScript 进阶的内容时，再学习自定义对象。在 JavaScript 中，常用的内置对象有 4 种。

- 字符串对象：String。
- 数组对象：Array。
- 日期对象：Date。
- 数值对象：Math。

这 4 个对象都有非常多的属性和方法，对于不常用的，我会一笔带过，留出更多篇幅给大家讲解最实用的，这样可以大幅度地提高小伙伴们的学习效率。实际上，任何一门 Web 技术的知识点都非常多，但是我们并不需要把所有的知识点都记住，只需要记住常用的就可以了。因为大部分内容我们都可以把它们列为“可翻阅知识”（也就是不需要记忆，等需要用的时候再回来翻一翻就可以获取的那部分内容）。

在这一章中，我们先来学习一下字符串对象的常用属性和方法。

28.2 获取字符串长度

在 JavaScript 中，我们可以使用 length 属性来获取字符串的长度。

语法

```
字符串名.length
```

▌ **说明**

调用对象的属性时，我们要用到点运算符（.），可以将其理解为"的"，如 str.length 可以看成"str 的 length（长度）"。

字符串对象的属性有好几个，我们需要掌握的只有 length 这一个。获取字符串的长度在实际开发中用得非常多。

▌ **举例：获取字符串长度**

```html
<!DOCTYPE html>
<html>
<head>
    <meta charset="utf-8" />
    <title></title>
    <script>
        var str = "I love lvye!";
        document.write("字符串长度是：" + str.length);
    </script>
</head>
<body>
</body>
</html>
```

浏览器预览效果如图 28-1 所示。

图 28-1　获取字符串长度

▌ **分析**

对于 str 这个字符串，小伙伴数来数去都觉得它的长度应该是 10，怎么输出结果是 12 呢？这是因为空格本身也是作为一个字符来处理的，这一点我们很容易忽视。

▌ **举例：获取一个数字的长度**

```html
<!DOCTYPE html>
<html>
<head>
    <meta charset="utf-8" />
    <title></title>
    <script>
        function getLength(n)
        {
```

```
        var str = n + "";
        return str.length;
    }

    var result = "5201314是" + getLength(5201314) + "位数";
    document.write(result);
    </script>
</head>
<body>
</body>
</html>
```

浏览器预览效果如图 28-2 所示。

图 28-2　获取一个数字的长度

▶ 分析

这里我们定义了一个 getLenth() 函数，用来获取任意一个数字的位数。在 var str = n + ""; 这一句代码中，让 n 加上一个空字符，其实就是为了把数字转换成字符串，这样才可以使用字符串对象中的 length 属性。

28.3　大小写转换

在 JavaScript 中，我们可以使用 toLowerCase() 方法将大写字符串转化为小写字符串，也可以使用 toUpperCase() 方法将小写字符串转化为大写字符串。

▶ 语法

```
字符串名.toLowerCase()
字符串名.toUpperCase()
```

▶ 说明

调用对象的方法时，我们也要用到点运算符（.）。但是属性和方法不太一样，方法后面需要加上小括号 ()，而属性则不需要。

JavaScript 中还有另外两种大小写转换的方法：toLocalLowerCase() 和 toLocalUpperCase()。这两种方法很少用到，直接忽略即可。

▶ 举例

```
<!DOCTYPE html>
<html>
<head>
    <meta charset="utf-8" />
    <title></title>
    <script>
        var str = "Hello Lvye!";
        document.write("正常: " + str + "<br/>");
        document.write("小写: " + str.toLowerCase() + "<br/>");
        document.write("大写: " + str.toUpperCase());
    </script>
</head>
<body>
</body>
</html>
```

浏览器预览效果如图 28-3 所示。

图 28-3　大小写转换

28.4　获取某一个字符

在 JavaScript 中，我们可以使用 charAt() 方法来获取字符串中的某一个字符。

▶ 语法

字符串名.charAt(n)

▶ 说明

n 是整数，表示字符串中的第（n+1）个字符。注意，字符串第 1 个字符的下标是 0，第 2 个字符的下标是 1，……，第 n 个字符的下标是（n-1），以此类推。

▶ 举例：获取某一个字符

```
<!DOCTYPE html>
<html>
<head>
    <meta charset="utf-8" />
```

```
        <title></title>
        <script>
            var str = "Hello lvye!";
            document.write("第1个字符是:" + str.charAt(0) + "<br/>");
            document.write("第7个字符是:" + str.charAt(6));
        </script>
    </head>
    <body>
    </body>
</html>
```

浏览器预览效果如图 28-4 所示。

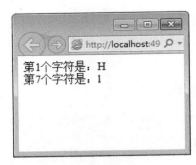

图 28-4 获取某一个字符

▶ 分析

在字符串中，空格也是作为一个字符来处理的。对于这一点，我们在前面已经说过了。

▶ 举例：找出字符串中小于某个字符的所有字符

```
<!DOCTYPE html>
<html>
<head>
    <meta charset="utf-8" />
    <title></title>
    <script>
        var str = "how are you doing? ";
        //定义一个空字符串，用来保存字符
        var result = "";

        for (var i = 0; i < str.length; i++)
        {
            if (str.charAt(i) < "s")
            {
                result += str.charAt(i) + ",";
            }
        }
        document.write(result);
    </script>
</head>
<body>
```

```
    </body>
    </html>
```

浏览器预览效果如图28-5所示。

图28-5　找出字符串中小于某个字符的所有字符

▶ 分析

在这里，我们先初始化了两个字符串：str和result。其中，result是一个空字符串，用于保存结果。然后我们在for循环中遍历str，并且使用charAt()方法获取当前的字符，再与"s"进行比较。最后，如果当前字符小于"s"则将当前字符保存到result中去。

两个字符之间比较的是ASCII码的大小。对于ASCII，请小伙伴们自行搜索一下，这里不展开介绍。注意，空格在字符串中也是被当成一个字符来处理的。

28.5　截取字符串

在JavaScript中，我们可以使用substring()方法来截取字符串的某一部分。

▶ 语法

```
字符串名.substring(start, end)
```

▶ 说明

start表示开始位置，end表示结束位置。start和end都是整数，一般都是从0开始，其中end大于start。

substring(start,end)的截取范围为"[start,end)"，也就是包含start，但不包含end。其中，end可以省略。当end省略时，截取的范围为"start到结尾"。

▶ 举例

```
<!DOCTYPE html>
<html>
<head>
    <meta charset="utf-8" />
    <title></title>
    <script>
        var str1 = "绿叶，给你初恋般的感觉~";
```

```
            var str2 = str1.substring(5, 7);
            document.write(str2);
        </script>
    </head>
    <body>
    </body>
</html>
```

浏览器预览效果如图 28-6 所示。

图 28-6   截取字符串

▶ **分析**

使用 substring(start, end) 方法截取字符串的时候，表示从 start 开始（包括 start），到 end
结束（不包括 end），也就是集合 [start,end)。一定要注意，截取的下标是从 0 开始的，也就是说
0 表示第 1 个字符，1 表示第 2 个字符……n 表示第（n+1）个字符。对于字符串的操作，凡是涉及
下标的，都是从 0 开始。这个例子的分析如图 28-7 所示。

图 28-7   substring() 分析图

有些小伙伴会问：我都记不住什么时候包含什么时候不包含，这该怎么办？没关系，你在使用
之前，可以自己写个小例子测试一下。

▶ **举例**

```
<!DOCTYPE html>
<html>
<head>
    <meta charset="utf-8" />
    <title></title>
```

```
    <script>
        var str1 = "绿叶学习网JavaScript教程";
        var str2 = str1.substring(5, 15);
        document.write(str2);
    </script>
</head>
<body>
</body>
</html>
```

浏览器预览效果如图 28-8 所示。

图 28-8

▣ 分析

当我们把 substring(5, 15) 改为 substring(5) 后，预览效果如图 28-9 所示。

图 28-9

28.6　替换字符串

在 JavaScript 中，我们可以使用 replace() 方法来用一个字符串替换另外一个字符串的某一部分。

▣ 语法

字符串名.replace(原字符串，替换字符串)
字符串名.replace(正则表达式，替换字符串)

▶ 说明

replace() 方法有两种使用形式：一种是直接使用字符串来替换，另外一种是使用正则表达式来替换。无论是哪种形式，"替换字符串"都是第 2 个参数。

▶ 举例：直接使用字符串替换

```
<!DOCTYPE html>
<html>
<head>
    <meta charset="utf-8" />
    <title></title>
    <script>
        var str = "I love javascript!";
        var str_new = str.replace("javascript", "lvye");
        document.write(str_new);
    </script>
</head>
<body>
</body>
</html>
```

浏览器预览效果如图 28-10 所示。

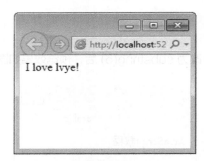

图 28-10　直接使用字符串替换

▶ 分析

str.replace("javascript","lvye") 表示用 "lvye" 替换 str 中的 "javascript"。

▶ 举例：使用"正则表达式"替换

```
<!DOCTYPE html>
<html>
<head>
    <meta charset="utf-8" />
    <title></title>
    <script>
        var str = "I am loser, you are loser, all are loser.";
        var str_new = str.replace(/loser/g, "hero");
        document.write(str_new);
    </script>
</head>
```

```
<body>
</body>
</html>
```

浏览器预览效果如图 28-11 所示。

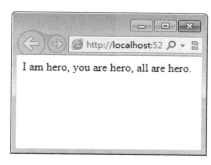

图 28-11　使用"正则表达式"替换

▌ 分析

str.replace(/loser/g, "hero") 表示使用正则表达式 /loser/g 结合替换字符串 "hero"，来将字符串 str 中的所有字符"loser"替换成"hero"。

有些小伙伴会觉得 str.replace(/loser/g, "hero") 不就等价于 str.replace("loser", "hero") 吗？其实这两个是不一样的，大家可以测试一下。前者会替换所有的"loser"，而后者只会替换第 1 个"loser"。

在实际开发中，如果我们直接使用字符串无法实现替换，记得考虑使用正则表达式。正则表达式比较复杂，如果想要深入了解，可以看一下绿叶学习网开源的正则表达式教程。由于内容较多，这里不再详细展开。

28.7　分割字符串

在 JavaScript 中，我们可以使用 split() 方法把一个字符串分割成一个数组，这个数组存放的是原来字符串的所有字符片段。有多少个片段，数组元素个数就是多少。

这一节由于涉及数组对象，所以建议小伙伴们先跳过这一节，等学习了"第 6 章 数组对象"后再返回来学习这一节。因为，很多时候技术与技术之间都有着藕断丝连的关系，将某一技术一刀切地分开来介绍往往是做不到的，了解这一点非常重要。小伙伴们在学任何技术时，如果发现有些内容看不懂，可以继续学下去，学到后面，知识点就串起来了，这时再回头复习前面的内容，很多问题都能迎刃而解了。

▌ 语法

字符串名.split("分割符")

▌ 说明

分割符可以是一个字符、多个字符或一个正则表达式。此外，分割符不作为返回的数组元素的一部分。

有点难理解？我们还是先来看一个例子。

▶ **举例**

```html
<!DOCTYPE html>
<html>
<head>
    <meta charset="utf-8" />
    <title></title>
    <script>
        var str = "HTML,CSS,JavaScript";
        var arr = str.split(",");

        document.write("数组第1个元素是: " + arr[0] + "<br/>");
        document.write("数组第2个元素是: " + arr[1] + "<br/>");
        document.write("数组第3个元素是: " + arr[2]);
    </script>
</head>
<body>
</body>
</html>
```

浏览器预览效果如图 28-12 所示。

图 28-12　split() 方法

▶ **分析**

str.split(",") 表示使用英文逗号作为分割符来分割 str 这个字符串，结果会得到一个数组：
["HTML","CSS","JavaScript"]，我们把这个数组赋值给变量 arr 保存起来。

可能有人会问：为什么分割字符串之后，系统会把这个字符串转换成一个数组？这是因为转换
成数组之后，我们就能使用数组的方法来更好地进行操作。

上面的这个例子，也可以使用 for 循环来输出，实现代码如下。

```javascript
var str = "HTML,CSS,JavaScript";
var arr = str.split(",");
for (var i = 0; i < arr.length; i++)
{
    document.write("数组第" + (i + 1) + "个元素是: " + arr[i] + "<br/>");
}
```

▶ **举例: str.split(" ")（有空格）**

```html
<!DOCTYPE html>
```

```
<html>
<head>
    <meta charset="utf-8" />
    <title></title>
    <script>
        var str = "I love lvye";
        var arr = str.split(" ");

        document.write("数组第1个元素是:" + arr[0] + "<br/>");
        document.write("数组第2个元素是:" + arr[1] + "<br/>");
        document.write("数组第3个元素是:" + arr[2]);
    </script>
</head>
<body>
</body>
</html>
```

浏览器预览效果如图 28-13 所示。

图 28-13　split() 参数是一个空格

▉ 分析

str.split(" ") 表示用空格来分割字符串。在字符串中，空格也是作为一个字符来处理的。

str.split(" ") 的两个引号之间是有一个空格的。str.split(" ")（有空格）是带有 1 个字符的字符串。str.split("")（无空格）是带有 0 个字符的字符串，也叫空字符串。两者是不一样的，我们可以通过下面这个例子来对比理解。

▉ 举例：str.split("")（无空格）

```
<!DOCTYPE html>
<html>
<head>
    <meta charset="utf-8" />
    <title></title>
    <script>
        var str = "lvye";
        var arr = str.split("");
        document.write("数组第1个元素是:" + arr[0] + "<br/>");
        document.write("数组第2个元素是:" + arr[1] + "<br/>");
        document.write("数组第3个元素是:" + arr[2] + "<br/>");
```

```
            document.write("数组第4个元素是: " + arr[3] + "<br/>");
        </script>
    </head>
    <body>
    </body>
</html>
```

浏览器预览效果如图 28-14 所示。

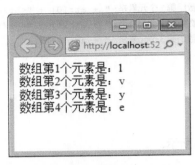

图 28-14   split() 参数是一个空字符

▌ 分析

注意，split(" ") 和 split("") 是不一样的。前者两个引号之间有空格，表示用空格作为分割符来分割。后者两个引号之间没有空格，可以用来分割字符串的每一个字符。这个技巧非常棒，也用得很多，小伙伴们可以记一下。

实际上，split() 方法有两个参数：第 1 个参数表示分割符，第 2 个参数表示获取"分割之后的前 n 个元素"。第 2 个参数我们很少用，了解一下即可。

▌ 举例

```
<!DOCTYPE html>
<html>
<head>
    <meta charset="utf-8" />
    <title></title>
    <script>
        var str = "2017-03-15-08-30";
        var arr = str.split("-", 3);
        document.write(arr);
    </script>
</head>
<body>
</body>
</html>
```

浏览器预览效果如图 28-15 所示。

我们只有把"字符串对象"和"数组对象"都学会了，才能真正掌握 split() 方法。数组 join() 方法一般都是配合字符串的 split() 方法来使用的。

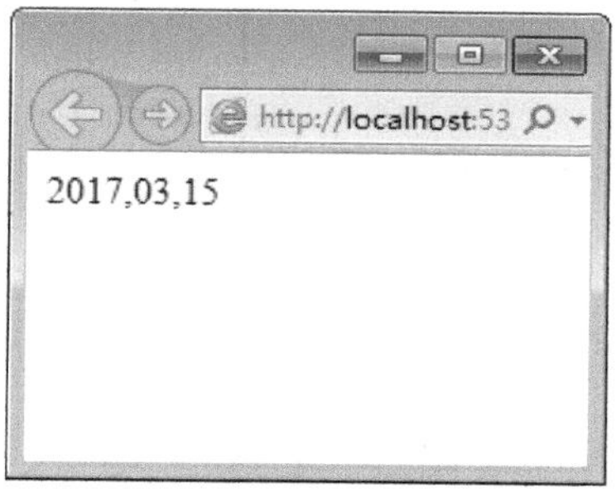

图 28-15

28.8 检索字符串的位置

在 JavaScript 中，使用 indexOf() 方法可以找出“某个指定字符串”在字符串中“**首次出现**”的下标位置，使用 lastIndexOf() 方法可以找出“某个指定字符串”在字符串中“**最后出现**”的下标位置。

语法

```
字符串名.indexOf(指定字符串)
字符串名.lastIndexOf(指定字符串)
```

说明

如果字符串中包含“指定字符串”，indexOf() 会返回指定字符串首次出现的下标，而 lastIndexOf() 会返回指定字符串最后出现的下标；如果字符串中不包含“指定字符串”，indexOf() 或 lastIndexOf() 会返回 -1。

举例：indexOf()

```
<!DOCTYPE html>
<html>
<head>
    <meta charset="utf-8" />
    <title></title>
    <script>
        var str = "Hello Lvye!";
        document.write(str.indexOf("lvye") + "<br/>");
        document.write(str.indexOf("Lvye") + "<br/>");
        document.write(str.indexOf("Lvyer"));
    </script>
</head>
<body>
</body>
</html>
```

浏览器预览效果如图 28-16 所示。

分析

对于 str.indexOf("lvye")，由于 str 不包含“lvye”，所以返回 -1。

图 28-16　indexOf()

对于 str.indexOf("Lvye")，由于 str 包含"Lvye"，所以返回"Lvye"首次出现的下标位置。字符串的位置是从 0 开始的。

对于 str.indexOf("Lvyer")，由于 str 不包含"Lvyer"，所以返回 –1。需要注意的是，str 包含"Lvye"，但不包含"Lvyer"。

在实际开发中，indexOf() 用得非常多，我们要重点掌握。对于检索字符串，除了 indexOf() 这个方法外，JavaScript 还为我们提供了另外两种方法：match() 和 search()。这 3 种方法大同小异，我们只需要掌握 indexOf() 就可以了。为了减轻记忆负担，对于 match() 和 search()，我们可以直接忽略。

▼ 举例

```
<!DOCTYPE html>
<html>
<head>
    <meta charset="utf-8" />
    <title></title>
    <script>
        var str = "Hello Lvye!";
        document.write("e首次出现的下标是:" + str.indexOf("e") + "<br/>");
        document.write("e最后出现的下标是:" + str.lastIndexOf("e"));
    </script>
</head>
<body>
</body>
</html>
```

浏览器预览效果如图 28-17 所示。

图 28-17

▶ **分析**

indexOf() 和 lastIndexOf() 不仅可以用于检索字符串，还可以用于检索单个字符。

28.9　实战题：统计某一个字符的个数

找出字符串"Can you can a can as a Canner can can a can"中字符 c 的个数，不区分大小写。

实现代码如下。

```
<!DOCTYPE html>
<html>
<head>
    <meta charset="utf-8" />
    <title></title>
    <script>
        var str = "Can you can a can as a Canner can can a can";
        var n = 0;

        for(var i=0;i<str.length;i++)
        {
            var char = str.charAt(i);
            //将每一个字符转换为小写，然后判断是否与"c"相等
            if (char.toLowerCase() == "c") {
                n += 1;
            }
        }
        document.write("字符串中含有" + n + "个字母c");
    </script>
</head>
<body>
</body>
</html>
```

浏览器预览效果如图 28-18 所示。

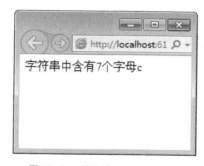

图 28-18　统计某一个字符的个数

28.10　实战题：统计字符串中有多少个数字

如果给大家一个任意的字符串，如何统计出里面有多少个数字？实现方法很简单，可以使用 for 循环结合 charAt() 方法来获取字符串中的每一个字符，然后判断该字符是否是数字就可以了。

实现代码如下。

```
<!DOCTYPE html>
<html>
<head>
    <meta charset="utf-8" />
    <title></title>
    <script>
        function getNum(str) {
            var num = 0;

            for (var i = 0; i < str.length; i++) {
                var char = str.charAt(i);
                //isNaN()对空格字符会转化为0，需要加个判断charAt(i)不能为空格
                if (char != " " && !isNaN(char)) {
                    num++;
                }
            }
            return num;
        }
        document.write(getNum("1d3sdsg"));
    </script>
</head>
<body>
</body>
</html>
```

浏览器预览效果如图 28-19 所示。

图 28-19　统计有多少个数字

▼ 分析

在 JavaScript 中，我们可以使用 isNaN() 函数来判断一个值是否为 NaN 值。NaN，意为

Not a Numer（非数字）。如果该值不是数字，会返回 true；如果该值是数字，会返回 false。请注意，这里用的是 !isNaN()，而不是 isNaN()。isNaN() 函数是一个内置函数，用得不多，简单了解一下即可。

28.11　本章练习

一、单选题

1. 想要获取字符串中的某一个字符，我们可以使用（　　　）来实现。
   A. charAt()　　　B. replace()　　　C. split()　　　D. indexOf()

2. 下面有一段 JavaScript 程序，其输出结果是（　　　）。

```
var str = "Rome was not built in a day.";
document.write(str.indexOf("rome"));
```

   A. 0　　　　　　B. 1　　　　　　C. -1　　　　　　D. undefined

3. 下面有一段 JavaScript 程序，其输出结果是（　　　）。

```
var str1 = "只有那些疯狂到以为自己能够改变世界的人，才能真正改变世界。";
var str2 = str1.substring(11, 19);
document.write(str2);
```

   A. 自己能够改变世界　　　　　　B. 己能够改变世界的
   C. 能够改变世界的人　　　　　　D. 够改变世界的人，

4. 下面有一段 JavaScript 程序，其输出结果是（　　　）。

```
var str = "I am loser, you are loser, all are loser.";
var str_new = str.replace("loser", "hero");
document.write(str_new);
```

   A. I am hero, you are hero, all are hero.
   B. I am "hero", you are "hero", all are "hero".
   C. I am hero, you are loser, all are loser.
   D. I am "hero", you are loser, all are loser.

二、编程题

1. 现在有一个字符串 "Rome was not built in a day"，请用程序统计该字符串中有多少个单词。注：单词与单词之间是以空格隔开的。

2. 请使用这一章学到的字符串方法，将字符串 "Hello Lvye" 中的 "e" 全部删除，即最终得到 "Hllo Lvy!"。

第 29 章

数组对象

29.1 数组是什么

在之前的学习中，我们知道**一个变量可以存储一个值**。例如，如果想要存储一个字符串 "HTML"，代码可以这样写。

```
var str = "HTML";
```

如果此时需要使用变量来存储 5 个字符串："HTML" "CSS" "JavaScript" "jQuery" "Vue.js"，这个时候，大家会怎么写呢？很多人立马就写出了下面这段代码。

```
var str1 = "HTML";
var str2 = "CSS";
var str3 = "JavaScript";
var str4 = "jQuery";
var str5 = "Vue.js";
```

大家有没有想过，假如我让你存储十几个甚至几十个字符串，那你岂不是每个字符串都要定义一个变量？跟之前"4.1 函数是什么"这一节中介绍的是一样的道理，要是采用这种低级重复的语法，我们早晚会累死。

在 JavaScript 中，我们可以使用"**数组**"来存储一组"**相同数据类型**"（一般情况下）的数据。数组是"**引用数据类型**"，区别于我们在"2.3 数据类型"中介绍的基本数据类型。两者的区别在于基本数据类型只有一个值，而引用数据类型可以含有多个值。

我们再回到例子中，像上面的一堆变量，使用数组的方式实现如下。

```
var arr =["HTML","CSS","JavaScript","jQuery","Vue.js"];
```

简单地说，我们可以用一个数组来保存多个值。如果想要得到数组的某一项，如 "JavaScript" 这一项，可以使用 arr[2] 来获取。当然，我们在接下来的内容中会详细介绍这些语法。

29.2　数组的创建

在 JavaScript 中，我们可以使用 new 关键字来创建一个数组。创建数组的常见形式有两种：一种是"完整形式"，另外一种是"简写形式"。

▶ 语法

```
var 数组名 = new Array(元素1, 元素2, ……, 元素n);    //完整形式
var 数组名 = [元素1, 元素2, ……, 元素n];             //简写形式
```

▶ 说明

简写形式，就是使用中括号 [] 把所有元素括起来的一种方式。它可以看成是创建数组的一种快捷方式，在编程语言中一般又被称为"语法糖"。

在实际开发中，我们更倾向于使用简写形式来创建一个数组。

```
var arr = [];                               //创建一个空数组
var arr = ["HTML","CSS", "JavaScript"];     //创建一个包含 3 个元素的数组
```

29.3　数组的获取

在 JavaScript 中，想要获取数组某一项的值，我们可以采用"**下标**"的方式来获取。

```
var arr = ["HTML","CSS", "JavaScript"];
```

上面表示创建了一个名为 arr 的数组，该数组中有 3 个元素（都是字符串）: "HTML"、"CSS" 和 "JavaScript"。如果我们想要获取 arr 的某一项的值，可以使用下标的方式来获取。其中，arr[0] 表示获取第 1 项的值 "HTML"，arr[1] 表示获取第 2 项的值 "CSS"，以此类推。

这里要重点说一下：**数组的下标是从 0 开始的，不是从 1 开始的**。如果你以为获取第 1 项应该用 arr[1]，那就理解错了。初学者很容易犯这种错误，一定要特别注意。

▶ 举例

```
<!DOCTYPE html>
<html>
<head>
    <meta charset="utf-8" />
    <title></title>
    <script>
        //创建数组
        var arr = ["中国", "广东", "广州", "天河", "暨大"];
        document.write(arr[3]);
    </script>
</head>
<body>
</body>
</html>
```

浏览器预览效果如图 29-1 所示。

图 29-1　获取某一个数组元素

▶ 分析

arr[3] 表示获取数组 arr 的第 4 个元素，而不是第 3 个元素。分析如图 29-2 所示。

图 29-2　分析图

29.4　数组的赋值

我们已经了解了如何获取数组的某一项的值，那么，想要给某一项赋一个新的值，或者给数组多增加一项，该怎么做呢？其实也是通过数组下标来实现的。

▶ 语法

arr[i] = 值;

▶ 举例

```html
<!DOCTYPE html>
<html>
<head>
    <meta charset="utf-8" />
    <title></title>
    <script>
        //创建数组
        var arr = ["HTML", "CSS", "JavaScript"];
        arr[2] = "jQuery";
        document.write(arr[2]);
    </script>
</head>
<body>
</body>
</html>
```

浏览器预览效果如图 29-3 所示。

图 29-3　数组的赋值

▶ 分析

arr[2]="jQuery" 表示给 arr[2] 重新赋值为 "jQuery"，也就是 "JavaScript" 被替换成了 "jQuery"。此时，数组 arr 变为 ["HTML", "CSS", "jQuery"]。由于之前的 arr[2] 的值已经被覆盖，所以 arr[2] 最终的输出结果为 "jQuery"。

▶ 举例

```html
<!DOCTYPE html>
<html>
<head>
    <meta charset="utf-8" />
    <title></title>
    <script>
        //创建数组
        var arr = ["HTML", "CSS", "JavaScript"];
        arr[3] = "jQuery";
        document.write(arr);
    </script>
</head>
<body>
</body>
</html>
```

浏览器预览效果如图 29-4 所示。

图 29-4　数组的赋值

▶ 分析

一开始，数组 arr 只有 3 项：arr[0]、arr[1]、arr[2]。由于我们使用了 arr[3] = "jQuery"，因此

arr 多增加了一项，arr 最终为 ["HTML", "CSS", "JavaScript","jQuery"]。

29.5　获取数组长度

在 JavaScript 中，我们可以使用 length 属性来获取数组的长度。

▼ 语法

数组名 .length

▼ 说明

数组的属性有多个，我们只需要掌握 length 就可以了，其他的暂时不需要去了解。

▼ 举例

```html
<!DOCTYPE html>
<html>
<head>
    <meta charset="utf-8" />
    <title></title>
    <script>
        //创建数组
        var arr1 = [];
        var arr2 = [1, 2, 3, 4, 5, 6];

        //输出数组长度
        document.write(arr1.length + "<br/>");
        document.write(arr2.length);
    </script>
</head>
<body>
</body>
</html>
```

浏览器预览效果如图 29-5 所示。

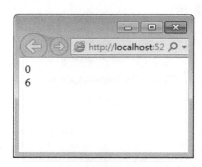

图 29-5　length 属性获取数组长度

▼ 分析

"var arr1 = [];" 表示创建一个名为 arr1 的数组，由于数组内没有任何元素，所以数组的长度为 0，也就是 arr1.length 为 0。

▶ 举例

```
<!DOCTYPE html>
<html>
<head>
    <meta charset="utf-8" />
    <title></title>
    <script>
        //创建数组
        var arr = [];
        arr[0] = "HTML";
        arr[1] = "CSS";
        arr[2] = "JavaScript";

        //输出数组长度
        document.write(arr.length);
    </script>
</head>
<body>
</body>
</html>
```

浏览器预览效果如图 29-6 所示。

图 29-6　获取数组长度

▶ 分析

我们首先使用 var arr = []; 创建了一个名为 arr 的数组，此时数组长度为 0。然后我们用 arr[0]、arr[1]、arr[2] 为 arr 添加了 3 个元素，因此数组的最终长度为 3。

```
var arr = [];
arr[0] = "HTML";
arr[1] = "CSS";
arr[2] = "JavaScript";
```

上面的代码其实等价于下面的代码。

```
var arr = ["HTML", "CSS", "JavaScript"];
```

现在大家应该能够理解数组的最终长度为什么是 3 了吧。

▌ 举例

```html
<!DOCTYPE html>
<html>
<head>
    <meta charset="utf-8" />
    <title></title>
    <script>
        //创建数组
        var arr = [1, 2, 3, 4, 5, 6];

        //输出数组所有元素
        for(var i=0;i<arr.length;i++)
        {
            document.write(arr[i] + "<br/>");
        }
    </script>
</head>
<body>
</body>
</html>
```

浏览器预览效果如图 29-7 所示。

图 29-7　length 属性的使用

▌ 分析

这里我们使用 for 循环来输出数组的每一个元素。这个小技巧很有用，在实际开发中经常用到。length 属性一般都是与 for 循环结合使用的，用来遍历数组中的每一个元素，然后对每一个元素进行相应的操作。

【解惑】

　　不是说数组是存储一组"相同数据类型"的数据结构吗？为什么当数组元素为不同的数据类型时，JavaScript 也不会报错并且还能输出呢？

```html
<!DOCTYPE html>
<html>
<head>
    <meta charset="utf-8" />
    <title></title>
```

```
<script>
    var arr = [123, "javascript", false, NaN, undefined, null];
    for (var i = 0; i < arr.length; i++)
    {
        document.write(arr[i] + "<br/>");
    }
</script>
</head>
<body>
</body>
</html>
```

浏览器预览效果如图 29-8 所示。

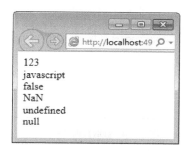

图 29-8　数组可以存储不同类型的数据

其实一个数组是可以存储"不同数据类型"的数据的，只不过在实际开发中极少这样做。一般情况下，我们都是用数组来存储"相同数据类型"的数据，所以这样理解就可以了。

29.6　截取数组某部分

在 JavaScript 中，我们可以使用 slice() 方法来获取数组的某一部分。slice，就是"切片"的意思。

▌ 语法

数组名.slice(start, end);

▌ 说明

start 表示开始位置，end 表示结束位置。start 和 end 都是整数，都是从 0 开始，其中 end 大于 start。

slice(start,end) 的截取范围为 [start,end)，也就是"包含 start 但不包含 end"。其中，end 可以省略。当 end 省略时，获取的范围为"start 到结尾"。slice() 方法跟上一章学的 substring() 方法非常相似，我们可以通过对比更好地理解并使用。

▌ 举例

```
<!DOCTYPE html>
<html>
<head>
```

```
    <meta charset="utf-8" />
    <title></title>
    <script>
        var arr = ["HTML", "CSS", "JavaScript", "jQuery", "Vue.js"];
        document.write(arr.slice(1, 3));
    </script>
</head>
<body>
</body>
</html>
```

浏览器预览效果如图 29-9 所示，分析如图 29-10 所示。

图 29-9　截取数组某一部分

图 29-10　分析图

▶ 分析

slice.(start,end) 的截取范围为 [start,end)。大家一定要注意，截取的下标是从 0 开始的，这个和数组下标从 0 开始是一样的道理。在这个例子中，我们把 arr.slice(1, 3) 换成 arr.slice(1)，此时，浏览器预览效果如图 29-11 所示。

图 29-11　arr.slice(1, 3) 换成 arr.slice(1)

29.7　添加数组元素

29.7.1　在数组开头添加元素：unshift()

在 JavaScript 中，我们可以使用 unshift() 方法在数组开头添加新元素，并且可以得到一个新的数组（也就是原数组变了）。

▶ 语法

数组名 .unshift(新元素1，新元素2，……，新元素n)

▶ 说明

"新元素 1, 新元素 2, ……, 新元素 n" 表示在数组开头添加的新元素。

▶ 举例

```
<!DOCTYPE html>
<html>
<head>
    <meta charset="utf-8" />
    <title></title>
    <script>
        var arr = ["JavaScript", "jQuery"];
        arr.unshift("HTML", "CSS");
        document.write(arr);
    </script>
</head>
<body>
</body>
</html>
```

浏览器预览效果如图 29-12 所示。

图 29-12　unshift() 方法

▶ 分析

从这个例子中，可以直观地看出来，使用 unshift() 方法为数组添加新元素后，该数组已经改变了。此时，arr[0] 不再是 "JavaScript"，而是 "HTML"；arr[1] 也不再是 "jQuery"，而是 "CSS"。
arr.length 由 2 变为了 4。当然我们可以验证一下，请看下面的例子。

▼ 举例

```
<!DOCTYPE html>
<html>
<head>
    <meta charset="utf-8" />
    <title></title>
    <script>
        var arr = ["JavaScript", "jQuery"];
        document.write("添加前:<br/>arr[0]:" + arr[0] + "<br/>arr[1]:" + arr[1] + "<br/>");
        arr.unshift("HTML", "CSS");
        document.write("添加后:<br/>arr[0]:" + arr[0] + "<br/>arr[1]:" + arr[1]);
    </script>
</head>
<body>
</body>
</html>
```

浏览器预览效果如图 29-13 所示。

图 29-13

29.7.2　在数组结尾添加元素：push()

在 JavaScript 中，我们可以使用 push() 方法在数组结尾添加新元素，并且可以得到一个新的
数组（也就是原数组变了）。

▼ 语法

数组名 .push(新元素 1, 新元素 2, ……, 新元素 n)

▼ 说明

"新元素 1, 新元素 2, ……, 新元素 n" 表示在数组结尾添加的新元素。

▼ 举例

```
<!DOCTYPE html>
<html>
```

```
<head>
    <meta charset="utf-8" />
    <title></title>
    <script>
        var arr = ["HTML", "CSS"];
        arr.push("JavaScript","jQuery");
        document.write(arr);
    </script>
</head>
<body>
</body>
</html>
```

浏览器预览效果如图 29-14 所示。

图 29-14　push() 方法

▌ 分析

从这个例子中，也可以直观地看出来，使用 push() 方法为数组添加新元素后，该数组也已经改变了。此时 arr[2] 不再是"undefined"（未定义值），而是 "JavaScript"；arr[3] 也不再是"undefined"，而是 "jQuery"。当然我们也可以验证一下，请看下面的例子。

▌ 举例

```
<!DOCTYPE html>
<html>
<head>
    <meta charset="utf-8" />
    <title></title>
    <script>
        var arr = ["HTML", "CSS"];
        document.write("添加前:<br/>arr[2]:" + arr[2] + "<br/>arr[3]:" + arr[3] + "<br/>");
        arr.push("JavaScript", "jQuery");
        document.write("添加后:<br/>arr[2]:" + arr[2] + "<br/>arr[3]:" + arr[3]);
    </script>
</head>
<body>
</body>
</html>
```

浏览器预览效果如图 29-15 所示。

图 29-15

▶ 分析

有人可能会问，在上面这个例子中，我们也可以使用 arr[2]="JavaScript" 以及 arr[3]="jQuery" 在数组结尾添加新的元素，这是不是意味着 push() 这个方法并没有存在的意义呢？其实不是这样的。如果我们不知道数组有多少个元素，就没法用下标的方式来给数组添加新元素。使用 push() 方法不需要知道数组有多少个元素，直接可以在数组的最后面添加新元素。

push() 方法在实际开发中，特别是面向对象开发的时候用得非常多，可以认为是数组中最常用的一个方法，大家要重点掌握。

29.8　删除数组元素

29.8.1　删除数组中第一个元素：shift()

在 JavaScript 中，我们可以使用 shift() 方法来删除数组中的第一个元素，并且可以得到一个新的数组（也就是原数组变了）。

▶ 语法

数组名.shift()

▶ 说明

unshift() 方法用于在数组开头添加新元素，shift() 方法用于删除数组开头的第一个元素，两者可看成是功能相反的操作。

▶ 举例

```
<!DOCTYPE html>
<html>
<head>
    <meta charset="utf-8" />
    <title></title>
    <script>
        var arr = ["HTML", "CSS", "JavaScript", "jQuery"];
        arr.shift();
```

```
            document.write(arr);
        </script>
    </head>
    <body>
    </body>
</html>
```

浏览器预览效果如图 29-16 所示。

图 29-16　shift() 方法

▌ 分析

从上面的例子可以看出，使用 shift() 方法删除数组的第一个元素后，原数组就变了。此时 arr[0] 不再是 "HTML"，而是 "CSS"；arr[1] 不再是 "CSS"，而是 "JavaScript"，以此类推。

29.8.2　删除数组最后一个元素：pop()

在 JavaScript 中，我们可以使用 pop() 方法来删除数组的最后一个元素，并且可以得到一个新数组（也就是原数组变了）。

▌ 语法

数组名.pop()

▌ 说明

push() 方法用于在数组结尾处添加新的元素，pop() 方法用于删除数组的最后一个元素，两者也可看成是功能相反的操作。

▌ 举例

```
<!DOCTYPE html>
<html>
<head>
    <meta charset="utf-8" />
    <title></title>
    <script>
        var arr = ["HTML", "CSS", "JavaScript", "jQuery"];
        arr.pop();
        document.write(arr);
    </script>
```

```
</head>
<body>
</body>
</html>
```

浏览器预览效果如图 29-17 所示。

图 29-17   pop() 方法

▎ 分析

从上面的例子可以看出，使用 pop() 方法删除数组的最后一个元素后，原数组也变了。此时 arr[3] 不再是 "jQuery"，而是"undefined"。对于这个，我们可以自行测试一下。

▎ 举例

```
<!DOCTYPE html>
<html>
<head>
    <meta charset="utf-8" />
    <title></title>
    <script>
        var arr = ["HTML", "CSS", "JavaScript", "jQuery"];
        arr.pop();
        arr.pop();
        document.write(arr.length);
    </script>
</head>
<body>
</body>
</html>
```

浏览器预览效果如图 29-18 所示。

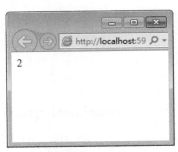

图 29-18

▶ 分析

实际上，unshift() 、push()、shift()、pop() 这 4 个方法都会改变数组的结构，因此数组的长度（length 属性）也会改变，我们需要认真记住这一点。

29.9 比较数组大小

在 JavaScript 中，我们可以使用 sort() 方法来对数组中的所有元素进行大小比较，然后按从大到小或者从小到大的顺序进行排序。

▶ 语法

数组名.sort(函数名)

▶ 说明

"函数名" 是定义数组元素排序的函数的名称。

▶ 举例

```html
<!DOCTYPE html>
<html>
<head>
    <meta charset="utf-8" />
    <title></title>
    <script>
        //定义一个升序函数
        function up(a, b)
        {
            return a - b;
        }
        //定义一个降序函数
        function down(a, b)
        {
            return b - a;
        }
        //定义数组
        var arr = [3, 9, 1, 12, 50, 21];
        arr.sort(up);
        document.write("升序:" + arr.join("、") + "<br/>");
        arr.sort(down);
        document.write("降序:" + arr.join("、"));
    </script>
</head>
<body>
</body>
</html>
```

浏览器预览效果如图 29-19 所示。

图 29-19　sort() 方法

▶ 分析

arr.sort(up) 表示将函数 up 作为 sort() 方法的参数。有的小伙伴可能会问:"什么? 函数也可以作为参数? "说得一点没错。此外, 好多初学的小伙伴还会有其他的各种疑问, 如"为什么升序函数和降序函数要这样定义? ""为什么把一个函数传到 sort() 方法内就可以实现自动排序了? "

实际上, 学习任何技术, 在初学阶段都会有一部分知识是没办法一下子就理解的, 我们完全不需要纠结, 直接跳过即可, 等学到后面再翻回来看就会恍然大悟了。

29.10　颠倒数组顺序

在 JavaScript 中, 我们可以使用 reverse() 方法来实现数组中所有元素的反向排列, 也就是颠倒数组元素的顺序。reverse, 就是"反向"的意思。

▶ 语法

数组名.reverse();

▶ 举例

```
<!DOCTYPE html>
<html>
<head>
    <meta charset="utf-8" />
    <title></title>
    <script>
        var arr = [3, 1, 2, 5, 4];
        arr.reverse();
        document.write("反向排列后的数组: " + arr);
    </script>
</head>
<body>
</body>
</html>
```

浏览器预览效果如图 29-20 所示。

图 29-20　reverse() 方法

29.11　将数组元素连接成字符串

在 JavaScript 中，我们可以使用 join() 方法将数组中的所有元素连接成一个字符串。

▍ 语法

数组名.join("连接符");

▍ 说明

连接符是可选参数，是连接元素之间的符号。默认情况下，一般会采用英文逗号（,）作为连接符。

▍ 举例

```
<!DOCTYPE html>
<html>
<head>
    <meta charset="utf-8" />
    <title></title>
    <script>
        var arr = ["HTML", "CSS", "JavaScript", "jQuery"];
        document.write(arr.join() + "<br/>");
        document.write(arr.join("*"));
    </script>
</head>
<body>
</body>
</html>
```

浏览器预览效果如图 29-21 所示。

▍ 分析

arr.join() 表示使用默认符号（,）作为分隔符，arr.join("*") 表示使用星号（*）作为分隔符。如果我们想要实现字符之间没有任何东西，该怎么做呢？请看下面的例子。

图 29-21　join() 方法

▐ 举例

```
<!DOCTYPE html>
<html>
<head>
    <meta charset="utf-8" />
    <title></title>
    <script>
        var arr = ["HTML", "CSS", "JavaScript", "jQuery"];
        document.write(arr.join("") + "<br/>");
    </script>
</head>
<body>
</body>
</html>
```

浏览器预览效果如图 29-22 所示。

图 29-22　join() 参数为空字符

▐ 分析

注意，join(" ") 和 join("") 是不一样的！前者两个引号之间有空格，表示用空格作为连接符，而后者两个引号之间是没有空格的。

▐ 举例

```
<!DOCTYPE html>
<html>
<head>
```

```
    <meta charset="utf-8" />
    <title></title>
    <script>
        var str1 = "绿*叶*学*习*网";
        var str2 = str1.split("*").join("#");
        document.write(str2);
    </script>
</head>
<body>
</body>
</html>
```

浏览器预览效果如图 29-23 所示。

图 29-23 split() 和 join() 配合使用

分析

在这个例子中，我们要实现的效果是将“绿 * 叶 * 学 * 习 * 网”转换成“绿 # 叶 # 学 # 习 # 网”。对于 str1.split("*").join("#") 这句代码，我们分两步来理解。str1.split("*") 表示以星号（*）作为分割符来分割字符串 str1，从而得到一个数组，即 [" 绿 "," 叶 "," 学 "," 习 "," 网 "]。由于这是一个数组，所以此时我们可以使用数组的 join() 方法。

实际上，var str2 = str1.split("*").join("#"); 可以分两步来写，它等价于下面的代码。

```
var arr = str1.split("*");
var str2 = arr.join("#");
```

29.12 实战题：数组与字符串的转换操作

给大家提供一个字符串，然后需要大家实现每一个字符都用尖括号括起来的效果。例如，给你一个字符串“绿叶学习网”，最终要实现的效果是“< 绿 >< 叶 >< 学 >< 习 >< 网 >”。

实现代码如下：

```
<!DOCTYPE html>
<html>
<head>
    <meta charset="utf-8" />
    <title></title>
```

```
    <script>
        var str1 = "绿叶学习网";
        var str2 = str1.split("").join("><");
        var arr = str2.split("");
        arr.unshift("<");
        arr.push(">");
        var result = arr.join("");
        document.write(result);
    </script>
</head>
<body>
</body>
</html>
```

浏览器预览效果如图 29-24 所示。

图 29-24　数组与字符串的转换操作

▶ **分析**

"var str2 = str1.split("").join("><");"表示在 str1 所有字符的中间插入大于号和小于号（><），因此 str2 为"绿 >< 叶 >< 学 >< 习 >< 网"。

"var arr = str2.split("");"表示将 str2 转换为数组，str2 中的每一个字符都是数组的一个元素。只有将 str2 转换为数组，我们才可以使用数组的 unshift() 方法和 push() 方法。

29.13　实战题：计算面积与体积，返回一个数组

请大家设计一个函数，这个函数可以计算一个长方体的底部面积和体积，并且最终会返回底部面积和体积的计算结果。
实现代码如下。

```
<!DOCTYPE html>
<html>
<head>
    <meta charset="utf-8" />
    <title></title>
    <script>
        function getSize(width, height, depth)
```

```
        {
            var area = width * height;
            var volume = width * height * depth;
            var sizes = [area, volume];
            return sizes;
        }

        var arr = getSize(30, 40, 10);
        document.write("底部面积为: " + arr[0] + "<br/>");
        document.write("体积为: " + arr[1]);
    </script>
</head>
<body>
</body>
</html>
```

浏览器预览效果如图 29-25 所示。

图 29-25　函数返回值是一个数组

▶ 分析

一般情况下，函数只可以返回一个值或一个变量。由于这里需要返回长方体的底部面积和体积这两个值，因此我们可以使用数组来保存返回结果。

29.14　本章练习

一、单选题

1. 下面有一个数组，该数组中数值最小和数值最大的元素的下标分别是（　　　）。

   ```
   var arr = [3, 9, 1, 12, 36, 50, 21]
   ```

   A. 2,5　　　　B. 3,6　　　　C. 2,6　　　　D. 3,5

2. 下面有一段 JavaScript 程序，最终得到的数组 colors 中的第 1 个元素是（　　　）。

   ```
   var colors = ["red", "green", "blue"];
   colors[1] = "yellow";
   ```

   A. "red"　　　　B. "green"　　　　C. "yellow"　　　　D. "blue"

3. 下面有关数组的说法中，正确的是（　　　）。

   A. 构成数组的所有元素的数据类型必须是相同的

   B. 数组元素的下标依次是 1、2、3…

   C. 字符串的 split() 方法返回的是一个字符串

   D. 可以使用 push() 方法在数组结尾添加新元素

4. 下面有一段 JavaScript 代码，输出结果是（　　　）。

```
var arr = [1,2,3,4,5];
var sum = 0;
for(var i = 1;i<arr.length;i++)
{
    sum += arr[i];
}
document.write(sum);
```

   A. 15　　　　　B. 14　　　　　C. 12345　　　　D. 2345

5. 下面有一段 JavaScript 代码，输出结果是（　　　）。

```
var arr = [1,2,3,4,5];
var result = arr.slice(1, 3);
document.write(result);
```

   A. 1,2　　　　B. 2,3　　　　C. 3,4　　　　D. 1,2,3

二、编程题

1. 如果有一个字符串 "Rome was not built in a day"，请用程序统计该字符串中字符的个数，不允许使用字符串对象的 length 属性。

2. 给大家一个任意的字符串，如何实现把字符串中的字符顺序颠倒。如给你 "abcde"，你要得到 "edcba"。

第 30 章

时间对象

30.1　时间对象简介

在浏览网页的过程中，我们经常可以看到各种表示时间的效果，如网页时钟、在线日历、博客时间等，如图 30-1、图 30-2 和图 30-3 所示。

图 30-1　网页时钟

图 30-2　在线日历

图 30-3　博客时间

从上面我们可以了解到时间在网页开发中的各种应用。在 JavaScript 中，我们可以使用时间对象 Date 来处理时间。

▶ 语法

```
var 日期对象名 = new Date();
```

▶ 说明

对上述语法的具体分析如图 30-4 所示。

图 30-4　分析图

创建一个日期对象，必须使用 new 关键字。其中 Date 对象的方法有很多，主要分为两大类：getXxx() 和 setXxx()。getXxx() 用于获取时间，setXxx() 用于设置时间，如表 30-1 和表 30-2 所示。

表 30-1　用于获取时间的 getXxx()

方法	说明
getFullYear()	获取年份，取值为 4 位数字
getMonth()	获取月份，取值为 0（一月）到 11（十二月）之间的整数
getDate()	获取日数，取值为 1 ~ 31 的整数
getHours()	获取小时数，取值为 0 ~ 23 的整数
getMinutes()	获取分钟数，取值为 0 ~ 59 的整数
getSeconds()	获取秒数，取值为 0 ~ 59 的整数

表30-2　用于设置时间的setXxx()

方法	说明
setFullYear()	可以设置年、月、日
setMonth()	可以设置月、日
setDate()	可以设置日
setHours()	可以设置时、分、秒、毫秒
setMinutes()	可以设置分、秒、毫秒
setSeconds()	可以设置秒、毫秒

　　有一点需要提前跟大家说明：虽然时间对象 Date 看似用途多，但是在实际开发中却用得比较少，除非是在特定领域，如电影购票、餐饮订座等。因此对于这一章的学习，我们简单过一遍就可以了，记不住 Date 对象的方法也没关系。等在实战中需要用到的时候，回来查阅一下就可以了。

　　送小伙伴们一句话：**你不需要把所有的知识都记住，记住常用的就可以走得很远**。知识其实可以分为两种：一种是"记忆性知识"，另一种是"可翻阅知识"。对于"可翻阅知识"，不需要去记忆，用到的时候查询一下就可以了，这样可以极大地提高学习效率。

30.2　操作年、月、日

30.2.1　获取年、月、日

　　在 JavaScript 中，我们可以分别使用 getFullYear() 方法、getMonth() 方法和 getDate() 方法来获取当前时间的年、月、日，如表 30-3 所示。

表30-3　获取年、月、日

方法	说明
getFullYear()	获取年份，取值为 4 位数字
getMonth()	获取月份，取值为 0（一月）到 11（十二月）之间的整数
getDate()	获取日数，取值为 1～31 的整数

▼ **举例**

```
<!DOCTYPE html>
<html>
<head>
    <meta charset="utf-8" />
    <title></title>
    <script>
        var d = new Date();
        var myDay = d.getDate();
        var myMonth = d.getMonth() + 1;
        var myYear = d.getFullYear();
```

```
        document.write("今天是" + myYear + "年" + myMonth + "月" + myDay + "日");
    </script>
</head>
<body>
</body>
</html>
```

浏览器预览效果如图 30-5 所示。

图 30-5　获取年、月、日

▶ 分析

细心的小伙伴会发现，"var myMonth = d.getMonth() + 1;"使用了"+1"。因为 getMonth() 方法的返回值是 0（一月）到 11（十二月）之间的整数，所以必须加上 1，这样月份才正确。

此外还要注意，要获取当前的"日"，不是使用 getDay()，而是使用 getDate()，大家要看清楚。对于 getDay() 方法，我们在后面的"7.4 获取星期几"这一节中会详细介绍。

▶ 举例

```
<!DOCTYPE html>
<html>
<head>
    <meta charset="utf-8" />
    <title></title>
    <script>
        var d = new Date();
        var time = d.getHours();
        if (time < 12)
        {
            document.write("早上好！");      //如果小时数小于12则输出"早上好！"
        }
        else if (time >= 12 && time < 18)
        {
            document.write("下午好！");      //如果小时数大于等于12并且小于18，输出"下午好！"
        }
        else
        {
            document.write("晚上好！");      //如果上面两个条件都不符合，则输出"晚上好！"
        }
```

```
        </script>
    </head>
    <body>
    </body>
    </html>
```

浏览器预览效果如图 30-6 所示。

图 30-6 判断时间段

▌ 分析

上面的输出结果不一定就是"早上好",这主要取决于程序运行时的时间。由于测试时,时间是早上 8:00,所以会输出"早上好"。如果在 15:00 测试,就会输出"下午好",以此类推。

30.2.2 设置年、月、日

在 JavaScript 中,我们可以使用 setFullYear() 方法、setMonth() 方法和 setDate() 方法来设置对象的年、月、日。

1. setFullYear()

setFullYear() 方法可以用来设置年、月、日。

▌ 语法

时间对象.setFullYear(year,month,day);

▌ 说明

year 表示年,是**必选参数**,用一个 4 位的整数表示,如 2017、2020 等。
month 表示月,是可选参数,用 0 ~ 11 的整数表示。其中 0 表示 1 月,1 表示 2 月,以此类推。
day 表示日,是可选参数,用 1 ~ 31 的整数表示。

2. setMonth()

setMonth() 方法可以用来设置月、日。

▌ 语法

时间对象.setMonth(month, day);

▀ **说明**

month 表示月，是**必选参数**，用0～11的整数表示。其中0表示1月，1表示2月，以此类推。
day 表示日，是可选参数，用1～31的整数表示。

3. setDate()

setDate() 可以用来设置日。

▀ **语法**

时间对象.setDate(day);

▀ **说明**

day 表示日，是**必选参数**，用1～31的整数表示。

▀ **举例**

```
<!DOCTYPE html>
<html>
<head>
    <meta charset="utf-8" />
    <title></title>
    <script>
        var d = new Date();
        d.setFullYear(1992, 09, 01);
        document.write("我设置的时间是: <br/>" + d);
    </script>
</head>
<body>
</body>
</html>
```

浏览器预览效果如图30-7所示。

图30-7　设置年、月、日

▀ **分析**

在这里提醒一下，getFullYear() 方法只能获取年，但 setFullYear() 方法却可以同时获取和设置年、月、日。同理，setMonth() 方法和 setDate() 方法也有这个特点。

30.3　操作时、分、秒

30.3.1　获取时、分、秒

在 JavaScript 中，我们可以分别使用 getHours() 方法、getMinutes() 方法和 getSeconds() 方法来获取当前的时、分、秒，如表 30-4 所示。

表 30-4　获取时、分、秒

方法	说明
getHours()	获取小时数，取值为 0 ～ 23 的整数
getMinutes()	获取分钟数，取值为 0 ～ 59 的整数
getSeconds()	获取秒数，取值为 0 ～ 59 的整数

▶ 举例

```
<!DOCTYPE html>
<html>
<head>
    <meta charset="utf-8" />
    <title></title>
    <script>
        var d = new Date();
        var myHours = d.getHours();
        var myMinutes = d.getMinutes();
        var mySeconds = d.getSeconds();
        document.write("当前时间是:" + myHours + ":" + myMinutes + ":" + mySeconds);
    </script>
</head>
<body>
</body>
</html>
```

浏览器预览效果如图 30-8 所示。

图 30-8　获取时、分、秒

30.3.2 设置时、分、秒

在 JavaScript 中，我们可以分别使用 setHours() 方法、setMinutes() 方法和 setSeconds() 方法来设置时、分、秒。

1. setHours()

setHours() 可以用来设置时、分、秒、毫秒。

语法

```
时间对象.setHours(hour, min, sec, millisec);
```

说明

hour 是**必选参数**，表示时，取值为 0 ~ 23 的整数。
min 是可选参数，表示分，取值为 0 ~ 59 的整数。
sec 是可选参数，表示秒，取值为 0 ~ 59 的整数。
millisec 是可选参数，表示毫秒，取值为 0 ~ 999 的整数。

2. setMinutes()

setMinutes() 可以用来设置分、秒、毫秒。

语法

```
时间对象.setMinutes( min, sec, millisec);
```

说明

min 是**必选参数**，表示分，取值为 0 ~ 59 的整数。
sec 是可选参数，表示秒，取值为 0 ~ 59 的整数。
millisec 是可选参数，表示毫秒，取值为 0 ~ 999 的整数。

3. setSeconds()

setSeconds() 可以用来设置秒、毫秒。

语法

```
时间对象.setSeconds(sec, millisec);
```

说明

sec 是**必选参数**，表示秒，取值为 0 ~ 59 的整数。
millisec 是可选参数，表示毫秒，取值为 0 ~ 999 的整数。

举例

```
<!DOCTYPE html>
<html>
<head>
    <meta charset="utf-8" />
```

```
        <title></title>
        <script>
            var d = new Date();
            d.setHours(12, 10, 30);
            document.write("我设置的时间是:<br/>" + d);
        </script>
    </head>
    <body>
    </body>
</html>
```

浏览器预览效果如图 30-9 所示。

图 30-9 设置时、分、秒

▨ 分析

同样需要注意的是，getHours() 方法只能获取小时数，但 setHours() 方法却可以同时获取和设置时、分、秒、毫秒。同理，setMinutes() 方法和 setSeconds() 方法也有这个特点。

30.4 获取星期几

在 JavaScript 中，我们可以使用 getDay() 方法来获取表示今天是星期几的一个数字。

▨ 语法

时间对象.getDay();

▨ 说明

getDay() 会返回一个数字，其中 0 表示星期天，1 表示星期一，……，6 表示星期六。

▨ 举例

```
<!DOCTYPE html>
<html>
<head>
    <meta charset="utf-8" />
    <title></title>
    <script>
        var d = new Date();
        document.write("今天是星期" + d.getDay());
```

```
    </script>
</head>
<body>
</body>
</html>
```

浏览器预览效果如图 30-10 所示。

图 30-10　获取星期几

▼ 分析

getDay() 方法返回的是一个数字，如果我们要将数字转换为中文，如将上面的"星期 4"转换为"星期四"，该怎么做呢？请看下面的例子。

▼ 举例

```
<!DOCTYPE html>
<html>
<head>
    <meta charset="utf-8" />
    <title></title>
    <script>
        var weekday = ["星期日", "星期一", "星期二", "星期三", "星期四", "星期五", "星期六"];
        var d = new Date();
        document.write("今天是" + weekday[d.getDay()]);
    </script>
</head>
<body>
</body>
</html>
```

浏览器预览效果如图 30-11 所示。

图 30-11　中文形式

▶ 分析

这里我们定义了一个数组 weekday，用来存储表示星期几的字符串。由于 getDay() 方法返回的是表示当前是星期几的数字，因此可以把返回的数字作为数组的下标，这样就可以通过下标的方式来获取中文形式的星期几。注意，数组下标是从 0 开始的。

30.5　本章练习

一、单选题

1. 在 JavaScript 中，我们可以使用 Date 对象的（　　）方法来获取当前的月份。

    A. getMonth()　　　　　　　　　B. getFullMonth()

    C. getDate()　　　　　　　　　　D. getDay()

2. 假设当前系统时间为 2017 年 9 月 1 日星期五，则下面程序的输出结果为（　　）。

```
var today = new Date();
document.write(today.getDate());
```

    A. 5　　　　　　B. 1　　　　　　C. 9　　　　　　D. 2017

二、编程题

我们经常可以看到导航页面（如 360 导航页）都会采用"今天是 2017 年 4 月 1 日 星期六"这样的方式来显示时间，请用这一章学到的知识实现一下。

第 31 章

数学对象

31.1 数学对象简介

凡是涉及动画开发、高级编程、算法研究等内容的，都跟数学有极大的联系。以前我们可能总埋怨数学没用，慢慢地我们会发现数学在编程中非常重要。在入门阶段，我们只需要学习一些基本语法，关于怎么做出各种特效，我们还得学习更高级的技术。

在 JavaScript 中，我们可以使用 Math 对象的属性和方法来实现各种运算。Math 对象为我们提供了大量"内置"的数学常量和数学函数，极大地满足了实际的开发需求。

Math 对象跟其他对象不一样，Math 对象不需要使用 new 关键字来创造，而可以直接使用它的属性和方法。

▼ 语法

```
Math.属性
Math.方法
```

接下来，我们将针对 Math 对象常用的属性和方法进行详细介绍。

31.2 Math 对象的属性

在 JavaScript 中，Math 对象的属性往往是数学中经常使用的"常量"，常见的 Math 对象的属性如表 31-1 所示。

表 31-1　Math 对象的属性

属性	说明	对应的数学形式
PI	圆周率	π
LN2	2 的自然对数	ln(2)
LN10	10 的自然对数	ln(10)

续表

属性	说明	对应的数学形式
LOG2E	以 2 为底的 e 的对数	$\mathrm{Log_2}e$
LOG10E	以 10 为底的 e 的对数	$\mathrm{log_{10}}e$
SORT2	2 的平方根	$\sqrt{2}$
SORT1_2	2 的平方根的倒数	$\dfrac{1}{\sqrt{2}}$

从上面可以看出，由于 Math 对象的属性都是常量，所以它们都是大写的。对于 Math 对象的属性，我们只需要掌握 Math.PI 这一个就够了，其他的不需要记忆。

在实际开发中，所有角度都是以"弧度"为单位的，如 180° 应该写成 Math.PI，而 360° 应该写成 Math.PI*2，以此类推。对于角度，在实际开发中推荐这种写法："**度数 *Math.PI/180**"。这种写法简单直接，可以让我们一眼就看出具体的角度值。

```
120*Math.PI/180    //120°
150*Math.PI/180    //150°
```

上面这个技巧非常重要，在以后的各种开发中（如 JavaScript 动画、HTML5 Canvas 动画等）用得也非常多，大家要认真掌握。

▶ 举例

```
<!DOCTYPE html>
<html>
<head>
    <meta charset="utf-8" />
    <title></title>
    <script>
        document.write("圆周率为: " + Math.PI);
    </script>
</head>
<body>
</body>
</html>
```

浏览器预览效果如图 31-1 所示。

图 31-1　Math.PI（圆周率）

▶ 分析

对于圆周率，有些小伙伴喜欢用数字（如 3.1415）来表示。这种表示方法不够精确，会导致计算误差。正确的方法是使用 Math.PI 来表示。

31.3 Math 对象的方法

Math 对象的方法非常多，如表 31-2 和表 31-3 所示。这一章我们主要介绍常用的方法，对于不常用的方法，则不展开介绍。

表 31-2 Math 对象中的方法（常用）

方法	说明
max(a,b,…,n)	返回一组数中的最大值
min(a,b,…,n)	返回一组数中的最小值
sin(x)	正弦
cos(x)	余弦
tan(x)	正切
asin(x)	反正弦
acos(x)	反余弦
atan(x)	反正切
atan2(x)	反正切
floor(x)	向下取整
ceil(x)	向上取整
random()	生成随机数

表 31-3 Math 对象中的方法（不常用）

方法	说明
abs(x)	返回 x 的绝对值
sqrt(x)	返回 x 的平方根
log(x)	返回 x 的自然对数（底为 e）
pow(x,y)	返回 x 的 y 次幂
exp(x)	返回 e 的指数

31.4 最大值与最小值

在 JavaScript 中，我们可以使用 max() 方法求出一组数中的最大值，也可以使用 min() 方法求出一组数中的最小值。

▶ 语法

```
Math.max(a,b,…,n);
Math.min(a,b,…,n);
```

▋ **举例**

```html
<!DOCTYPE html>
<html>
<head>
    <meta charset="utf-8" />
    <title></title>
    <script>
        var a = Math.max(3, 9, 1, 12, 50, 21);
        var b = Math.min(3, 9, 1, 12, 50, 21);
        document.write("最大值为: " + a + "<br/>");
        document.write("最小值为: " + b);
    </script>
</head>
<body>
</body>
</html>
```

浏览器预览效果如图 31-2 所示。

图 31-2　Math.max() 和 Math.min()

▋ **分析**

找出一组数中的最大值与最小值，大多数人想到的是使用冒泡排序法来实现，却没想到 JavaScript 还提供有 Math.max() 和 Math.min() 这两个更简单实用的方法。

31.5　取整运算

31.5.1　向下取整：floor()

在 JavaScript 中，我们可以使用 floor() 方法对一个数进行向下取整。所谓 "向下取整"，指的是返回小于或等于指定数的 "最近的那个整数"。

▋ **语法**

```
Math.floor(x)
```

▶ 说明

Math.floor(x) 表示返回小于或等于 x 的"最近的那个整数"。

▶ 举例

```html
<!DOCTYPE html>
<html>
<head>
    <meta charset="utf-8" />
    <title></title>
    <script>
        document.write("Math.floor(3)等于" + Math.floor(3) + "<br/>");
        document.write("Math.floor(0.4)等于" + Math.floor(0.4) + "<br/>");
        document.write("Math.floor(0.6)等于" + Math.floor(0.6) + "<br/>");
        document.write("Math.floor(-1.1)等于" + Math.floor(-1.1) + "<br/>");
        document.write("Math.floor(-1.9)等于" + Math.floor(-1.9));
    </script>
</head>
<body>
</body>
</html>
```

浏览器预览效果如图 31-3 所示。

图 31-3　向下取整 floor() 方法

▶ 分析

从这个例子中，我们可以看出，在 Math.floor(x) 中，如果 x 为整数，则返回 x；如果 x 为小数，则返回小于 x 的最近的那个整数。分析如图 31-4 所示。

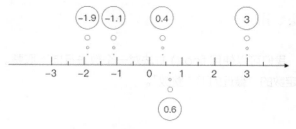

图 31-4　分析图

31.5.2　向上取整：ceil()

在 JavaScript 中，我们可以使用 ceil() 方法对一个数进行向上取整。向上取整指的是返回大于或等于指定数的"最近的那个整数"。

▶ **语法**

```
Math.ceil(x)
```

▶ **说明**

Math.ceil(x) 表示返回大于或等于 x 的最小整数。floor() 和 ceil() 这两个方法的命名很有意思，floor() 表示"地板"，也就是向下取整；ceil() 表示"天花板"，也就是向上取整。在以后的学习中，对于属性或方法，我们都可以根据其名字的英文意思去理解。

▶ **举例：**

```html
<!DOCTYPE html>
<html>
<head>
    <meta charset="utf-8" />
    <title></title>
    <script>
        document.write("Math.ceil(3)等于" + Math.ceil(3) + "<br/>");
        document.write("Math.ceil(0.4)等于" + Math.ceil(0.4) + "<br/>");
        document.write("Math.ceil(0.6)等于" + Math.ceil(0.6) + "<br/>");
        document.write("Math.ceil(-1.1)等于" + Math.ceil(-1.1) + "<br/>");
        document.write("Math.ceil(-1.9)等于" + Math.ceil(-1.9));
    </script>
</head>
<body>
</body>
</html>
```

浏览器预览效果如图 31-5 所示。

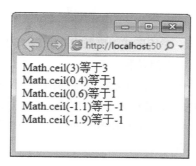

图 31-5　向上取整 ceil() 方法

▶ **分析**

从这个例子中，可知在 Math.ceil(x) 中，如果 x 为整数，则返回 x；如果 x 为小数，则返回大于 x 的最近的那个整数。分析如图 31-6 所示。

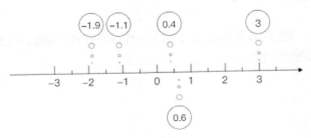

图 31-6   分析图

学完这一节，疑问就来了：floor() 方法和 ceil() 方法都是用于取整的，它们具体都该怎么使用呢？在接下来的内容中，我们会做详细介绍。

31.6   三角函数

关于三角函数，大家在高中时就已经学过了，但是不少小伙伴或许已经忘记了。没关系，现在我来带大家慢慢"捡起来"。

在 Math 对象中，用于三角函数操作的常用方法如表 31-4 所示。

表 31-4   Math 对象中的三角函数方法

方法	说明
sin(x)	正弦
cos(x)	余弦
tan(x)	正切
asin(x)	反正弦
acos(x)	反余弦
atan(x)	反正切
atan2(x)	反正切

x 表示角度值，用弧度来表示，常用形式为 **度数 *Math.PI/180**，这一点我们在前面说过了。对于上表的三角函数方法，需要跟大家说明以下 2 点。

▶ atan2(x) 和 atan(x) 是不一样的，atan2(x) 能够精确判断角度对应哪一个角，而 atan(x) 不能。因此在高级动画开发中，我们大多数用的是 atan2(x)，基本用不到 atan(x)。

▶ 对于反三角函数，除了 atan2()，其他的用得很少，较常使用的是三角函数，常用的三角函数有 sin()、cos() 和 atan2()。

▼ 举例

```
<!DOCTYPE html>
<html>
<head>
```

```
        <meta charset="utf-8" />
        <title></title>
        <script>
            document.write("sin30° :" + Math.sin(30 * Math.PI / 180) + "<br/>");
            document.write("cos60° :" + Math.cos(60 * Math.PI / 180) + "<br/>");
            document.write("tan45° :" + Math.tan(45 * Math.PI / 180));
        </script>
</head>
<body>
</body>
</html>
```

浏览器预览效果如图31-7所示。

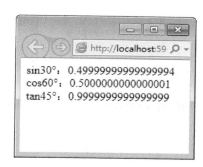

图31-7　三角函数

▶ 分析

看了上述程序小伙伴们可能会问，sin30°不是等于0.5吗？为什么会出现上面的结果？其实，这是因为JavaScript计算会有一定的精度，但是误差非常小，可以忽略不计。

那么，这些三角函数到底有什么用？现在我们暂时用不上，但是这些内容都是高级动画开发的基础。就像学习数学时，一开始都是先学习运算公式，到后面再学习它的应用。当然这本书仅仅是带大家入门，对于三角函数在动画开发中的具体应用，可以参考本系列图书的《从0到1：HTML5 Canvas动画开发》。

31.7　生成随机数

在JavaScript中，我们可以使用random()方法来生成0～1的一个随机数。random，就是"随机"的意思。需要注意的是，这里的0～1包含0但不包含1，也就是[0,1)。

▶ 语法

```
Math.random()
```

▶ 说明

随机数在实际开发中非常有用，随处可见。绿叶学习网首页的飘雪效果，雪花的位置就是使用随机数来控制的，如图31-8所示。

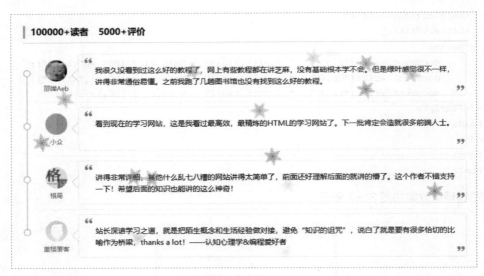

图 31-8　绿叶学习网的飘雪效果

下面给大家介绍一下与随机数相关的使用技巧，这些技巧非常有用，要认真掌握。

31.7.1　随机生成某个范围内的"任意数"

（1）Math.random()*m
表示生成 0 ～ m 的随机数，如"Math.random()*10"表示生成 0 ～ 10 的随机数。
（2）Math.random()*m+n
表示生成 n ～ m+n 的随机数，如"Math.random()*10+8"表示生成 8 ～ 18 的随机数。
（3）Math.random()*m-n
表示生成 -n ～ m-n 的随机数，如"Math.random()*10-8"表示生成 -8 ～ 2 的随机数。
（4）Math.random()*m-m
表示生成 -m ～ 0 的随机数，如"Math.random()*10-10"表示生成 -10 ～ 0 的随机数。

31.7.2　随机生成某个范围内的"整数"

上面介绍的都是随机生成某个范围内的任意数（包括整数和小数），但是很多时候我们需要随机生成某个范围内的整数，此时，前面学到的 floor() 和 ceil() 这2个方法就能派上用场了。

对于 Math.random()*5 来说，由于 floor() 是向下取整，因此 Math.floor(Math.random()*5) 生成的是 0 ～ 4 的随机整数。如果想生成 0 ～ 5 的随机整数，写法如下。

```
Math.floor(Math.random()*(5+1))
```

也就是说，如果想生成 0 到 m 之间的随机整数，写法如下。

```
Math.floor(Math.random()*(m+1))
```

如果想生成 1 到 m 之间的随机整数（包括 1 和 m），写法如下。

```
Math.floor(Math.random()*m)+1
```

如果想生成 n 到 m 之间的随机整数（包括 n 和 m），写法如下。

```
Math.floor(Math.random()*(m-n+1))+n
```

除了可以使用 floor() 方法来生成我们想要的随机整数，也可以使用 ceil() 方法来实现。我们只需要掌握两个方法中的任意一个就可以了。

怎么样？现在应该很清楚如何生成自己需要的随机数了吧。上面这些技巧非常棒，一定要记住。当然我们不需要死记硬背，这些技巧稍微推理一下就可以得出来了。

最后还有一点要跟大家说明，网上的很多有关生成随机数的公式其实都是错的，小伙伴们最好自己动手测试一下。

注：很多人不理解为什么 Math.floor(Math.random()*5) 生成的是 0～4 的整数，而不是 0～5 的整数，这是因为 Math.random() 生成随机数范围是 [0,1) 而不是 [0,1]（即不包含 1）。

31.8 实战题：生成随机验证码

随机验证码在实际开发中经常用到，看似复杂，实则非常简单。我们只需要用到前面学习的生成随机数的技巧，然后结合字符串与数组操作就可以轻松实现。

实现代码如下。

```
<!DOCTYPE html>
<html>
<head>
    <meta charset="utf-8" />
    <title></title>
    <script>
        var str = "abcdefghijklmnopqrstuvwxyzABCDEFGHIJKLMNOPQRSTUVWXYZ1234567890";
        var arr = str.split("");
        var result = "";
        for(var i=0;i<4;i++)
        {
            var n = Math.floor(Math.random() * arr.length);
            result += arr[n];
        }
        document.write(result);
    </script>
</head>
<body>
</body>
</html>
```

浏览器预览效果如图 31-9 所示。

图 31-9　随机验证码

▶ **分析**

在上面的例子中，我们用 Math.random() 生成了随机验证码，上面的代码每一次的运行结果都是不一样的。这里注意一点，由于数组下标是从 0 开始的，因此写成"var n = Math.floor(Math.random() * (arr.length+1));"是错误的，正确的写法是"var n = Math.floor(Math.random() * arr.length);"。

31.9　实战题：生成随机颜色值

生成随机颜色值，在高级动画开发中经常用到。实现代码如下。

```
<!DOCTYPE html>
<html>
<head>
    <meta charset="utf-8" />
    <title></title>
    <script>
        function getRandomColor() {
            var r = Math.floor(Math.random() * (255 + 1));
            var g = Math.floor(Math.random() * (255 + 1));
            var b = Math.floor(Math.random() * (255 + 1));
            var rgb = "rgb(" + r + "," + g + "," + b + ")";
            return rgb;
        }
        document.write(getRandomColor());
    </script>
</head>
<body>
</body>
</html>
```

浏览器预览效果如图 31-10 所示。

▶ **分析**

Math.floor(Math.random() * (255+1)) 表示随机生成 0 ～ 255 的任意整数。

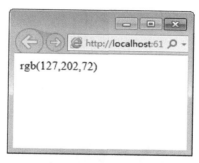

图 31-10　随机颜色值

31.10　本章练习

一、选择题

如果想要快速找出一组数中的最大值，可以使用（　　）。

A.　max()　　　　　　　　　B.　Math.max()

C.　min()　　　　　　　　　D.　Math.min()

二、填空题

请写出下面范围内的 JavaScript 表达式。

▶ 0 到 m 的随机整数：_____。

▶ 1 到 m 的随机整数：_____。

▶ m 到 n 的随机整数：_____。

第 32 章
DOM 基础

32.1 核心技术简介

第 24 章至第 31 章是 JavaScript 的基础部分，介绍的都是基本语法知识。在精讲语法的同时，深入探讨了这些语法的本质，并且在讲解的过程中穿插了大量的实战开发技巧。

学到这里，说明大家对基本语法已经非常熟悉了。实际上，如果你有其他编程语言的基础，会发现编程语言的基本语法是大同小异的。但是在实际开发中，仅靠这些基本语法满足不了我们的各种开发需求。虽然所有编程语言都有共同的基本语法，但是它们也都有自己的独特之处。

接下来，我们将给大家讲解 JavaScript 的核心技术，这些才是我们要重点掌握的内容，同时也是学习更高级技术（如 jQuery、HTML5 等）的基础。学完这部分内容，我们不仅可以制作各种炫丽的特效，还可以结合 HTML 和 CSS 开发一个真正意义上的页面。

下面先给大家介绍一下 DOM 操作方面的知识。

32.2 DOM 是什么

32.2.1 DOM 对象

DOM，全称是"Document Object Model（文档对象模型）"，它是由 W3C 定义的一个标准。

在实际开发中，我们有时候需要实现这样的效果：鼠标移到元素上改变元素的颜色，或者动态添加新元素及删除元素等。这些效果就是通过 DOM 提供的方法来实现的。

简单地说，DOM 里面有很多方法，我们可以通过它提供的方法来操作一个页面中的某个元素，如改变这个元素的颜色、点击这个元素实现某些效果、直接把这个元素删除等。

一句话总结：DOM 操作，可以简单地理解成"元素操作"。

32.2.2 DOM 结构

DOM 采用的是"树形结构"，用"树节点"的形式来表示页面中的每一个元素。我们先看下面的一个例子。

```
<!DOCTYPE html>
<html>
<head>
    <meta charset="utf-8" />
    <title></title>
<body>
    <h1>绿叶学习网</h1>
    <p>绿叶学习网是一个……</p>
    <p>绿叶学习网成立于……</p>
</body>
</html>
```

对于上面这个 HTML 文档，DOM 会将其解析为如图 32-1 所示的树形结构。

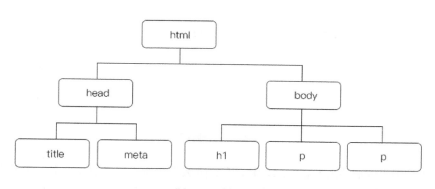

图 32-1　DOM 树

是不是很像一棵树？其实，这也叫作"DOM 树"。在这棵"树"上，HTML 元素是树根，也叫根元素。

在 html 下面，我们发现有 head 和 body 这两个分支，它们位于同一层次上，并且有着共同的父节点（即 html），所以它们是兄弟节点。

head 有 2 个子节点：title、meta（这两个是兄弟节点）。body 有 3 个子节点：h1、p、p。当然，如果还有下一层，我们还可以继续找下去。

利用这种简单的"家谱关系"，我们可以把各节点之间的关系清晰地表达出来。那么，为什么要把一个 HTML 页面用树形结构来表示呢？这是为了更好地给每一个元素定位，以便让我们找到想要的元素。

每一个元素就是一个节点，而每一个节点就是一个对象。也就是说，**我们在操作元素时，其实就是把这个元素看成一个对象**，然后使用这个对象的属性和方法来进行相关操作（这句话对理解

DOM 操作非常重要）。

32.3　节点类型

在 JavaScript 中，节点分为很多种类型。DOM 节点共有 12 种类型，但是常见的只有下面 3 种（其他的不需要掌握）。

- ▶ 元素节点。
- ▶ 属性节点。
- ▶ 文本节点。

很多人看到下面这句代码后，都认为只有一个节点，因为只有 div 这一个元素。实际上，这里有 3 种节点，如图 32-2 所示。

```
<div id="wrapper">绿叶学习网</div>
```

图 32-2　3 种节点

从图 32-2 中可以很清晰地看出来，JavaScript 会把元素、属性以及文本当作不同的节点来处理。表示元素的叫作"元素节点"，表示属性的叫作"属性节点"，表示文本的叫作"文本节点"。很多人认为节点就等于元素，这样的理解是错的，因为节点有好多种。总而言之，**节点和元素是不一样的概念，节点是包括元素的。**

在 JavaScript 中，我们可以使用 nodeType 属性来判断一个节点的类型。不同节点的 nodeType 属性值如表 32-1 所示。

表 32-1　不同节点的 nodeType 属性值

节点类型	nodeType 值
元素节点	1
属性节点	2
文本节点	3

nodeType 的值是一个数字，而不是像"element"或"attribute"那样的英文字符串。

此外，对于节点类型，需要特别注意以下 3 点。

▸ 一个元素就是一个节点，这个节点称为"元素节点"。

▸ 属性节点和文本节点看起来像是元素节点的一部分，但实际上，它们是独立的节点，并不属于元素节点。

▸ 只有元素节点才可以拥有子节点，属性节点和文本节点都无法拥有子节点。

很多初学者可能认为节点类型这块内容没什么用，实际上，这些内容是后面知识的基础。只有掌握了这个概念，在学习后面的知识时才能事半功倍。

32.4　获取元素

获取元素，准确地说，就是获取"元素节点（注意不是属性节点或文本节点）"。对于一个页面，我们想要对某个元素进行操作，就必须通过一定的方式来获取该元素，获取该元素后，才能对其进行相应的操作。

这和 CSS 中的选择器相似，只不过选择器是 CSS 的操作方式，而 JavaScript 有属于自己的另一套操作方式。在 JavaScript 中，我们可以通过以下 6 种方式来获取指定元素。

▸ getElementById()。

▸ getElementsByTagName()。

▸ getElementsByClassName()。

▸ querySelector() 和 querySelectorAll()。

▸ getElementsByName()。

▸ document.title 和 document.body。

上面 6 种方法都非常重要，我们要一个个地把它们认真学透。请注意，JavaScript 是严格区分大小写的，所以在书写的时候，不要把这些方法写错。例如，把"getElementById()"写成"getelementbyid()"，就无法得到正确的结果。

32.4.1　getElementById()

在 JavaScript 中，如果想通过 id 来选中元素，我们可以使用 getElementById() 方法来实现。getElementById() 这个方法的名字看似复杂，其实根据英文意思来理解就很容易了，也就是"get element by id"，意思是通过 id 来获取元素。

实际上，getElementById() 类似于 CSS 中的 id 选择器，只不过 getElementById() 是 JavaScript 的操作方式，而 id 选择器是 CSS 的操作方式。

▼ **语法**

```
document.getElementById("id名")
```

▼ **举例**

```
<!DOCTYPE html>
<html>
```

```
<head>
    <meta charset="utf-8" />
    <title></title>
    <script>
        window.onload = function ()
        {
            var oDiv = document.getElementById("div1");
            oDiv.style.color = "red";
        }
    </script>
</head>
<body>
    <div id="div1">JavaScript</div>
</body>
</html>
```

浏览器预览效果如图 32-3 所示。

图 32-3　getElementById() 方法

◤ 分析

```
window.onload = function ()
{
    ……
}
```

上面这一段代码表示在整个页面加载完成后执行的代码块。我们都知道，浏览器是从上到下解析一个页面的，如图 32-4 所示。这个例子的 JavaScript 代码在 HTML 代码的上面，如果没有 window.onload，浏览器解析到 document.getElementById("div1") 就会报错，因为它不知道 id 为 "div1" 的元素究竟是哪一个。

因此我们必须使用 window.onload，这样浏览器会把整个页面解析完了再去解析 window.onload 内部的代码，也就不会报错了。对于 window.onload，我们在“11.7 页面事件”这一节会给大家详细介绍。由于 window.onload 用得非常多，我们可以先去看一下这一节再返回这里学习。

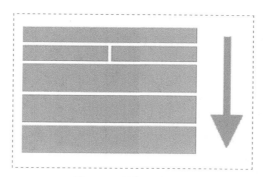

图 32-4　浏览器解析方向

在这个例子中，我们使用 getElementById() 方法获取 id 为 "div1" 的元素，然后把这个 DOM 对象赋值给变量 oDiv，最后使用 oDiv.style.color = "red" 设置这个元素的颜色为红色。这个用法，我们在 "10.3 CSS 属性操作" 一节会介绍。注意，getElementById() 方法中的 id 是不需要加上井号（#）的，因此写成 getElementById("#div1") 是错的。

此外，getElementById() 获取的是一个 DOM 对象，我们在给变量命名的时候，习惯性地以英文 "o" 开头，以便跟其他变量区分开，这可以让我们一眼就看出这是一个 DOM 对象。

32.4.2　getElementsByTagName()

在 JavaScript 中，如果想通过标签名来选中元素，我们可以使用 getElementsByTagName() 方法来实现。getElementsByTagName，也就是 "get elements by tag name"，意思是通过标签名来获取元素。

同样地，getElementsByTagName() 类似于 CSS 中的 "元素选择器"。

▌ 语法

```
document.getElementsByTagName("标签名")
```

▌ 说明

getElementsByTagName() 方法中的 "elements" 是一个复数，写的时候别漏掉 "s"。这是因为 getElementsByTagName() 获取的是多个元素（即集合），而 getElementById() 获取的仅仅是一个元素。

▌ 举例

```
<!DOCTYPE html>
<html>
<head>
    <meta charset="utf-8" />
    <title></title>
    <script>
        window.onload = function ()
        {
            var oUl = document.getElementById("list");
            var oLi = oUl.getElementsByTagName("li");
```

```
                    oLi[2].style.color = "red";
                }
        </script>
    </head>
    <body>
        <ul id="list">
            <li>HTML</li>
            <li>CSS</li>
            <li>JavaScript</li>
            <li>jQuery</li>
            <li>Vue.js</li>
        </ul>
    </body>
</html>
```

浏览器预览效果如图 32-5 所示。

图 32-5　getElementsByTagName() 方法

▶ **分析**

```
var oUl = document.getElementById("list");
var oLi = oUl.getElementsByTagName("li");
```

在上面的代码中，首先使用 getElementById() 方法获取 id 为 list 的 ul 元素，然后使用 getElementsByTagName() 方法获取该 ul 元素下的所有 li 元素。有的小伙伴会想：对于上面的两句代码，我直接用下面这一句不是也可以吗？

```
var oLi = document.getElementsByTagName("li");
```

实际上，这是不一样的。document.getElementsByTagName("li") 获取的是"**整个 HTML 页面**"所有的 li 元素，而 oUl.getElementsByTagName（"li"）获取的仅仅是"**id 为 list 的 ul 元素**"下所有的 li 元素。如果想要精确获取，聪明的你自然就不会使用 document.getElementsByTagName("li") 这种方式了。

从上面也可以知道，getElementsByTagName() 方法获取的是一堆元素。实际上这个方法获取的是一个数组，如果我们想得到某一个元素，可以使用数组下标的方式获取。其中，oLi[0] 表示获取第 1 个 li 元素，oLi[1] 表示获取第 2 个 li 元素，……，以此类推。

准确地说，getElementsByTagName() 方法获取的是一个"类数组"（也叫伪数组），它不是真正意义上的数组。为什么这样说？因为我们只能使用数组的 length 属性以及下标的方式，但是对于 push()、split()、reverse() 等方法是无法使用的，小伙伴试一下就知道了。记住，**类数组只能用**

到两点：length 属性，下标方式。

举例

```
<!DOCTYPE html>
<html>
<head>
    <meta charset="utf-8" />
    <title></title>
    <script>
        window.onload = function ()
        {
            var arr = ["HTML", "CSS", "JavaScript", "jQuery", "Vue.js"];
            var oUl = document.getElementById("list");
            var oLi = document.getElementsByTagName("li");

            for (var i = 0; i < oLi.length; i++)
            {
                oLi[i].innerHTML = arr[i];
                oLi[i].style.color = "red";
            }
        }
    </script>
</head>
<body>
    <ul id="list">
        <li></li>
        <li></li>
        <li></li>
        <li></li>
        <li></li>
    </ul>
</body>
</html>
```

浏览器预览效果如图 32-6 所示。

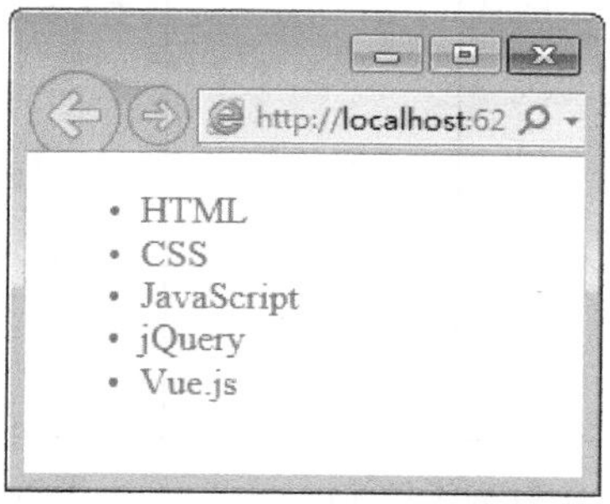

图 32-6 遍历元素

分析

oLi.length 表示获取“类数组”oLi 的长度，有多少个元素，长度就是多少。这个技巧很常用，大家需要牢记。

"oLi[i].innerHTML = arr[i];"表示设置 li 元素中的内容为对应下标的数组 arr 中的元素,对于 innerHTML,我们在"10.5 innerHTML 和 innerText"这一节中会详细介绍。

下面我们来介绍一下 getElementById() 和 getElementsByTagName() 这两个方法的一些重要区别。由于下面两个例子涉及动态 DOM 以及事件操作的知识,小伙伴们可以先跳过,等学完后面的内容再回到这里看一下。

▶ 举例:getElementsByTagName() 可以操作动态创建的 DOM

```html
<!DOCTYPE html>
<html>
<head>
    <meta charset="utf-8" />
    <title></title>
    <script>
        window.onload = function ()
        {
            document.body.innerHTML = "<input type='button' value='按钮'/><input type='button' value='按钮'/><input type='button' value='按钮'/>";
            var oBtn = document.getElementsByTagName("input");

            oBtn[0].onclick = function ()
            {
                alert("表单元素共有:" + oBtn.length + "个");
            };
        }
    </script>
</head>
<body>
</body>
</html>
```

默认情况下,预览效果如图 32-7 所示。点击第 1 个按钮,预览效果如图 32-8 所示。

图 32-7　getElementsByTagName() 操作动态 DOM

图 32-8　点击第 1 个按钮后效果

▶ 分析

"document.body.innerHTML=xxx;"表示动态为 body 元素添加 DOM 元素。"oBtn[0].onclick= function(){……}"表示为第 1 个按钮添加点击事件,点击另一个按钮后的预览效果如图 32-8 所示。

从这个例子可以看出，getElementsByTagName() 方法可以操作动态创建的 DOM 元素。但是如果我们使用 getElementById()，就无法实现了，请看下面这个例子。

▼ 举例：getElementById() 不可以操作动态创建的 DOM

```
<!DOCTYPE html>
<html>
<head>
    <meta charset="utf-8" />
    <title></title>
    <script>
        window.onload = function ()
        {
            document.body.innerHTML = "<input id='btn' type='button' value='按钮'/><in-
put type='button' value='按钮'/><input type='button' value='按钮'/>"
            var oBtn = document.getElementById("btn");

            oBtn.onclick = function ()
            {
                alert("表单元素共有: " + oBtn.length + "个");
            };
        }
    </script>
</head>
<body>
</body>
</html>
```

默认情况下，预览效果如图 32-9 所示。点击第 1 个按钮，预览效果如图 32-10 所示。

图 32-9　getElementById() 不可以操作动态 DOM

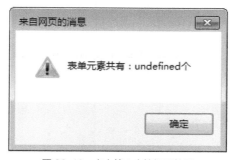

图 32-10　点击第 1 个按钮后效果

▶ 分析

从这个例子中，我们可以看出，getElementById() 是无法操作动态创建的 DOM 的。实际上，getElementById() 和 getElementsByTagName() 有以下 3 个明显的区别（很重要，认真理解）。

- ▸ getElementById() 获取的是 1 个元素，而 getElementsByTagName() 获取的是多个元素（伪数组）。
- ▸ getElementById() 前面只可以接 document，也就是 document.getElementById()。getElementsByTagName() 前面不仅可以接 document，还可以接其他 DOM 对象。
- ▸ getElementById() 不可以操作动态创建的 DOM 元素，而 getElementsByTagName() 可以操作动态创建的 DOM 元素。

32.4.3　getElementsByClassName()

在 JavaScript 中，如果想通过 class 来选中元素，我们可以使用 getElementsByClassName() 方法来实现。getElementsByClassName，也就是 "get elements by class name"，意思是（通过类名来获取元素。

同样地，getElementsByClassName() 类似于 CSS 中的 class 选择器。

▶ 语法

```
document. getElementsByClassName("类名")
```

▶ 说明

getElementsByClassName() 方法中的 "elements" 是一个复数，写的时候别漏掉 "s"。和 getElementsByTagName 相似，getElementsByClassName() 获取的也是一个类数组。

▶ 举例

```
<!DOCTYPE html>
<html>
<head>
    <meta charset="utf-8" />
    <title></title>
    <script>
        window.onload = function ()
        {
            var oLi = document.getElementsByClassName("select");
            oLi[0].style.color = "red";
        }
    </script>
</head>
<body>
    <ul id="list">
```

```
                <li>HTML</li>
                <li>CSS</li>
                <li class="select">JavaScript</li>
                <li class="select">jQuery</li>
                <li class="select">Vue.js</li>
        </ul>
    </body>
</html>
```

浏览器预览效果如图 32-11 所示。

图 32-11　getElementsByClassName() 方法

▶ 分析

getElementsByClassName() 获取的也是一个"类数组"。如果我们想得到某一个元素，也可以使用数组下标的方式来获取，这一点和 getElementsByTagName() 很相似。

此外，getElementsByClassName() 不能操作动态 DOM。实际上，对于 getElementById()、getElementsByClassName() 和 getElementsByTagName() 这 3 个方法来说，只有 getElementsByTagName() 这一个方法能够操作动态 DOM。

32.4.4　querySelector() 和 querySelectorAll()

在多年以前的 JavaScript 开发中，查找元素是开发人员遇到的最头疼的问题。遥想当年，"程序猿"们一边擦着眼泪，一边憧憬着：要是 JavaScript 也有一套类似于 CSS 选择器的机制，我宁愿不要女朋友！现在这个梦想已经实现了，而大家却反悔了！

JavaScript 新增了两个方法：querySelector() 和 querySelectorAll()，这让我们可以使用 CSS 选择器的语法来获取所需要的元素。

▶ 语法

```
document.querySelector("选择器");
document.querySelectorAll("选择器");
```

▶ 说明

querySelector() 表示选取满足选择条件的第 1 个元素，querySelectorAll() 表示选取满足条件的所有元素。这两个方法都非常简单，它们的写法和 CSS 选择器的写法是完全一样的。

```
document.querySelector("#main")
document.querySelector("#list li:nth-child(1)")
document.querySelectorAll("#list li")
document.querySelectorAll("input:checkbox")
```

对于 id 选择器来说，由于页面只有一个元素，建议大家使用 getElementById()，而不要用 querySelector() 或 querySelectorAll()。因为 getElementById() 方法效率更高，性能也更好。分析如图 32-12 所示。

图 32-12　querySelector() 分析图

▶ 举例

```
<!DOCTYPE html>
<html>
<head>
    <meta charset="utf-8" />
    <title></title>
    <script>
        window.onload = function ()
        {
            var oDiv = document.querySelectorAll(".test");
            oDiv[1].style.color = "red";
        }
    </script>
</head>
<body>
    <div>JavaScript</div>
    <div class="test">JavaScript</div>
    <div class="test">JavaScript</div>
    <div>JavaScript</div>
    <div class="test">JavaScript</div>
</body>
</html>
```

浏览器预览效果如图 32-13 所示。

图 32-13　querySelectorAll() 方法

▶ 分析

document.querySelectorAll(".test") 表示获取所有 class 为 test 的元素。由于获取的是多个元素，因此这也是一个类数组。想要精确得到某一个元素，也需要通过使用数组下标的方式来获取。

▶ 举例

```
<!DOCTYPE html>
<html>
<head>
    <meta charset="utf-8" />
    <title></title>
    <script>
        window.onload = function ()
        {
            var oLi = document.querySelector("#list li:nth-child(3)");
            oLi.style.color = "red";
        }
    </script>
</head>
<body>
    <ul id="list">
        <li>HTML</li>
        <li>CSS</li>
        <li>JavaScript</li>
        <li>jQuery</li>
        <li>Vue.js</li>
    </ul>
</body>
</html>
```

浏览器预览效果如图 32-14 所示。

▶ 分析

"document.querySelector("#list li:nth-child(3)")" 表示选取 id 为 "list" 的元素下的第 3 个元素，nth-child(n) 属于 CSS3 的选择器。关于 CSS3 的知识，可以参考"从 0 到 1"系列的《从 0 到 1：HTML5+CSS3 修炼之道》。

图 32-14　querySelector() 方法

实际上，我们也可以使用 "document.querySelectorAll("#list li:nth-child(3)")[0]" 来实现，两者效果是一样的。需要注意的是，querySelectorAll() 方法得到的是一个类数组，即使获取的只有一个元素，也必须使用下标 [0] 才可以正确获取。

querySelector() 和 querySelectorAll() 非常好用。现在有了这两个方法，老板再也不用担心我写 JavaScript 慢了！

32.4.5　getElementsByName()

对于表单元素来说，它有一个一般元素都没有的 name 属性。如果想要通过 name 属性来获取表单元素，我们可以使用 getElementsByName() 方法来实现。

▶ 语法

```
document.getElementsByName("name名")
```

▶ 说明

getElementsByName() 获取的也是一个类数组，如果想要准确得到某一个元素，可以使用数组下标的方式来获取。

getElementsByName() 只用于表单元素，一般只用于单选按钮和复选框。

▶ 举例：单选按钮

```html
<!DOCTYPE html>
<html>
<head>
    <meta charset="utf-8" />
    <title></title>
    <script>
        window.onload = function ()
        {
            var oInput = document.getElementsByName("status");
            oInput[2].checked = true;
        }
    </script>
</head>
<body>
```

```
你的最高学历：
<label><input type="radio" name="status" value="本科" />本科</label>
<label><input type="radio" name="status" value="硕士" />硕士</label>
<label><input type="radio" name="status" value="博士" />博士</label>
</body>
</html>
```

浏览器预览效果如图 32-15 所示。

你的最高学历： ◯ 本科 ◯ 硕士 ◉ 博士

图 32-15 获取单选框的值

� 分析

"oInput[2].checked = true;" 表示将类数组中的第 3 个元素的 checked 属性设置为 true，也就是将第 3 个单选按钮选中。

▧ 举例：复选框

```
<!DOCTYPE html>
<html>
<head>
    <meta charset="utf-8" />
    <title></title>
    <script>
        window.onload = function ()
        {
            var oInput = document.getElementsByName("fruit");
            for (var i = 0; i < oInput.length; i++)
            {
                oInput[i].checked = true;
            }
        }
    </script>
</head>
<body>
    你喜欢的水果：
    <label><input type="checkbox" name="fruit" value="苹果" />苹果</label>
    <label><input type="checkbox" name="fruit" value="香蕉" />香蕉</label>
    <label><input type="checkbox" name="fruit" value="西瓜" />西瓜</label>
</body>
</html>
```

浏览器预览效果如图 32-16 所示。

你喜欢的水果： ☑苹果 ☑香蕉 ☑西瓜

图 32-16 获取复选框的值

▼ **分析**

这里使用 for 循环将每一个复选框的 checked 属性都设置为 true（被选中）。

32.4.6   document.title 和 document.body

由于一个页面只有一个 title 元素和一个 body 元素，因此对于这两个元素的选取，JavaScript 专门提供了两个非常方便的方法：document.title 和 document.body。

▼ **举例**

```html
<!DOCTYPE html>
<html>
<head>
    <meta charset="utf-8" />
    <title></title>
    <script>
        window.onload = function ()
        {
            document.title = "梦想是什么？";
            document.body.innerHTML = "<strong style='color:red'>梦想就是一种让你感到坚持
就是幸福的东西。</strong>";
        }
    </script>
</head>
<body>
</body>
</html>
```

浏览器预览效果如图 32-17 所示。

图 32-17   document.title 和 document.body

只有选取了元素，才可以对元素进行相应的操作。因此，这一节所介绍的方法是 DOM 一切操作的基础。

32.5   创建元素

在 JavaScript 中，我们可以使用 createElement() 来创建一个元素节点，也可以使用

createTextNode() 来创建一个文本节点，然后可以将元素节点与文本节点"组装"成我们平常看到的"有文本内容的元素"。

这种方式又被称为"动态 DOM 操作"。所谓的"动态 DOM"，指的是使用 JavaScript 创建的元素。这个元素一开始在 HTML 中是不存在的。

▼ 语法

```
var e1 = document.createElement("元素名");      //创建元素节点
var txt = document.createTextNode("文本内容");   //创建文本节点
e1.appendChild(txt);                           //把文本节点插入元素节点中
e2.appendChild(e1);                            //把组装好的元素插入已存在的元素中
```

▼ 说明

e1 表示 JavaScript 动态创建的元素节点，txt 表示 JavaScript 动态创建的文本节点，e2 表示 HTML 中已经存在的元素节点。

A.appendChild(B) 表示把 B 插入到 A 的内部，也就是使 B 成为 A 的子节点。

▼ 举例：创建简单元素（不带属性）

```html
<!DOCTYPE html>
<html>
<head>
    <meta charset="utf-8" />
    <title></title>
    <script>
        window.onload = function ()
        {
            var oDiv = document.getElementById("content");
            var oStrong = document.createElement("strong");
            var oTxt = document.createTextNode("绿叶学习网");

            //将文本节点插入strong元素
            oStrong.appendChild(oTxt);
            //将strong元素插入div元素（这个div在HTML已经存在）
            oDiv.appendChild(oStrong);
        }
    </script>
</head>
<body>
    <div id="content"></div>
</body>
</html>
```

默认情况下，预览效果如图 32-18 所示，分析如图 32-19 所示。

▼ 分析

这里使用 document.createElement("strong") 动态创建了一个 strong 元素，但是此时 strong 元素是没有内容的。然后我们使用 document.createTextNode() 创建了一个文本节点，并且使用 appendChild() 方法（下一节会介绍）把这个文本节点插入到 strong 元素中。最后再使用

appendChild() 方法把已经创建好的"有内容的 strong 元素（即 <strong> 绿叶学习网 </strong>）"插入到 div 元素中，这时才会显示出内容。

图 32-18　创建简单元素（不带属性）

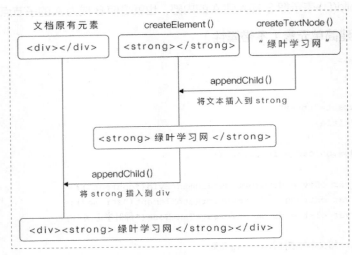

图 32-19　分析图

　　有的小伙伴就会想：添加一个元素有必要那么麻烦吗？直接像下面这样，在 HTML 中加上不就可以了吗？效果不是一样的吗？

```html
<!DOCTYPE html>
<html>
<head>
    <meta charset="utf-8" />
    <title></title>
</head>
<body>
    <div id="content"><strong>绿叶学习网</strong></div>
</body>
</html>
```

　　小伙伴们之所以会产生这个疑问，是因为还没有真正理解动态创建 DOM 的意义。在 HTML 中直接添加元素，这是静态方法；而使用 JavaScript 添加元素，这是动态方法。在实际开发中，使用静态方法是实现不了动画效果的。

在绿叶学习网首页，如图 32-20 所示，这些雪花效果就是动态创建的 img 元素。雪花会不断生成，然后消失，实现这一效果实际就是实现 img 元素的生成和消失。对此，你不可能手动在 HTML 中直接添加元素，然后再一个一个删除元素吧？正确的方法是使用动态 DOM，也就是使用 JavaScript 不断创建元素和删除元素来实现。

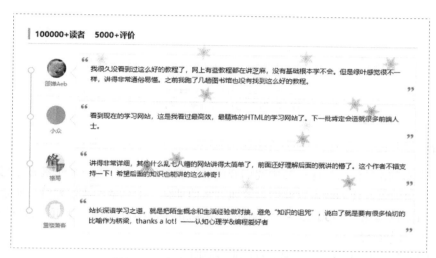

图 32-20　绿叶学习网首页的"雪花飘落"效果

操作动态 DOM，在实际开发中用得非常多。在这一章中，我们先学习语法。上面的例子创建的是一个简单的节点，如果要创建下面这种带有属性的复杂节点，该怎么做呢？

```
<input id="submit" type="button" value="提交"/>
```

▶ 举例：创建复杂元素（带属性）

```html
<!DOCTYPE html>
<html>
<head>
    <meta charset="utf-8" />
    <title></title>
    <script>
        window.onload = function ()
        {
            var oInput = document.createElement("input");
            oInput.id = "submit";
            oInput.type = "button";
            oInput.value = "提交";

            document.body.appendChild(oInput);
        }
    </script>
</head>
<body>
</body>
</html>
```

浏览器预览效果如图 32-21 所示。

图 32-21 创建复杂元素（带属性）

▶ 分析

在 "32.2 DOM 是什么" 这一节中我们介绍过，在 DOM 中，每一个元素节点都被看成一个对象。既然是对象，我们就可以像给对象属性赋值那样，给元素的属性赋值。如想添加一个 id 属性，就可以这样写：oInput.id = "submit"。想添加一个 type 属性，就可以这样写：oInput. type="button"，以此类推。

下面我们来尝试动态创建一张图片，HTML 结构如下。

```
<img class="pic" src="img/haizei.png" style="border:1px solid silver"/>
```

▶ 举例：动态创建图片

```
<!DOCTYPE html>
<html>
<head>
    <meta charset="utf-8" />
    <title></title>
    <script>
        window.onload = function ()
        {
            var oImg = document.createElement("img");
            oImg.className = "pic";
            oImg.src = "img/haizei.png";
            oImg.style.border = "1px solid silver";

            document.body.appendChild(oImg);
        }
    </script>
</head>
<body>
</body>
</html>
```

浏览器预览效果如图 32-22 所示。

图 32-22　动态创建图片

▶ 分析

在操作动态 DOM 时，设置元素 class 用的是 className 而不是 class，这是初学者最容易忽略的地方。为什么 JavaScript 不用 class，而是用 className 呢？其实我们在"2.2 变量与常量"这一节介绍过，JavaScript 有很多关键字和保留字，其中 class 已经作为保留字了（可以回顾一下），所以就另外取了一个 className 来用。

上面创建的都是一个元素，如果想要创建包含多个子元素的元素（如表格），该怎么做呢？这时我们可以使用循环语句来实现。

▶ 举例：创建多个元素

```
<!DOCTYPE html>
<html>
<head>
    <meta charset="utf-8" />
    <title></title>
    <style type="text/css">
        table {border-collapse:collapse;}
        tr,td
        {
            width:80px;
            height:20px;
            border:1px solid gray;
        }
    </style>
    <script>
        window.onload = function ()
        {
            //动态创建表格
            var oTable = document.createElement("table");
            for (var i = 0; i < 3; i++)
            {
                var oTr = document.createElement("tr");
```

```
                for (var j = 0; j < 3; j++)
                {
                    var oTd = document.createElement("td");
                    oTr.appendChild(oTd);
                }
                oTable.appendChild(oTr);
            }

            //添加到body中去
            document.body.appendChild(oTable);
        }
    </script>
</head>
<body>
</body>
</html>
```

浏览器预览效果如图 32-23 所示。

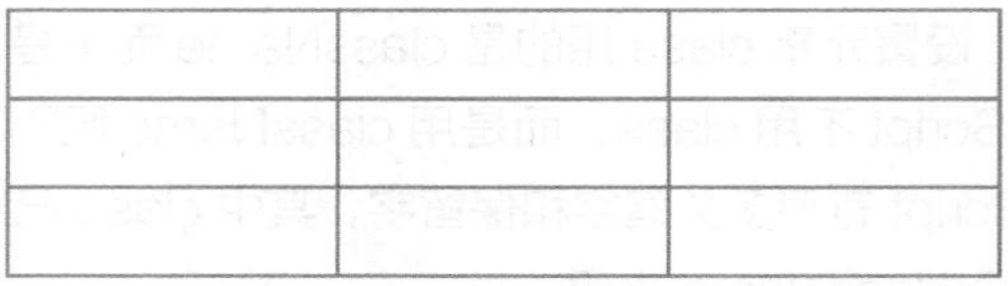

图 32-23　创建表格

根据上面的几个例子，我们可以总结一下，想要创建一个元素，需要以下 4 步。

① 创建元素节点：createElement()。

② 创建文本节点：createTextNode()。

③ 把文本节点插入元素节点：appendChild()。

④ 把组装好的元素插入到已有元素中：appendChild()。

32.6　插入元素

在上一节中，我们学习了怎么创建元素，如果仅仅创建了一个元素而没有把它插入到 HTML 文档中，这样的操作是没有任何意义的。这一节我们来学习怎么把创建好的元素插入到已经存在的元素中。在 JavaScript 中，插入元素有以下两种方法。

- appendChild()。
- insertBefore()。

32.6.1　appendChild()

在 JavaScript 中，我们可以使用 appendChild() 把一个新元素插入到父元素的内部子元素的“末尾”。

语法

```
A.appendChild(B);
```

▼ 说明

A 表示父元素，B 表示动态创建好的新元素。在后面的章节中，如果没有特殊说明，A 都表示父元素，B 都表示子元素。

▼ 举例

```html
<!DOCTYPE html>
<html>
<head>
    <meta charset="utf-8" />
    <title></title>
    <script>
        window.onload = function ()
        {
            var oBtn = document.getElementById("btn");
            //为按钮添加点击事件
            oBtn.onclick = function ()
            {
                var oUl = document.getElementById("list");
                var oTxt = document.getElementById("txt");

                //将文本框的内容转换为"文本节点"
                var textNode = document.createTextNode(oTxt.value);
                //动态创建一个li元素
                var oLi = document.createElement("li");

                //将文本节点插入li元素中去
                oLi.appendChild(textNode);
                //将li元素插入ul元素中去
                oUl.appendChild(oLi);
            };
        }
    </script>
</head>
<body>
    <ul id="list">
        <li>HTML</li>
        <li>CSS</li>
        <li>JavaScript</li>
    </ul>
    <input id="txt" type="text"/><input id="btn" type="button" value="插入 " />
</body>
</html>
```

默认情况下，预览效果如图 32-24 所示。在文本框中输入"jQuery"，然后点击【插入】按钮，此时预览效果如图 32-25 所示。

▼ 分析

```javascript
oBtn.onclick = function()
{
```

```
        ......
    };
```

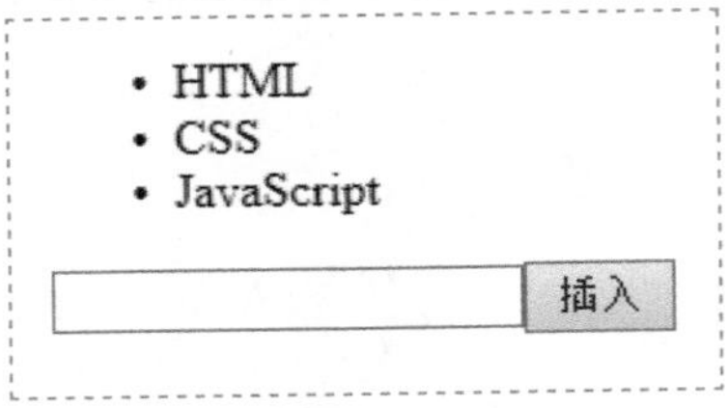

图 32-24 appendChild() 方法

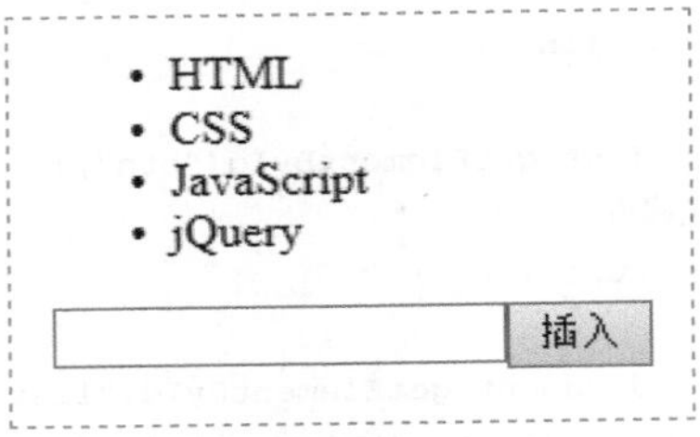

图 32-25 点击【插入】按钮后的效果

上面表示为一个元素添加点击事件，所谓“点击事件”，指的是当我们点击按钮后会做些什么。这个跟前面讲到的 window.onload 非常相似，只不过 window.onload 表示页面加载完成后会做些什么，而 oBtn.onclick 表示点击按钮后会做些什么。当然，这种写法我们在后面“34.3 鼠标事件”这一节会详细介绍。

32.6.2 insertBefore()

在 JavaScript 中，我们可以使用 insertBefore() 方法将一个新元素插入到父元素中的某一个子元素“之前”。

语法

```
A.insertBefore(B,ref);
```

说明

A 表示父元素，B 表示新子元素。ref 表示指定子元素，A.insertBefore(B,ref) 则表示在 ref 之前插入 B。

举例

```
<!DOCTYPE html>
<html>
<head>
    <meta charset="utf-8" />
    <title></title>
    <script>
        window.onload = function ()
```

```
            {
                var oBtn = document.getElementById("btn");
                oBtn.onclick = function ()
                {
                        var oUl = document.getElementById("list");
                        var oTxt = document.getElementById("txt");

                        //将文本框的内容转换为"文本节点"
                        var textNode = document.createTextNode(oTxt.value);
                        //动态创建一个li元素
                        var oLi = document.createElement("li");

                        //将文本节点插入li元素中
                        oLi.appendChild(textNode);
                        //将li元素插入到ul的第1个子元素前面
                        oUl.insertBefore(oLi, oUl.firstElementChild);
                }
            }
        </script>
</head>
<body>
        <ul id="list">
                <li>HTML</li>
                <li>CSS</li>
                <li>JavaScript</li>
        </ul>
        <input id="txt" type="text"/><input id="btn" type="button" value="插入" />
</body>
</html>
```

默认情况下，预览效果如图 32-26 所示。在文本框中输入"jQuery"，然后点击【插入】按钮，浏览器预览效果如图 32-27 所示。

图 32-26　insertBefore() 方法

图 32-27　点击【插入】按钮后的效果

▶ 分析

oUl.firstElementChild 表示获取 ul 元素下的第一个子元素。大家仔细比较一下这两个例子，就能看出 appendChild() 和 insertBefore() 这两种插入方法的区别了。实际上，这两种方法刚好是互补关系，如图 32-28 所示。appendChild() 是在父元素的最后一个子元素之后插入，而 insertBefore() 是在父元素的任意一个子元素之前插入。因此，我们可以将新元素插入到任何地方。

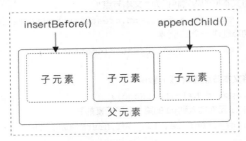

图 32-28　appendChild() 和 insertBefore() 的关系

此外需要注意一点，appendChild() 和 insertBefore() 这两种插入元素的方法都需要先获取父元素才可以操作。

32.7　删除元素

在 JavaScript 中，我们可以使用 removeChild() 方法来删除父元素下的某个子元素。

▶ 语法

```
A.removeChild(B);
```

▶ 说明

A 表示父元素，B 表示父元素内部的某个子元素。

▶ 举例：删除最后一个子元素

```
<!DOCTYPE html>
<html>
<head>
    <meta charset="utf-8" />
    <title></title>
    <script>
        window.onload = function ()
        {
            var oBtn = document.getElementById("btn");
            oBtn.onclick = function ()
            {
                var oUl = document.getElementById("list");
                //删除最后一个子元素
                oUl.removeChild(oUl.lastElementChild);
            }
        }
```

```
            </script>
    </head>
    <body>
        <ul id="list">
            <li>HTML</li>
            <li>CSS</li>
            <li>JavaScript</li>
            <li>jQuery</li>
            <li>Vue.js</li>
        </ul>
        <input id="btn" type="button" value="删除" />
    </body>
</html>
```

浏览器预览效果如图 32-29 所示。

图 32-29　删除最后一个 li 元素

分析

"oUl.removeChild(oUl.lastElementChild);" 表示删除 ul 中的最后一个 li 元素，其中 oUl. lastElementChild 表示 ul 中的最后一个子元素。如果要删除第一个子元素，可以使用以下代码来实现。

```
    oUl.removeChild(oUl.firstElementChild);
```

那么，如果要删除第 2 个子元素或者任意一个子元素，该怎么做呢？具体操作我们需要学到 "33.4 DOM 遍历"这一节才知道。

上面是删除一个子元素的操作方法，假如我们要把整个列表删除，又该如何实现？很简单，直接对 ul 元素进行 removeChild() 操作就可以了，实现代码如下。

举例：删除整个列表

```
<!DOCTYPE html>
<html>
<head>
    <meta charset="utf-8" />
    <title></title>
    <script>
        window.onload = function ()
        {
            var oBtn = document.getElementById("btn");
            oBtn.onclick = function ()
            {
```

```
                    var oUl = document.getElementById("list");
                    document.body.removeChild(oUl);
                }
            }
        </script>
    </head>
    <body>
        <ul id="list">
            <li>HTML</li>
            <li>CSS</li>
            <li>JavaScript</li>
            <li>jQuery</li>
            <li>Vue.js</li>
        </ul>
        <input id="btn" type="button" value="删除" />
    </body>
</html>
```

浏览器预览效果如图 32-30 所示。

- HTML
- CSS
- JavaScript
- jQuery
- Vue.js

删除

图 32-30　删除整个列表

▼ 分析

当我们点击【删除】按钮后，整个列表都被删除了。根据上面的几个例子，我们可以很清楚地知道：在使用 removeChild() 方法删除元素之前，我们必须找到以下 2 个元素。

- ▶ 被删除的子元素。
- ▶ 被删除子元素的父元素。

32.8　复制元素

在 JavaScript 中，我们可以使用 cloneNode() 方法来实现复制元素。

▼ 语法

`obj.cloneNode(bool)`

▼ 说明

参数 obj 表示被复制的元素，而参数 bool 是一个布尔值，取值如下。

- ▶ 1 或 true：表示复制元素本身以及复制该元素下的所有子元素。
- ▶ 0 或 false：表示仅仅复制元素本身，不复制该元素下的子元素。

▶ **举例**

```
<!DOCTYPE html>
<html>
<head>
    <meta charset="utf-8" />
    <title></title>
    <script>
        window.onload = function ()
        {
            var oBtn = document.getElementById("btn");
            oBtn.onclick = function ()
            {
                var oUl = document.getElementById("list");
                document.body.appendChild(oUl.cloneNode(1));
            }
        }
    </script>
</head>
<body>
    <ul id="list">
        <li>HTML</li>
        <li>CSS</li>
        <li>JavaScript</li>
    </ul>
    <input id="btn" type="button" value="复制" />
</body>
</html>
```

默认情况下，预览效果如图 32-31 所示。点击【复制】按钮，此时预览效果如图 32-32 所示。

图 32-31　点击按钮前的效果

图 32-32　点击按钮后的效果

▼ 分析

当我们点击【复制】按钮后，就会在 body 中把整个列表复制并插入。

32.9　替换元素

在 JavaScript 中，我们可以使用 replaceChild() 方法来实现替换元素。

▼ 语法

```
A.replaceChild(new,old);
```

▼ 说明

A 表示父元素，new 表示新子元素，old 表示旧子元素。

▼ 举例

```
<!DOCTYPE html>
<html>
<head>
    <meta charset="utf-8" />
    <title></title>
    <script>
        window.onload = function ()
        {
            var oBtn = document.getElementById("btn");
            oBtn.onclick = function ()
            {
                //获取body中的第1个元素
                var oFirst = document.querySelector("body *:first-child");

                //获取2个文本框
                var oTag = document.getElementById("tag");
                var oTxt = document.getElementById("txt");

                //根据2个文本框的值来创建一个新节点
                var oNewTag = document.createElement(oTag.value);
                var oNewTxt = document.createTextNode(oTxt.value);

                oNewTag.appendChild(oNewTxt);
                document.body.replaceChild(oNewTag, oFirst);
            }
        }
    </script>
</head>
<body>
    <p>JavaScript</p>
    <hr/>
    输入标签: <input id="tag" type="text" /><br />
    输入内容: <input id="txt" type="text" /><br />
```

```
        <input id="btn" type="button" value="替换" />
</body>
</html>
```

浏览器预览效果如图 32-33 所示。

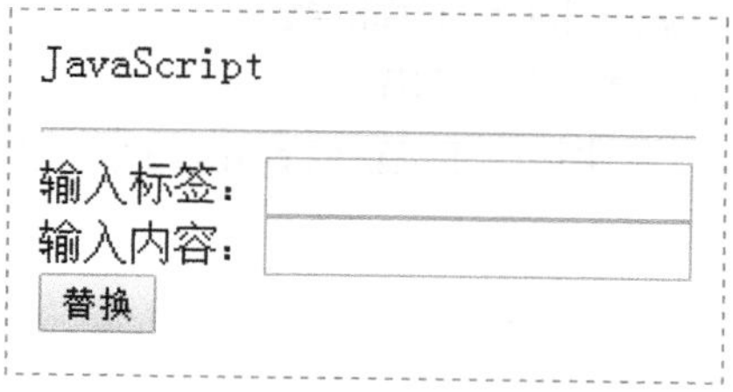

图 32-33　replaceChild() 方法

▶ 分析

在第 1 个文本框中输入"h1"，在第 2 个文本框中输入"jQuery"，然后点击【替换】按钮，此时浏览器预览效果如图 32-34 所示。

图 32-34　点击【替换】按钮后的效果

从上面可以知道，想要实现替换元素，就必须提供 3 个节点：父元素、新元素以及旧元素。

32.10　本章练习

单选题

1. 在 DOM 操作中，我们可以使用（　　）方法把一个新元素插入到父元素的内部子元素的末尾。
   A. insertBefore()　　　　　　B. appendChild()
   C. insert()　　　　　　　　　D. append()

2. 下面有关获取元素方法的说法中，不正确的是（　　）。
   A. getElementById() 返回的是单个 DOM 对象
   B. getElementsByTagName() 返回的是多个 DOM 对象
   C. getElementsByName() 一般用于获取表单元素
   D. document.body 等价于 document.getElementsByTagName("body")

3. A.appendChild(B) 这一句代码表示（　　）。
   A. 把 A 插入到 B 的内部开头　　　B. 把 A 插入到 B 的内部末尾

    C．把 B 插入到 A 的内部开头　　D．把 B 插入到 A 的内部末尾

4. 下面有关 DOM 操作的说法中，正确的是（　　　）。

    A．属性节点和文本节点属于元素节点的一部分

    B．"getElementByld()" 可以写成 "getelementbyid()"，两者是一样的

    C．可以使用 nodeType 属性来判断节点的类型

    D．nodeType 属性返回值是一个字符串

5. 下面有一段 HTML 代码，其中可以正确获取 p 元素的方法是（　　　）。

```
<!DOCTYPE html>
<html>
<head>
    <meta charset="utf-8" />
    <title></title>
</head>
<body>
    <div></div>
    <div></div>
    <p></p>
    <strong></strong>
</body>
</html>
```

    A．document.getElementsByTagName("p")

    B．document.getElementsByTagName("p")[0]

    C．document.getElementsByTagName("p")[1]

    D．getElementsByTagName("p")[0]

6. 下面有一段 HTML 代码，其中可以正确获取 p 元素的方法是（　　　）。

```
<!DOCTYPE html>
<html>
<head>
    <meta charset="utf-8" />
    <title></title>
</head>
<body>
    <div></div>
    <div></div>
    <p id="content" class="column"></p>
    <strong></strong>
</body>
</html>
```

    A．document.getElementsByTagName("p")

    B．document.getElementByClassName("column")[0]

    C．document.getElementByld("#content")

    D．document.querySelector("p")

第 33 章

DOM 进阶

33.1　HTML 属性操作（对象属性）

HTML 属性操作，指的是使用 JavaScript 来操作一个元素的 HTML 属性。如下面的 input 元素，HTML 属性操作指的就是操作它的 id、type、value 等，其他元素也类似。

```
<input id="btn" type="button" value="提交"/>
```

在 JavaScript 中，有两种操作 HTML 元素属性的方式：一种是使用"对象属性"，另外一种是使用"对象方法"。这一节，我们先来介绍使用"对象属性"操作的方式。

不管是用"对象属性"的方式，还是用"对象方法"的方式，都涉及以下两种操作。

- ▶ 获取 HTML 属性值。
- ▶ 设置 HTML 属性值。

元素操作，准确地说，操作的是"元素节点"。属性操作，准确地说，操作的是"属性节点"。对于元素操作，我们上一章已经详细介绍过了，下面来介绍一下属性操作。

33.1.1　获取 HTML 属性值

对于 HTML 元素的属性值的获取，一般可以通过属性名来找到该属性对应的值。

▼ 语法

```
obj.attr
```

▼ 说明

obj 是元素名，它是一个 DOM 对象。所谓的 DOM 对象，指的是使用 getElementById()、getElementsByTagName() 等方法获取的元素节点。我们在后面的章节中说到的 DOM 对象指的就是它，一定要记住了。

attr 是属性名，对于一个对象来说，可以通过点运算符（.）来获取它的属性值。

▚ 举例：获取静态 HTML 中的属性值

```
<!DOCTYPE html>
<html>
<head>
    <meta charset="utf-8" />
    <title></title>
    <script>
        window.onload = function ()
        {
            var oBtn = document.getElementById("btn");
            oBtn.onclick = function ()
            {
                alert(oBtn.id);
            };
        }
    </script>
</head>
<body>
    <input id="btn" class="myBtn" type="button" value="获取"/>
</body>
</html>
```

浏览器预览效果如图 33-1 所示。

图 33-1　获取静态 HTML 中的属性值

▚ 分析

想要获得某个属性的值，首先需要使用 getElementById() 等方法找到这个元素节点，然后才可以获取该属性的值。

oBtn.id 表示获取按钮 id 属性的取值。同样地，想要获取 type 属性值可以写成 oBtn.type，以此类推。但是需要提醒大家一点，要获取一个元素的 class，写成 oBtn.class 是错误的，正确的写法是 oBtn.className。原因我们在 "32.5 创建元素" 这一节已经说过了。

使用 obj.attr 这种方式，不仅可以获取静态 HTML 元素的属性值，还可以获取动态创建的 DOM 元素中的属性值，请看下面的例子。

▶ 举例：获取动态 DOM 中的属性值

```
<!DOCTYPE html>
<html>
<head>
    <meta charset="utf-8" />
    <title></title>
    <script>
        window.onload = function ()
        {
            //动态创建一个按钮
            var oInput = document.createElement("input");
            oInput.id = "submit";
            oInput.type = "button";
            oInput.value = "提交";
            document.body.appendChild(oInput);

            //为按钮添加点击事件
            oInput.onclick = function ()
            {
                alert(oInput.id);
            };
        }
    </script>
</head>
<body>
</body>
</html>
```

浏览器预览效果如图 33-2 所示。

图 33-2　获取动态 DOM 中的属性值

▶ 分析

这里动态创建了一个按钮：<input id="submit" type="button" value=" 提交 "/>。然后我们给这个动态创建出来的按钮加上点击事件，并且在点击事件中使用 oInput.id 来获取 id 属性的取值。

在实际开发中，在更多的情况下，我们要获取的是表单元素的值。其中文本框、单选按钮、复选框、下拉列表中的值，都是通过 value 属性来获取的。这些技巧在实际开发中用得非常多，小伙伴们需要认真掌握。

▶ 举例：获取文本框的值

```html
<!DOCTYPE html>
<html>
<head>
    <meta charset="utf-8" />
    <title></title>
    <script>
        window.onload = function ()
        {
            var oBtn = document.getElementById("btn");
            oBtn.onclick = function ()
            {
                var oTxt = document.getElementById("txt");
                alert(oTxt.value);
            };
        }
    </script>
</head>
<body>
    <input id="txt" type="text"/>
    <input id="btn" type="button" value="获取"/>
</body>
</html>
```

浏览器预览效果如图 33-3 所示。

图 33-3　获取文本框的值

▶ 分析

我们在文本框输入内容，然后点击【获取】按钮，就能获取文本框中的内容。oTxt.value 表示通过 value 属性来获取属性值。我们可能会觉得很奇怪，文本框压根儿就没有定义一个 value 属性，怎么可以通过 oTxt.value 来获取它的属性值呢？其实对于单行文本框，HTML 默认给它添加了一个 value 属性，只不过这个 value 属性是空的。也就是说，<input id="txt" type="text"/> 其实等价于下面的代码。

```html
<input id="txt" type="text" value=""/>
```

其他表单元素也有类似的特点，都有一个默认的 value 值。对于多行文本框，同样也是通过 value 属性来获取内容的，我们可以自己测试一下。

▰ 举例：获取单选框的值

```html
<!DOCTYPE html>
<html>
<head>
    <meta charset="utf-8" />
    <title></title>
    <script>
        window.onload = function ()
        {
            var oBtn = document.getElementById("btn");
            var oFruit = document.getElementsByName("fruit");

            oBtn.onclick = function ()
            {
                //使用for循环遍历所有的单选框
                for(var i=0;i<oFruit.length;i++)
                {
                    //判断当前遍历的单选框是否选中（也就是checked是否为true）
                    if(oFruit[i].checked)
                    {
                        alert(oFruit[i].value);
                    }
                }
            };
        }
    </script>
</head>
<body>
    <div>
        <label><input type="radio" name="fruit" value="苹果" checked/>苹果</label>
        <label><input type="radio" name="fruit" value="香蕉" />香蕉</label>
        <label><input type="radio" name="fruit" value="西瓜" />西瓜</label>
    </div>
    <input id="btn" type="button" value="获取" />
</body>
</html>
```

浏览器预览效果如图 33-4 所示。

图 33-4 获取单选框的值

▰ 分析

document.getElementsByName("fruit") 表示获取所有 name 属性值为 fruit 的表单元素。

getElementsByName() 只限用于表单元素，它获取的也是一个元素集合，也就是类数组。

▶ 举例：获取复选框的值

```
<!DOCTYPE html>
<html>
<head>
    <meta charset="utf-8" />
    <title></title>
    <script>
        window.onload = function ()
        {
            var oBtn = document.getElementById("btn");
            var oFruit = document.getElementsByName("fruit");
            var str = "";

            oBtn.onclick = function ()
            {
                for(var i=0;i<oFruit.length;i++)
                {
                    if(oFruit[i].checked)
                    {
                        str += oFruit[i].value;
                    }
                }
                alert(str);
            };
        }
    </script>
</head>
<body>
    <div>
        <label><input type="checkbox" name="fruit" value="苹果" />苹果</label>
        <label><input type="checkbox" name="fruit" value="香蕉" />香蕉</label>
        <label><input type="checkbox" name="fruit" value="西瓜" />西瓜</label>
    </div>
    <input id="btn" type="button" value="获取" />
</body>
</html>
```

浏览器预览效果如图 33-5 所示。

图 33-5　获取复选框的值

分析

复选框是可以多选的，我们随便选中几个，然后点击“获取”按钮，可以得到所选中的复选框的值。

举例：获取下拉菜单的值

```
<!DOCTYPE html>
<html>
<head>
    <meta charset="utf-8" />
    <title></title>
    <script>
        window.onload = function ()
        {
            var oBtn = document.getElementById("btn");
            var oSelect = document.getElementById("select");

            oBtn.onclick = function ()
            {
                alert(oSelect.value);
            };
        }
    </script>
</head>
<body>
    <select id="select">
        <option value="北京">北京</option>
        <option value="上海">上海</option>
        <option value="广州">广州</option>
        <option value="深圳">深圳</option>
        <option value="杭州">杭州</option>
    </select>
    <input id="btn" type="button" value="获取" />
</body>
</html>
```

浏览器预览效果如图 33-6 所示。

图 33-6 获取下拉菜单的值

分析

在这个例子中，我们随便选中一项，然后点击【获取】按钮，就能获取当前所选项的 value 值。下拉菜单有点特殊，当用户选中一个 option 时，该 option 的 value 值就会自动变成当前

select 元素的 value 值。其中，value 是传给后台处理的，而标签中的文本是给用户看的。在大多数情况下，这两个值是一样的，有时会不一样，这取决于我们的开发需求。

上面我们介绍了获取文本框、单选按钮、多选按钮、下拉菜单中的值的方法，基本已经包括了所有的情况。这些技巧在实际开发中经常用到，大家要好好掌握。

33.1.2　设置 HTML 属性值

HTML 元素的属性值同样也是通过属性名来设置的，非常简单。

▼ 语法

```
obj.attr = "值";
```

▼ 说明

obj 是元素名，它一个 DOM 对象，attr 是属性名。

▼ 举例

```html
<!DOCTYPE html>
<html>
<head>
    <meta charset="utf-8" />
    <title></title>
    <script>
        window.onload = function ()
        {
            var oBtn = document.getElementById("btn");
            oBtn.onclick = function ()
            {
                oBtn.value = "button";
            };
        }
    </script>
</head>
<body>
    <input id="btn" type="button" value="修改" />
</body>
</html>
```

浏览器预览效果如图 33-7 所示。

图 33-7　设置 HTML 属性值

▼ 分析

对于这种写法，小伙伴们可能会觉得熟悉，实际上，在"9.5 创建元素"一节中，我们就是使用 obj.attr 的方式来为元素设置属性的。当然，对于动态 DOM 来说，我们不仅可以使用 obj.attr，还可以使用下一节介绍的 setAttribute() 方法。

▼ 举例

```
<!DOCTYPE html>
<html>
<head>
    <meta charset="utf-8" />
    <title></title>
    <script>
        window.onload = function ()
        {
            var oBtn = document.getElementById("btn");
            var oPic = document.getElementById("pic");
            var flag = true;

            oBtn.onclick = function ()
            {
                if (flag){
                    oPic.src = "img/2.png";
                    flag = false;
                } else {
                    oPic.src = "img/1.png";
                    flag = true;
                }
            };
        }
    </script>
</head>
<body>
    <input id="btn" type="button" value="修改" /><br/>
    <img id="pic" src="img/1.png"/>
</body>
</html>
```

默认情况下，预览效果如图 33-8 所示。点击【修改】按钮，预览效果如图 33-9 所示。

图 33-8　默认情况下的效果

图 33-9　点击【修改】按钮后的效果

▌ 分析

这里使用了一个布尔变量 flag 来标识"显示"和"不显示"两种状态，使得两张图片可以来回切换。

33.2　HTML 属性操作（对象方法）

上一节我们介绍了怎么用"对象属性"的方式来操作 HTML 属性，这一节再给大家详细介绍怎么用"对象方法"的方式来操作 HTML 属性。关于操作 HTML 元素的属性，JavaScript 为我们提供了 4 种方法。

- ▶ getAttribute()。
- ▶ setAttribute()。
- ▶ removeAttribute()。
- ▶ hasAttribute()。

33.2.1　getAttribute()

在 JavaScript 中，我们可以使用 getAttribute() 方法来获取元素某个属性的值。

▌ 语法

```
obj.getAttribute("attr")
```

▌ 说明

obj 是元素名，attr 是属性名。getAttribute() 方法只有一个参数。注意，attr 要用英文引号括起来，初学者很容易忽视这个问题。下面的两种获取属性值的形式是等价的。

```
obj.getAttribute("attr")
obj.attr
```

这两种方式都可以用来获取静态 HTML 的属性值以及动态 DOM 的属性值。

▌ 举例：获取固有属性值

```
<!DOCTYPE html>
```

```
<html>
<head>
    <meta charset="utf-8" />
    <title></title>
    <script>
        window.onload = function ()
        {
            var oBtn = document.getElementById("btn");
            oBtn.onclick = function ()
            {
                alert(oBtn.getAttribute("id"));
            }
        }
    </script>
</head>
<body>
    <input id="btn" class="myBtn" type="button" value="获取"/>
</body>
</html>
```

浏览器预览效果如图 33-10 所示。

图 33-10 获取固有属性值

分析

在这个例子中，我们可以使用 oBtn.id 来代替 oBtn.getAttribute("id")，因为这两个是等价的。此外，使用 obj.getAttribute("attr") 这种方式，不仅可以用来获取静态 HTML 元素的属性值，还可以用来获取动态 DOM 元素中的属性值，这一点和 obj.attr 是相同的。

现在最大的疑问就来了，为什么 JavaScript 要提供两种方式来操作 HTML 属性呢？ JavaScript 创建者是不是有点闲得没事做了呢？那肯定不是。我们先来看一个例子。

举例：获取自定义属性值

```
<!DOCTYPE html>
<html>
<head>
    <meta charset="utf-8" />
    <title></title>
    <script>
```

```
        window.onload = function ()
        {
            var oBtn = document.getElementById("btn");

            oBtn.onclick = function ()
            {
                alert(oBtn.data);
            };
        }
    </script>
</head>
<body>
    <input id="btn" type="button" value="获取" data="JavaScript"/>
</body>
</html>
```

默认情况下，预览效果如图 33-11 所示。点击【获取】按钮，预览效果如图 33-12 所示。

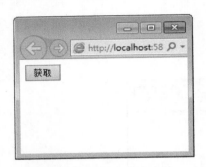

图 33-11　获取自定义属性值

图 33-12　点击【获取】按钮后的效果

▶ 分析

这里我们为 input 元素自定义了一个 data 属性。所谓的自定义属性，指的是这个属性是用户自己定义的而不是元素自带的。此时我们使用 obj.attr（也就是对象属性方式）是无法获取自定义属性值的，只能用 getAttribute("attr")（也就是对象方法方式）来实现。

当我们把 oBtn.data 改成 oBtn.getAttribute("data") 后，点击【提交】按钮，此时浏览器预览效果如图 33-13 所示。

图 33-13　oBtn.data 改为 oBtn.getAttribute("data") 效果

33.2.2　setAttribute()

在 JavaScript 中，我们可以使用 setAttribute() 方法来设置元素某个属性的值。

▶ 语法

```
obj.setAttribute("attr","值")
```

▶ 说明

obj 是元素名，attr 是属性名。setAttribute() 方法有两个参数：第 1 个参数是属性名，第 2 个参数是要设置的属性值。下面的两种设置属性值的形式是等价的。

```
obj.setAttribute("attr","值")
obj.attr = "值";
```

▶ 举例

```html
<!DOCTYPE html>
<html>
<head>
    <meta charset="utf-8" />
    <title></title>
    <script>
        window.onload = function ()
        {
            var oBtn = document.getElementById("btn");
            oBtn.onclick = function ()
            {
                oBtn.setAttribute("value", "button");
            };
        }
    </script>
</head>
<body>
    <input id="btn" type="button" value="修改" />
</body>
</html>
```

默认情况下，预览效果如图 33-14 所示。点击【修改】按钮，预览效果如图 33-15 所示。

图 33-14　setAttribute() 方法

图 33-15   点击【修改】按钮后的效果

▶ 分析

这里我们也可以使用 oBtn.value = "button"; 来代替 oBtn.setAttribute("value","button")。同样地，对于自定义属性的值的设置，我们也只能用 setAttribute() 方法来实现。

33.2.3   removeAttribute()

在 JavaScript 中，我们可以使用 removeAttribute() 方法来删除元素的某个属性。

▶ 语法

```
obj.removeAttribute("attr")
```

▶ 说明

想要删除元素的某个属性，我们只能使用 removeAttribute() 这一个方法。此时，使用上一节"对象属性"操作的方式就无法实现了，因为那种方式没有提供这样的方法。

▶ 举例

```
<!DOCTYPE html>
<html>
<head>
    <meta charset="utf-8" />
    <title></title>
    <style type="text/css">
        .main{color:red;font-weight:bold;}
    </style>
    <script>
        window.onload = function ()
        {
            var oP = document.getElementsByTagName("p");
            oP[0].onclick = function ()
            {
                oP[0].removeAttribute("class");
            };
        }
    </script>
</head>
```

```
<body>
    <p class="main">你偷走了我的影子，无论你在哪里，我都会一直想着你。</p>
</body>
</html>
```

浏览器预览效果如图 33-16 所示。

图 33-16　removeAttribute() 方法

▶ 分析

在这个例子中，我们使用 getElementsByTagName() 方法来获取 p 元素，然后为 p 添加一个点击事件。在点击事件中，我们使用 removeAttribute() 方法来删除 class 属性。

removeAttribute() 在更多情况下是结合 class 属性来"**整体**"控制元素的样式属性的，我们再来看一个例子。

▶ 举例

```
<!DOCTYPE html>
<html>
<head>
    <meta charset="utf-8" />
    <title></title>
    <style type="text/css">
        .main{color:red;font-weight:bold;}
    </style>
    <script>
        window.onload = function ()
        {
            var oP = document.getElementsByTagName("p");
            var oBtnAdd = document.getElementById("btn_add");
            var oBtnRemove = document.getElementById("btn_remove");

            //添加class
            oBtnAdd.onclick = function () {
                oP[0].className = "main";
            };

            //删除class
            oBtnRemove.onclick = function () {
```

```
                    oP[0].removeAttribute("class");
            };
        }
    </script>
</head>
<body>
    <p>你偷走了我的影子，无论你在哪里，我都会一直想着你。</p>
    <input id="btn_add" type="button" value="添加样式"/>
    <input id="btn_remove" type="button" value="删除样式"/>
</body>
</html>
```

浏览器预览效果如图 33-17 所示。

图 33-17 添加样式与删除样式

▌分析

如果我们用"oP[0].className="";"来代替"oP[0].removeAttribute("class");"，效果也是一样的。

要为一个元素添加一个 class 属性（即使不存在 class 属性），代码如下。

```
oP[0].className = "main";
```

要为一个元素删除一个 class 属性，代码如下。

```
oP[0].className = ""; 或 oP[0].removeAttribute("class");
```

33.2.4 hasAttribute()

在 JavaScript 中，我们可以使用 hasAttribute() 方法来判断元素是否含有某个属性。

▌语法

```
obj.hasAttribute("attr")
```

▌说明

hasAttribute() 方法会返回一个布尔值。如果包含该属性，会返回 true；如果不包含该属性，会返回 false。

实际上，我们直接使用 removeAttribute() 删除元素的属性的做法是不太正确的，比较严谨的做法是先用 hasAttribute() 判断这个属性是否存在，只有存在，才去删除。

▶ 举例

```html
<!DOCTYPE html>
<html>
<head>
    <meta charset="utf-8" />
    <title></title>
    <style type="text/css">
        .main {color: red;font-weight: bold;}
    </style>
    <script>
        window.onload = function ()
        {
            var oP = document.getElementsByTagName("p");

            if (oP[0].hasAttribute("class"))
            {
                oP[0].onclick = function ()
                {
                    oP[0].removeAttribute("class");
                };
            }
        }
    </script>
</head>
<body>
    <p class="main">你偷走了我的影子，无论你在哪里，我都会一直想着你。</p>
</body>
</html>
```

浏览器预览效果如图 33-18 所示。

图 33-18　hasAttribute() 方法

最后，对于操作 HTML 属性的两种方式，我们来总结一下。

▶ "对象属性方式"和"对象方法方式"，这两种方式都可以操作静态 HTML 的属性，也可以操作动态 DOM 的属性。

> 只有"对象方法方式"才可以操作自定义属性。

33.3 CSS 属性操作

CSS 属性操作，指的是使用 JavaScript 来操作一个元素的 CSS 样式。在 JavaScript 中，CSS 属性操作同样有两种。

▶ 获取 CSS 属性值。

▶ 设置 CSS 属性值。

33.3.1 获取 CSS 属性值

在 JavaScript 中，我们可以使用 getComputedStyle() 方法来获取一个 CSS 属性的取值。

▼ **语法**

```
getComputedStyle(obj).attr
```

▼ **说明**

obj 表示 DOM 对象，也就是通过 getElementById()、getElementsByTagName() 等方法获取的元素节点。

attr 表示 CSS 属性名。需要注意的是，这里的属性名使用的是"骆驼峰型"的 CSS 属性名。何为"骆驼峰型"？ 如 font-size 应该写成 fontSize，border-bottom-width 应该写成 borderBottomWidth（看起来像骆驼峰）。

那像 CSS3 中的"-webkit-box-shadow"这样的属性名该怎么写呢？也很简单，应该写成 webkitBoxShadow。

getComputedStyle() 有一定的兼容性，它支持 Google、Firefox 和 IE9 及以上的浏览器，不支持 IE6、IE7 和 IE8。对于 IE6、IE7 和 IE8，可以使用 currentStyle 来实现兼容。由于 IE 逐渐退出历史舞台，我们可以直接舍弃 currentStyle，也就是不需要兼容低版本 IE 了。

▼ **举例**

```
<!DOCTYPE html>
<html>
<head>
    <meta charset="utf-8" />
    <title></title>
    <style type="text/css">
        #box
        {
            width:100px;
            height:100px;
            background-color:hotpink;
        }
    </style>
```

```
<script>
    window.onload = function ()
    {
        var oBtn = document.getElementById("btn");
        var oBox = document.getElementById("box");

        oBtn.onclick = function ()
        {
            alert(getComputedStyle(oBox).backgroundColor);
        };
    }
</script>
</head>
<body>
    <input id="btn" type="button" value="获取颜色" />
    <div id="box"></div>
</body>
</html>
```

浏览器预览效果如图 33-19 所示。当我们点击【获取颜色】按钮后，预览效果如图 33-20 所示。

图 33-19 获取 CSS 属性值

图 33-20 点击【获取颜色】按钮后的效果

▶ 分析

getComputedStyle() 方法其实有两种写法：getComputedStyle(obj).attr 和 getComputed Style(obj)["attr"]。

```
getComputedStyle(oBox).backgroundColor
getComputedStyle(oBox)["backgroundColor"]
```

实际上，凡是对象的属性都有这两种写法，如 oBtn.id 可以写成 oBtn["id"]，document. getElementById("btn") 可以写成 document["getElementById"]("btn")，以此类推。

33.3.2 设置 CSS 属性值

在 JavaScript 中，想要设置一个 CSS 属性的值，有两种方式可以实现。

▶ style 对象。
▶ cssText 属性。

1. style 对象

使用 style 对象来设置一个 CSS 属性的值，其实就是在元素的 style 属性中添加样式，这种方式设置的是"行内样式"。

▼ 语法

```
obj.style.attr = "值";
```

▼ 说明

obj 表示 DOM 对象，attr 表示 CSS 属性名，采用的同样是"骆驼峰"型。

obj.style.attr 等价于 obj.style["attr"]，如 oDiv.style.width 等价于 oDiv.style["width"]。

▼ 举例

```html
<!DOCTYPE html>
<html>
<head>
    <meta charset="utf-8" />
    <title></title>
    <style type="text/css">
        #box
        {
            width: 100px;
            height: 100px;
            background-color: hotpink;
        }
    </style>
    <script>
        window.onload = function ()
        {
            var oBtn = document.getElementById("btn");
            var oBox = document.getElementById("box");

            oBtn.onclick = function ()
            {
                oBox.style.backgroundColor = "lightskyblue";
            };
        }
    </script>
</head>
<body>
    <input id="btn" type="button" value="设置" />
    <div id="box"></div>
</body>
</html>
```

默认情况下，预览效果如图 33-21 所示。点击【设置】按钮，预览效果如图 33-22 所示。

图 33-21　style 对象　　　　　　　图 33-22　点击【设置】按钮后的效果

▶ 分析

对于复合属性（如 border、font 等）来说，操作方式也是一样的，举例如下。

```
oBox.style.border = "2px solid blue";
```

▶ 举例

```
<!DOCTYPE html>
<html>
<head>
    <meta charset="utf-8" />
    <title></title>
    <style type="text/css">
        #box
        {
            width:100px;
            height:100px;
            background-color:hotpink;
        }
    </style>
    <script>
        window.onload = function ()
        {
            var oBtn = document.getElementById("btn");
            var oBox = document.getElementById("box");

            oBtn.onclick = function ()
            {
                //获取两个文本框的值（也就是输入的内容）
                var attr = document.getElementById("attr").value;
                var val = document.getElementById("val").value;
                oBox.style[attr] = val;
            };
        }
    </script>
</head>
<body>
    属性:<input id="attr" type="text"/><br/>
    取值:<input id="val" type="text"/><br/>
    <input id="btn" type="button" value="设置" />
```

```
    <div id="box"></div>
</body>
</html>
```

默认情况下，预览效果如图33-23所示。在第1个文本框输入“backgroundColor”，在第2个文本框输入“lightskyblue”，点击【设置】按钮，浏览器预览效果如图33-24所示。

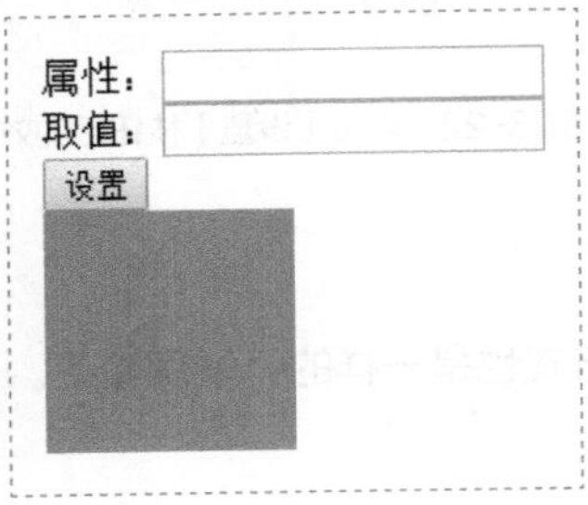

图33-23　style对象实例

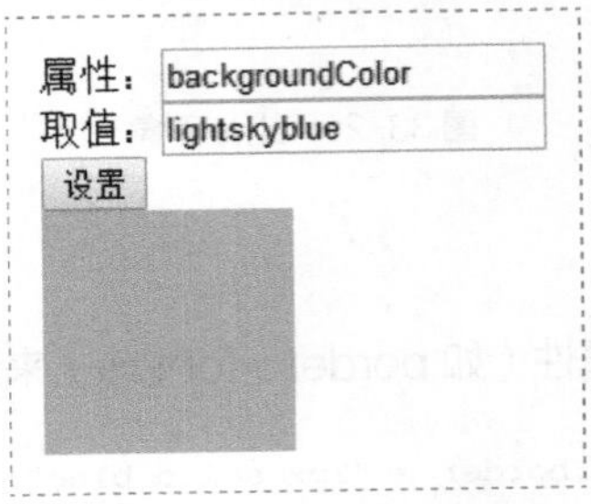

图33-24　点击【设置】按钮后的效果

◤ 分析

我们获取的文本框value值其实是字符串，也就是说变量attr和val都是字符串。因此是不能使用obj.style.attr这种方式来设置CSS属性的，而必须使用obj.style["attr"]这种方式，关于这个，我们要认真琢磨清楚。

使用style来设置CSS属性，最终是在元素的style属性中添加的。对于上面这个例子，我们打开浏览器控制台（按【F12】键）就可以看出来了，如图33-25所示。

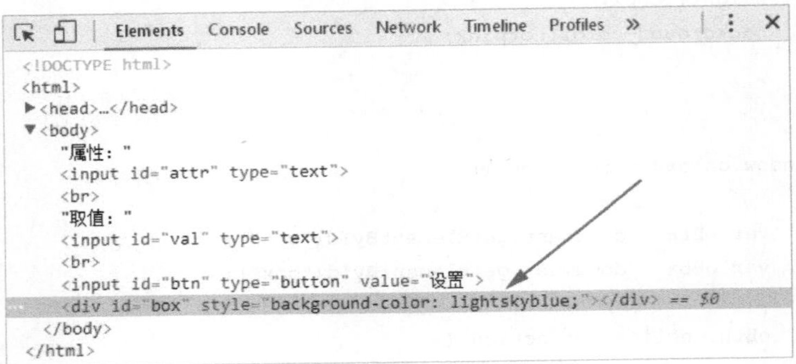

图33-25　控制台效果

如果想要为上面的div元素同时添加多个样式，实现代码如下。

```
width:50px;height:50px;background-color:lightskyblue;
```

如果用style来实现，就得一个个写，实现代码如下。

```
oDiv.style.width = "50px";
oDiv.style.height = "50px";
oDiv.style.backgroundColor = "lightskyblue";
```

一个个写十分烦琐。那么，有没有一种相对高效的实现方式呢？当然有，那就是cssText属性。

2. cssText 属性

在 JavaScript 中，我们可以使用 cssText 属性来同时设置多个 CSS 属性，这也是在元素的 style 属性中添加的。

▶ 语法

```
obj.style.cssText = "值";
```

▶ 说明

obj 表示 DOM 对象，cssText 的值是一个字符串。

```
oDiv.style.cssText = "width:100px;height:100px;border:1px solid gray;";
```

注意，这个字符串中的属性名不再使用骆驼峰型的写法，而是使用平常的 CSS 写法，如 background-color 应该写成 background-color，而不是 backgroundColor。

▶ 举例

```html
<!DOCTYPE html>
<html>
<head>
    <meta charset="utf-8" />
    <title></title>
    <style type="text/css">
        #box
        {
            width:100px;
            height:100px;
            background-color:hotpink;
        }
    </style>
    <script>
        window.onload = function ()
        {
            var oBtn = document.getElementById("btn");
            var oBox = document.getElementById("box");

            oBtn.onclick = function ()
            {
                //获取文本框的值（也就是输入的内容）
                var txt = document.getElementById("txt").value;
                oBox.style.cssText = txt;
            };
        }
    </script>
</head>
<body>
    <input id="txt" type="text"/>
    <input id="btn" type="button" value="设置" />
    <div id="box"></div>
```

```
</body>
</html>
```

浏览器预览效果如图 33-26 所示。

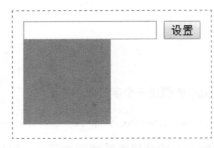

图 33-26　cssText 属性

▌ 分析

在文本框输入下面一串字符串，点击【设置】按钮，浏览器预览效果如图 33-27 所示。

```
width:50px;height:50px;background-color:lightskyblue;
```

图 33-27　点击【设置】按钮后的效果

使用 cssText 来设置 CSS 属性，最终也是在元素的 style 属性中添加的。对于上面的这个例子，我们打开浏览器控制台（按【F12】键）就可以看出来了，如图 33-28 所示。

图 33-28　控制台效果

在实际开发的时候，如果要为一个元素同时设置多个 CSS 属性，我们很少使用 cssText 来实现，而更倾向于使用操作 HTML 属性的方式给元素加上一个 class 属性值，从而整体地给元素添加上样式。这个技巧，在实际开发中经常用到。

◤ 举例

```
<!DOCTYPE html>
<html>
<head>
    <meta charset="utf-8" />
    <title></title>
    <style type="text/css">
        .oldBox
        {
            width: 100px;
            height: 100px;
            background-color: hotpink;
        }
        .newBox
        {
            width:50px;
            height:50px;
            background-color:lightskyblue;
        }
    </style>
    <script>
        window.onload = function ()
        {
            var oBtn = document.getElementById("btn");
            var oBox = document.getElementById("box");

            oBtn.onclick = function ()
            {
                oBox.className = "newBox";
            };
        }
    </script>
</head>
<body>
    <input id="btn" type="button" value="切换" />
    <div id="box" class="oldBox"></div>
</body>
</html>
```

浏览器预览效果如图 33-29 所示。

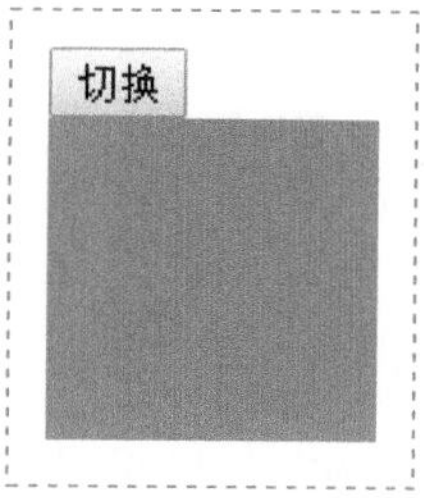

图 33-29 使用 class 控制样式

33.3.3　最后一个问题

在前面的内容中，我们已经把 CSS 属性操作介绍得差不多了，但是还剩下最后一个问题：获取 CSS 属性值，不可以用 obj.style.attr 或 obj.style.cssText 吗？为什么一定要用 getComputedStyle() 呢？对于这个疑问，我们先来看一个例子。

▶ 举例：内部样式

```html
<!DOCTYPE html>
<html>
<head>
    <meta charset="utf-8" />
    <title></title>
    <style type="text/css">
        #box
        {
            width: 100px;
            height: 100px;
            background-color: hotpink;
        }
    </style>
    <script>
        window.onload = function ()
        {
            var oBtn = document.getElementById("btn");
            var oBox = document.getElementById("box");

            oBtn.onclick = function ()
            {
                alert(oBox.style.width);
            };
        }
    </script>
</head>
<body>
    <input id="btn" type="button" value="获取宽度" />
    <div id="box"></div>
</body>
</html>
```

浏览器预览效果如图 33-30 所示。

图 33-30　内部样式

▶ **分析**

当我们点击按钮后，会发现对话框的内容是空的，也就是没有获取成功。为什么呢？其实我们都知道，obj.style.attr 只可以获取元素 style 属性中设置的 CSS 属性，对于内部样式或者外部样式，它是没办法获取的。请看下面的例子。

▶ **举例：行内样式**

```
<!DOCTYPE html>
<html>
<head>
    <meta charset="utf-8" />
    <title></title>
    <script>
        window.onload = function ()
        {
            var oBtn = document.getElementById("btn");
            var oBox = document.getElementById("box");

            oBtn.onclick = function ()
            {
                alert(oBox.style.width);
            };
        }
    </script>
</head>
<body>
    <input id="btn" type="button" value="获取宽度" />
    <div id="box" style="width:100px;height:100px;background-color:hotpink"></div>
</body>
</html>
```

浏览器预览效果如图 33-31 所示。

图 33-31　行内样式

▶ **分析**

在这个例子中，我们使用了行内样式，点击按钮后，就可以获取元素的宽度了。可能有的小伙伴会想到使用 oBox.cssText.width，其实，JavaScript 是没有这种写法的。现在大家都知道为什么只能用 getComputedStyle() 方法了吧。

getComputedStyle()，从名字上就可以看出来，意思是 get computed style（获取计算后的样式）。所谓"计算后的样式"，是指不管是内部样式，还是行内样式，最终获取的是根据 CSS 优先级计算后的结果。CSS 优先级很重要，也是属于 CSS 进阶的内容，在本系列图书中的《从 0 到 1：CSS 进阶之旅》中会有详细介绍。

▶ 举例：getComputedStyle()

```
<!DOCTYPE html>
<html>
<head>
    <meta charset="utf-8" />
    <title></title>
    <style type="text/css">
        #box{width:150px !important;}
    </style>
    <script>
        window.onload = function ()
        {
            var oBtn = document.getElementById("btn");
            var oBox = document.getElementById("box");

            oBtn.onclick = function ()
            {
                var width = getComputedStyle(oBox).width;
                alert("元素宽度为：" + width);
            };
        }
    </script>
</head>
<body>
    <input id="btn" type="button" value="获取宽度" />
    <div id="box" style="width:100px;height:100px;background-color:hotpink"></div>
</body>
</html>
```

默认情况下，预览效果如图 33-32 所示。点击【获取宽度】按钮，会弹出对话框，如图 33-33 所示。

图 33-32　getComputedStyle() 方法

图 33-33　点击按钮后的效果

▶ 分析

从预览效果可以看出来，由于使用了 !important，根据 CSS 优先级的计算，box 的最终宽度为 150px。如果用 oBox.style.width，获取的结果是 100px，我们都知道这不正确。

> 【解惑】
>
> 　　使用 style 对象来设置样式时，为什么我们不能使用 background-color 这种写法，而必须使用 "backgroundColor" 这种骆驼峰型写法呢？
>
> 　　大家别忘了，在 obj.style.backgroundColor 中，backgroundColor 其实也是一个变量，变量中是不允许出现中划线的，因为中划线在 JavaScript 中是减号的意思。

33.4　DOM 遍历

DOM 遍历，可以简单地理解为 "查找元素"。举个例子，如果你使用 getElementById() 等方法获取一个元素，然后又想得到该元素的父元素、子元素，甚至是下一个兄弟元素，这种操作涉及的就是 DOM 遍历。

你至少要知道 DOM 遍历是 "查找元素" 的意思，因为很多地方都用到这个术语。在 JavaScript 中，对于 DOM 遍历，可以分为以下 3 种情况。

▶　查找父元素。
▶　查找子元素。
▶　查找兄弟元素。

DOM 遍历，也就是查找元素，主要以 **"当前所选元素"** 为基点，然后查找它的父元素、子元素或者兄弟元素。

33.4.1　查找父元素

在 JavaScript 中，我们可以使用 parentNode 属性来获得某个元素的父元素。

▼ 语法

```
obj.parentNode
```

▼ 说明

obj 是一个 DOM 对象，指的是使用 getElementById()、getElementsByTagName() 等方法获取的元素。

▼ 举例

```
<!DOCTYPE html>
<html>
<head>
    <meta charset="utf-8" />
    <title></title>
    <style type="text/css">
        table{border-collapse:collapse;}
```

```
        table,tr,td{border:1px solid gray;}
    </style>
    <script>
        window.onload = function ()
        {
            var oTd = document.getElementsByTagName("td");

            //遍历每一个td元素
            for (var i = 0; i < oTd.length; i++)
            {
                //为每一个td元素添加点击事件
                oTd[i].onclick = function ()
                {
                    //获得当前td的父元素（即tr）
                    var oParent = this.parentNode;

                    //为当前td的父元素添加样式
                    oParent.style.color = "white";
                    oParent.style.backgroundColor = "red";
                };
            }
        }
    </script>
</head>
<body>
    <table>
        <caption>考试成绩表</caption>
        <tr>
            <td>小明</td>
            <td>80</td>
            <td>80</td>
            <td>80</td>
        </tr>
        <tr>
            <td>小红</td>
            <td>90</td>
            <td>90</td>
            <td>90</td>
        </tr>
        <tr>
            <td>小杰</td>
            <td>100</td>
            <td>100</td>
            <td>100</td>
        </tr>
    </table>
</body>
</html>
```

浏览器预览效果如图 33-34 所示。

▌ 分析

这个例子实现的效果：当我们随便点击一个单元格时，就会为该单元格所在的行设置样式。也就是说，我们首先要找到当前 td 元素的父元素（即 tr）才行。如果我们使用 querySelector() 和 querySelectorAll()，是没办法实现这个例子的效果的。

图 33-34　查找父元素

不少初学者在接触 DOM 操作的时候，不知道什么时候用类数组，什么时候不用类数组，其实凡是单数的就不用，如 parentNode 只有一个，何必用数组呢？

33.4.2　查找子元素

在 JavaScript 中，我们可以使用以下两组方式来获得父元素中的所有子元素或某个子元素。

▶ childNodes、firstChild、lastChild。

▶ children、firstElementChild、lastElementChild。

其中，childNodes 获取的是所有的子节点。注意，这个子节点是包括元素节点以及文本节点的。而 children 获取的是所有的元素节点，不包括文本节点。

▼ 举例：childNodes 与 children 的比较

```
<!DOCTYPE html>
<html>
<head>
    <meta charset="utf-8" />
    <title></title>
    <script>
        window.onload = function ()
        {
            var oUl = document.getElementById("list");
            var childNodesLen = oUl.childNodes.length;
            var childrenLen = oUl.children.length;

            alert("childNodes的长度为: " + childNodesLen + "\n" + "children的长度为: " + childrenLen);
        }
    </script>
</head>
<body>
    <ul id="list">
        <li>HTML</li>
        <li>CSS</li>
        <li>JavaScript</li>
    </ul>
</body>
</html>
```

浏览器预览效果如图 33-35 所示。

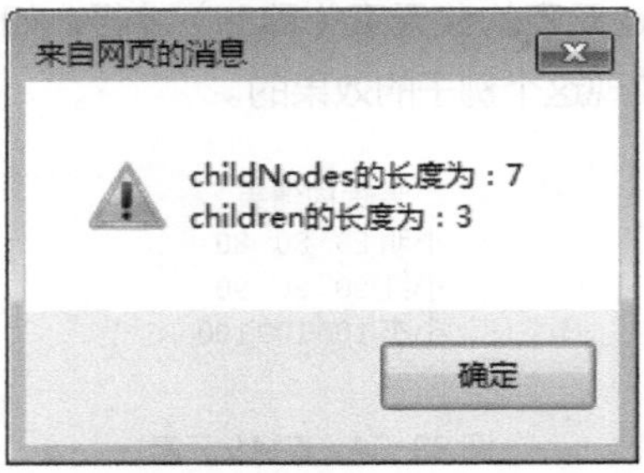

图 33-35 childNodes 与 children 的比较

◤ 分析

children.length 获取的是元素节点的长度，返回结果为 3，对于这个，我们没有疑问。childNodes.length 获取的是子节点的长度，返回结果却是 7，这是怎么回事呢？

其实对于 ul 元素来说，childNodes 包括 3 个子元素节点和 4 个子文本节点。我们可以看到每一个 li 元素都处于不同行，每一个换行符都是一个空白节点，JavaScript 会把这些空白节点当成文本节点来处理，如图 33-36 所示。

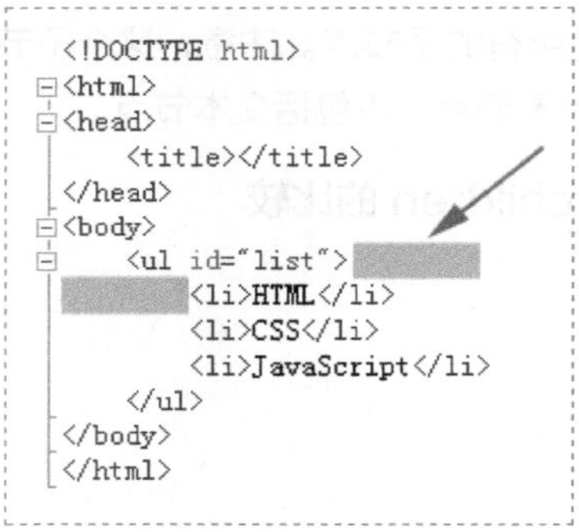

图 33-36 空白节点

再回到这个例子，由于每一个换行符都是一个空白节点，我们数一下就知道是 4 个。注意，第一个 li 前面也有一次换行，最后一个 li 后面也有一次换行，因为都在 ul 元素里面，都要算上。

◤ 举例

```
<!DOCTYPE html>
<html>
<head>
    <meta charset="utf-8" />
    <title></title>
    <script>
        window.onload = function ()
        {
            var oBtn = document.getElementById("btn");
            var oUl = document.getElementById("list");

            oBtn.onclick = function ()
            {
```

```
                oUl.removeChild(oUl.lastChild);
            }
        }
    </script>
</head>
<body>
    <ul id="list">
        <li>HTML</li>
        <li>CSS</li>
        <li>JavaScript</li>
        <li>jQuery</li>
        <li>Vue.js</li>
    </ul>
    <input id="btn" type="button" value="删除" />
</body>
</html>
```

浏览器预览效果如图 33-37 所示。

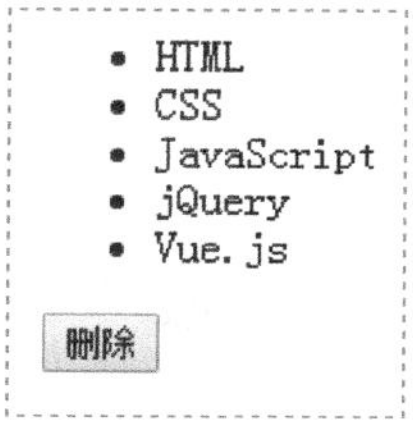

图 33-37　删除最后一个节点

分析

当我们尝试点击【删除】按钮时，会发现一个很奇怪的现象：需要点击两次才可以删除一个 li 元素！

为什么会这样呢？其实好多小伙伴都忘了：两个元素之间的“换行空格”其实也是一个节点。因此在删除节点的时候，第 1 次点击删除的是“文本节点”，第 2 次点击删除的才是 li 元素。解决办法有两个。

- 将 li 元素间的“换行空格”去掉。
- 使用 nodeType 来判断。首先我们知道，元素节点的 nodeType 属性值为 1，文本节点的 nodeType 属性值为 3。然后使用 if 判断，如果 oUl.lastChild.nodeType 值为 3，则执行 removeChild() 两次，第 1 次删除“空白节点”，第 2 次删除元素。如果 oUl.lastChild.nodeType 值不为 3，则只执行 removeChild() 一次。

举例：改进后的代码

```
<!DOCTYPE html>
<html>
<head>
    <meta charset="utf-8" />
    <title></title>
    <script>
        window.onload = function ()
        {
```

```
                var oBtn = document.getElementById("btn");
                var oUl = document.getElementById("list");

                oBtn.onclick = function ()
                {
                    if (oUl.lastChild.nodeType == 3) {
                        oUl.removeChild(oUl.lastChild);
                        oUl.removeChild(oUl.lastChild);
                    } else {
                        oUl.removeChild(oUl.lastChild);
                    }
                }
            }
        </script>
    </head>
    <body>
        <ul id="list">
            <li>HTML</li>
            <li>CSS</li>
            <li>JavaScript</li>
            <li>jQuery</li>
            <li>Vue.js</li>
        </ul>
        <input id="btn" type="button" value="删除" />
    </body>
</html>
```

浏览器预览效果如图 33-38 所示。

- HTML
- CSS
- JavaScript
- jQuery
- Vue.js

删除

图 33-38　删除最后一个元素（复杂）

▼ 分析

从上面我们也可以看出来，使用 childNodes、firstChild、lastChild 这几个方法来操作元素节点非常麻烦，因为它们都把文本节点（一般是空白节点）算进来了。实际上，上面这种是旧的做法，JavaScript 为了让我们可以快速开发，提供了新的方法，也就是只针对元素节点的操作属性：children、firstElementChild、lastElementChild。

▼ 举例

```
<!DOCTYPE html>
<html>
<head>
    <meta charset="utf-8" />
    <title></title>
```

```
        <script>
            window.onload = function ()
            {
                var oBtn = document.getElementById("btn");
                var oUl = document.getElementById("list");

                oBtn.onclick = function ()
                {
                    oUl.removeChild(oUl.lastElementChild);
                }
            }
        </script>
    </head>
    <body>
        <ul id="list">
            <li>HTML</li>
            <li>CSS</li>
            <li>JavaScript</li>
            <li>jQuery</li>
            <li>Vue.js</li>
        </ul>
        <input id="btn" type="button" value="删除" />
    </body>
</html>
```

浏览器预览效果如图 33-39 所示。

图 33-39　删除最后一个元素（简单）

▍ 分析

在这里，我们使用 oUl.removeChild(oUl.lastElementChild); 一句代码就可以轻松实现这个例子的效果。此外，firstElementChild 获取的是第一个子元素节点，lastElementChild 获取的是最后一个子元素节点。如果我们想要获取任意一个子元素节点，可以使用 children[i] 的方式来实现。

33.4.3　查找兄弟元素

在 JavaScript 中，我们可以使用以下 2 组方式来获得兄弟元素。

▶ previousSibling、nextSibling。

▶ previousElementSibling、nextElementSibling。

previousSibling 用于查找前一个兄弟节点，nextSibling 用于查找后一个兄弟节点。previous ElementSibling 用于查找前一个兄弟元素节点，nextElementSibling 用于查找后一个兄弟元素节点。

　　跟查找子元素的两组方式一样，previousSibling 和 nextSibling 查找出来的可能是文本节点（一般是空白节点），因此如果只操作元素节点，建议使用 previousElementSibling 和 nextElementSibling。

▌ 举例

```html
<!DOCTYPE html>
<html>
<head>
    <meta charset="utf-8" />
    <title></title>
    <script>
        window.onload = function ()
        {
            var oBtn = document.getElementById("btn");
            var oUl = document.getElementById("list");

            oBtn.onclick = function ()
            {
                var preElement = oUl.children[2].previousElementSibling;
                oUl.removeChild(preElement);
            };
        }
    </script>
</head>
<body>
    <ul id="list">
        <li>HTML</li>
        <li>CSS</li>
        <li>JavaScript</li>
        <li>jQuery</li>
        <li>Vue.js</li>
    </ul>
    <input id="btn" type="button" value="删除" />
</body>
</html>
```

浏览器预览效果如图 33-40 所示。

- HTML
- CSS
- JavaScript
- jQuery
- Vue.js

删除

图 33-40　查找兄弟元素

▌ 分析

我们实现的是把第 3 个列表项前一个兄弟元素删除。这里如果用 previousSibling 来代替

previousElementSibling，就实现不了了。

> 【解惑】
>
> DOM 遍历提供的这些查找方法，跟之前"9.4 获取元素"一节介绍的获取元素的方法有什么不同？
>
> DOM 遍历提供的这些方法其实就是对"9.4 获取元素"一节中那些方法的补充。DOM 遍历中的方法，让我们可以实现前者无法实现的操作，如获取某一个元素的父元素、获取当前点击位置下的子元素等。

33.5 innerHTML 和 innerText

在前面的学习中，如果要创建一个动态 DOM 元素，我们都是将元素节点、属性节点、文本节点使用 appendChild() 等方法拼凑起来。如果插入的元素比较简单，这种方法还可使用。要是插入的元素非常复杂，就不太适合了。

在 JavaScript 中，我们可以使用 innerHTML 属性很方便地获取和设置一个元素的"**内部元素**"，也可以使用 innerText 属性获取和设置一个元素的"**内部文本**"。

▮ 举例

```html
<!DOCTYPE html>
<html>
<head>
    <meta charset="utf-8" />
    <title></title>
    <script>
        window.onload = function ()
        {
            var oImg = document.createElement("img");
            oImg.className = "pic";
            oImg.src = "images/haizei.png";
            oImg.style.border = "1px solid silver";

            document.body.appendChild(oImg);
        }
    </script>
</head>
<body>
</body>
</html>
```

浏览器预览效果如图 33-41 所示。

▮ 分析

像上面的这个例子，如果我们用 innerHTML 来实现，就非常简单了，代码如下。

```
document.body.innerHTML = '<img class="pic" src="images/haizei.png" style="border:1px
solid silver"/>';
```

图 33-41　动态创建图片

▌ 举例：获取 innerHTML 和 innerText

```html
<!DOCTYPE html>
<html>
<head>
    <meta charset="utf-8" />
    <title></title>
    <script>
        window.onload = function ()
        {
            var oP = document.getElementById("content");
            document.getElementById("txt1").value = oP.innerHTML;
            document.getElementById("txt2").value = oP.innerText;
        }
    </script>
</head>
<body>
    <p id="content"><strong style="color:hotpink;">绿叶学习网</strong></p>
    innerHTML是: <input id="txt1" type="text"><br />
    innerText是: <input id="txt2" type="text">
</body>
</html>
```

浏览器预览效果如图 33-42 所示。

> 绿叶学习网
>
> innerHTML是：　<strong style="color:hotpi
> innerText是：　绿叶学习网

图 33-42　获取 innerHTML 和 innerText

▶ **分析**

从这个例子可以看出，innerHTML 获取的是元素内部所有的内容，而 innerText 获取的仅仅是文本内容。

▶ **举例**

```html
<!DOCTYPE html>
<html>
<head>
    <meta charset="utf-8" />
    <title></title>
    <script>
        window.onload = function ()
        {
            var oDiv = document.getElementsByTagName("div")[0];
            oDiv.innerHTML = '<span>绿叶学习网</span>\
                        <span style="color:hotpink;">JavaScript</span>\
                        <span style="color:deepskyblue;">入门教程</span>';
        }
    </script>
</head>
<body>
    <div></div>
</body>
</html>
```

浏览器预览效果如图 33-43 所示。

图 33-43　innerHTML 添加内容

▶ **分析**

如果让大家使用之前的 appendChild() 方法来实现，这可真是难为我们这些"程序猿"了。细心的小伙伴可能还注意到了一点，在这个例子中，innerHTML 后面的字符串居然可以换行写！一般情况下，代码里面的字符串是不能换行的，但是为了可读性，我们往往希望将字符串截断分行显示。方法很简单，只需要在字符串每一行后面加上个反斜杠（\）就可以了。这是一个非常实用的小技巧。

对于 innerHTML 和 innerText 的区别，我们从表 33-1 中可以很清楚地比较出来。

表 33-1　innerHTML 和 innerText 的区别

HTML 代码	innerHTML	innerText
\<div> 绿叶学习网 \</div>	绿叶学习网	绿叶学习网
\<div>\<em> 绿叶学习网 \</em>\</div>	\<em> 绿叶学习网 \</em>	绿叶学习网
\<div>\<em>\</em>\</div>	\<em>\</em>	（空字符串）

【解惑】

很多书上不是说 innerText 兼容不好吗？为什么还要用它呢？

以前，只有 IE、Chrome 等支持 innerText，而 Firefox 不支持。现在 Firefox 新版本已经全面支持 innerText 了，对于旧版本的 Firefox 的兼容性，不需要去理睬。

前端技术的更新速度如此之快，我们都是往前看，而不是往后看的。现在还有谁故意去装一个旧版本的 Firefox 呢？

实际上，还有一个跟 innerText 等价的属性，那就是 textContent。以前为了兼容所有浏览器，我们用的都是 textContent。当然，现在也可以使用 textContent 来代替 innerText，效果是一样的。为了减轻记忆负担，我们记住 innerText 就行了。innerText，从字面上来看，刚好对应于 innerHTML，更容易记住。

33.6　本章练习

一、单选题

1. 如果我们想要获取某一个元素的 width 属性值，应该使用哪一个方法来实现？（　　）
   A. getComputedStyle(obj).width
   B. getComputedStyle(obj)[width]
   C. obj.style.width
   D. obj.style["width"]

2. 在下面的 HTML 结构中，div 元素的 innerHTML 获取的结果是（　　）。

   ```
   <div>存在即<span>合理</span><strong></strong></div>
   ```

   A. 存在即合理
   B. 存在即 <span> 合理 </span>
   C. 存在即 <span> 合理 </span><strong></strong>
   D. <span> 合理 </span>

3. 下面有关 DOM 操作的说法中，正确的是（　　）。
   A. obj.attr 和 obj.getAttribute("attr") 这两种方法的功能是完全一样的
   B. 可以使用 hasAttribute() 方法来判断元素是否含有某个属性
   C. children、firstElementChild、lastElementChild 都是包含元素节点以及文本节点的
   D. innerHTML 获取的仅仅是文本内容

4. 下面有一段 HTML 代码，如果我们已经获取了 p 元素，其 DOM 对象名为 obj。则下列有关 DOM 遍历的说法中，正确的是（　　）。

   ```
   <!DOCTYPE html>
   <html>
   <head>
   ```

```
    <meta charset="utf-8" />
    <title></title>
  </head>
  <body>
    <div></div>
    <div></div>
    <p><span><span></p>
    <strong></strong>
  </body>
</html>
```

A. 如果只想获取 p 的父元素节点，可以使用 obj.parentNode

B. 如果只想获取 p 的上一个兄弟元素节点，可以使用 obj.previousSibling

C. 如果只想获取 p 的下一个兄弟元素节点，可以使用 obj.nextSibling

D. 如果只想获取 p 的所有子元素节点，可以使用 obj.childNodes

二、编程题

请分别使用 appedChild() 方法和 innerHTML 属性这两种方法在 body 元素中插入一个按钮：
<input id="btn" type="button" value=" 按钮 "/>。

三、问答题

document.write() 和 innerHTML 之间有什么区别？（前端面试题）

第 34 章
事件基础

34.1　事件是什么

在之前的学习中，我们接触过鼠标点击事件（即 onclick）。那事件究竟是什么呢？举个例子，当我们点击一个按钮时，会弹出一个对话框。其中，"点击"就是一个事件，"弹出对话框"就是我们在点击这个事件里面做的一些事情。

在 JavaScript 中，一个事件包含 3 部分。

- ▶ 事件主角：是按钮？还是 div 元素？还是其他？
- ▶ 事件类型：是点击？还是移动？还是其他？
- ▶ 事件过程：这个事件都发生了些什么？

当然还有目睹整个事件的"吃瓜群众"，也就是用户。像点击事件，也需要用户点了按钮才会发生，没人点就不会发生。

在 JavaScript 中，事件一般是由用户对页面的一些"小动作"引起的，如按下鼠标、移动鼠标等，这些"小动作"都会触发一个相应的事件。JavaScript 常见的事件共有以下 5 种。

- ▶ 鼠标事件。
- ▶ 键盘事件。
- ▶ 表单事件。
- ▶ 编辑事件。
- ▶ 页面事件。

事件操作是 JavaScript 的核心，可以这样说：**不懂事件操作，JavaScript 等于白学**。在 JavaScript 入门阶段，我们主要给大家讲解最实用的一些事件，大家掌握这些就可以了。对于更加高级的内容，如事件冒泡、事件模型等，我们在 JavaScript 进阶的内容中再给大家详细介绍。

34.2 事件调用方式

在 JavaScript 中，调用事件的方式有两种。

▶ 在 script 标签中调用。
▶ 在元素中调用。

34.2.1 在 script 标签中调用

在 script 标签中调用事件，指的是在 <script></script> 标签内部调用事件。

▰ **语法**

```
obj.事件名 = function()
{
    ......
};
```

▰ **说明**

obj 是一个 DOM 对象，所谓的 DOM 对象，指的是使用 getElementById()、getElements ByTagName() 等方法获取的元素节点。

由于上面是一个赋值语句，而语句一般都是要以英文分号结束的，所以最后需要添加一个英文分号（；）。不加也不会报错，但是为了规范，建议加上。

▰ **举例**

```
<!DOCTYPE html>
<html>
<head>
    <meta charset="utf-8" />
    <title></title>
    <script>
        window.onload = function ()
        {
            //获取元素
            var oBtn = document.getElementById("btn");
            //为元素添加点击事件
            oBtn.onclick = function ()
            {
                alert("绿叶学习网");
            };
        }
    </script>
</head>
<body>
    <input id="btn" type="button" value="弹出" />
</body>
</html>
```

默认情况下，预览效果如图 34-1 所示。点击【弹出】按钮，预览效果如图 34-2 所示。

图 34-1　在 script 标签中调用事件

图 34-2　点击按钮后的效果

▌ 分析

```
oBtn.onclick = function () {alert("绿叶学习网");};
```

上面这句代码的具体分析如图 34-3 所示。

图 34-3　分析图

如图 34-3 所示，这种事件调用方式是不是跟给元素属性赋值很相似？其实从本质上来说，这种事件调用方式用于操作元素的属性。只不过这个属性不是一般的属性，而是"事件属性"。上面这句代码的意思就是给元素的 onclick 属性赋值，这个值是一个函数。你没看错，函数也是可以赋值给一个变量的。

小伙伴们一定要从操作元素的 HTML 属性这个角度来看待事件操作，这能让你对事件操作理解得更深。

34.2.2　在元素中调用事件

在元素中调用事件，指的是直接在 HTML 属性中调用事件，这个属性又叫作"事件属性"。

▌ 举例

```
<!DOCTYPE html>
<html>
<head>
    <meta charset="utf-8" />
```

```
        <title></title>
        <script>
            function alertMes()
            {
                alert("绿叶学习网");
            }
        </script>
</head>
<body>
    <input type="button" onclick="alertMes()" value="弹出" />
</body>
</html>
```

默认情况下，预览效果如图 34-4 所示。点击【弹出】按钮，浏览器预览效果如图 34-5 所示。

图 34-4　在元素中调用事件

图 34-5　点击按钮后的效果

▶ 分析

实际上，上面的这个例子还可以写成下面这种形式，两者是等价的。

```
<!DOCTYPE html>
<html>
<head>
    <meta charset="utf-8" />
    <title></title>
</head>
<body>
    <input type="button" onclick="alert('绿叶学习网')" value="弹出" />
</body>
</html>
```

　　在 script 标签中调用事件，我们需要使用 getElementById()、getElementsByTagName() 等方法来获取想要的元素，然后才能对其进行事件操作。

　　在元素属性中调用事件，我们是不需要使用 getElementById()、getElementsByTagName() 等方法来获取想要的元素的，因为系统已经知道事件的主角是哪个元素了。

　　在实际开发中，我们更倾向于在 script 标签中调用事件，因为这种方式可以使结构（HTML）与行为（JavaScript）分离，代码更具有可读性和维护性。

34.3　鼠标事件

从这一节开始,我们正式开始实操 JavaScript 中的各种事件。事件操作是 JavaScript 的核心之一,也是本书的重中之重,因为 JavaScript 本身就是一门基于事件的编程语言。

在 JavaScript 中,常见的鼠标事件如表 34-1 所示。

表 34-1　鼠标事件

事件	说明
onclick	鼠标单击事件
onmouseover	鼠标移入事件
onmouseout	鼠标移出事件
onmousedown	鼠标按下事件
onmouseup	鼠标松开事件
onmousemove	鼠标移动事件

鼠标事件非常多,这里我们只列出最实用的几个,免得增加大家的记忆负担。从上表可以看出,事件名都是以"on"开头的。对于这些事件名,我们可以根据它们的英文意思来理解记忆。

34.3.1　鼠标单击

单击事件 onclick,我们在前面的内容中已经接触过很多,如点击某个按钮弹出一个提示框。这里要特别注意一点,单击事件不只是按钮才有,任何元素我们都可以为它添加单击事件!

�
举例:为 div 元素添加单击事件

```
<!DOCTYPE html>
<html>
<head>
    <meta charset="utf-8" />
    <title></title>
    <style type="text/css">
        #btn
        {
            display: inline-block;
            width: 80px;
            height: 24px;
            line-height: 24px;
            font-family:微软雅黑;
            font-size:15px;
            text-align: center;
            border-radius: 3px;
            background-color: deepskyblue;
            color: White;
            cursor: pointer;
        }
```

```
        #btn:hover {background-color: dodgerblue;}
    </style>
    <script>
        window.onload = function ()
        {
            var oDiv = document.getElementById("btn");
            oDiv.onclick = function ()
            {
                alert("这是一个模拟按钮");
            };
        };
    </script>
</head>
<body>
    <div id="btn">调试代码</div>
</body>
</html>
```

浏览器预览效果如图 34-6 所示。

图 34-6 为 div 元素添加单击事件

▶ 分析

在这个例子中，我们使用 div 元素模拟出一个按钮，并且为它添加了单击事件。当我们点击【调试代码】按钮后，就会弹出提示框。之所以举这个例子，也是为了向小伙伴们说明一点：**我们可以为任何元素添加鼠标单击事件！**

在实际开发中，为了提供更好的用户体验，我们一般不会使用表单按钮，而更倾向于使用其他元素结合 CSS 模拟出一个按钮。因为表单按钮的外观实在让人不敢恭维。

▶ 举例

```
<!DOCTYPE html>
<html>
<head>
    <meta charset="utf-8" />
    <title></title>
    <script>
        window.onload = function ()
        {
            var oBtn = document.getElementById("btn");
```

```
              oBtn.onclick = alertMes;
              function alertMes() {
                    alert("欢迎来到绿叶学习网！");
              };
          }
      </script>
</head>
<body>
    <input id="btn" type="button" value="按钮"/>
</body>
</html>
```

浏览器预览效果如图 34-7 所示。

图 34-7　鼠标点击事件

▶ 分析

```
oBtn.onclick = alertMes;
function alertMes()
{
    alert("欢迎来到绿叶学习网！");
};
```

上面这种代码其实可以等价于下面的代码。

```
oBtn.onclick = function ()
{
    alert("欢迎来到绿叶学习网！");
};
```

这两种写法是等价的，小伙伴们要了解一下。

34.3.2　鼠标移入和鼠标移出

　　当用户将鼠标移入到某个元素上面时，就会触发 onmouseover 事件；而将鼠标移出某个元素时，就会触发 onmouseout 事件。onmouseover 和 onmouseout 这两个事件平常都是形影不离的。
　　onmouseover 和 onmouseout 分别用于控制鼠标"移入"和"移出"这两种状态，如在下拉菜单导航中，鼠标移入会显示二级导航，鼠标移出则会收起二级导航。

▶ **举例**

```html
<!DOCTYPE html>
<html>
<head>
    <meta charset="utf-8" />
    <title></title>
    <script>
        window.onload = function ()
        {
            var oP = document.getElementById("content");

            oP.onmouseover = function ()
            {
                this.style.color = "red";
            };
            oP.onmouseout = function ()
            {
                this.style.color = "black";
            };
        };
    </script>
</head>
<body>
    <p id="content">绿叶学习网</p>
</body>
</html>
```

浏览器预览效果如图 34-8 所示。

图 34-8　鼠标移入和移出

▶ **分析**

这里的 this 指向的是 oP，即 this.style.color = "red"；其实等价于下面的代码。

```
oP.style.color = "red";
```

this 的用法非常复杂，这里我们先做简单介绍，下一章再详细讲解。

上面的这个例子比较简单，方法已经交给大家了，大家可以尝试使用 onmouseover 和 onmouseout 这两个事件来设计下拉菜单效果，考验能力的时候到了。

34.3.3 鼠标按下和鼠标松开

当用户按下鼠标时，会触发 onmousedown 事件；当用户松开鼠标时，则会触发 onmouseup 事件。onmousedown 表示鼠标按下的一瞬间所触发的事件，而 onmouseup 表示鼠标松开的一瞬间所触发的事件。当然我们都知道，只有"先按下"才能"再松开"。

▌ 举例

```
<!DOCTYPE html>
<html>
<head>
    <meta charset="utf-8" />
    <title></title>
    <script>
        window.onload = function ()
        {
            var oDiv = document.getElementById("title");
            var oBtn = document.getElementById("btn");

            oBtn.onmousedown = function ()
            {
                oDiv.style.color = "red";
            };
            oBtn.onmouseup = function ()
            {
                oDiv.style.color = "black";
            };
        };
    </script>
</head>
<body>
    <h1 id="title">绿叶学习网</h1>
    <hr />
    <input id="btn" type="button" value="button" />
</body>
</html>
```

浏览器预览效果如图 34-9 所示。

图 34-9　鼠标按下和鼠标松开

▼ 分析

在实际开发中，onmousedown、onmouseup 和 onmousemove 经常配合实现拖曳、抛掷等效果，这些效果非常复杂，我们在 JavaScript 进阶中会详细介绍。

34.4　键盘事件

在 JavaScript 中，常用的键盘事件共有两种。
- ▶ 键盘按下: onkeydown。
- ▶ 键盘松开: onkeyup。

onkeydown 表示键盘按下一瞬间所触发的事件，而 onkeyup 表示键盘松开一瞬间所触发的事件。对于键盘来说，都是先有"按下"，才有"松开"，也就是说，onkeydown 发生在 onkeyup 之前。

▼ 举例: 统计输入字符的长度

```
<!DOCTYPE html>
<html>
<head>
    <meta charset="utf-8" />
    <title></title>
    <script>
        window.onload = function ()
        {
            var oTxt = document.getElementById("txt");
            var oNum = document.getElementById("num");

            oTxt.onkeyup = function ()
            {
                var str = oTxt.value;
                oNum.innerHTML = str.length;
            };
        };
    </script>
</head>
<body>
    <input id="txt" type="text" />
    <div>字符串长度为:<span id="num">0</span></div>
</body>
</html>
```

浏览器预览效果如图 34-10 所示。

▼ 分析

在这个例子中，我们要实现的效果是当用户输入字符串后，会自动计算字符串的长度。

实现原理很简单，每输入一个字符，我们都需要敲击一下键盘；每次输入完成，也就是松开键盘时，都会触发一次 onkeyup 事件，此时我们计算字符串的长度就可以了。

图 34-10　键盘事件统计输入字符的长度

▶ 举例：验证输入是否正确

```
<!DOCTYPE html>
<html>
<head>
    <meta charset="utf-8" />
    <title></title>
    <script>
        window.onload = function ()
        {
            var oTxt = document.getElementById("txt");
            var oDiv = document.getElementById("content");
            //定义一个变量，保存正则表达式
            var myregex = /^[0-9]*$/;

            oTxt.onkeyup = function ()
            {
                //判断是否输入为数字
                if (myregex.test(oTxt.value)) {
                    oDiv.innerHTML = "输入正确";
                } else {
                    oDiv.innerHTML = "必须输入数字";
                }
            };
        };
    </script>
</head>
<body>
    <input id="txt" type="text" />
    <div id="content" style="color:red;"></div>
</body>
</html>
```

默认情况下，预览效果如图 34-11 所示。当我们输入文本时，预览效果如图 34-12 所示。

▶ 分析

几乎每一个网站的注册功能都会涉及表单验证，如判断用户名是否已注册、密码长度是否满足、邮箱格式是否正确等。而表单验证，就肯定离不开正则表达式，正则表达式也是 JavaScript 中非常重要的内容。

图 34-11 键盘事件实现表单验证　　　　　图 34-12 输入文本后的效果

　　键盘事件一般有两个用途：表单操作和动画控制。对于动画控制，常见于游戏开发中，如在《英雄联盟》中人物行走或释放技能，就是通过键盘来控制的，如图 34-13 所示。用键盘事件来控制动画比较难，我们放到后面再介绍。

图 34-13 英雄联盟

34.5　表单事件

　　在 JavaScript 中，常用的表单事件有 3 种。
- onfocus 和 onblur。
- onselect。
- onchange。

　　实际上，除了上面这几个，还有一个 onsubmit 事件。onsubmit 事件一般都会结合后端技术一起使用，所以暂时不需了解。

34.5.1　onfocus 和 onblur

　　onfocus 表示获取焦点时触发的事件，而 onblur 表示失去焦点时触发的事件，两者是相反的操作。

onfocus 和 onblur 这两个事件往往都是配合一起使用的。例如用户准备在文本框中输入内容时，此时文本框会获得光标，就会触发 onfocus 事件。当文本框失去光标时，就会触发 onblur 事件。

并不是所有的 HTML 元素都有焦点事件，具有"获取焦点"和"失去焦点"特点的元素只有两种。

- ▶ 表单元素（单选框、复选框、单行文本框、多行文本框、下拉列表）。
- ▶ 超链接。

判断一个元素是否具有焦点很简单，我们打开一个页面后按【Tab】键，能够选中的就是具有焦点特性的元素。在实际开发中，焦点事件（onfocus 和 onblur）一般用于单行文本框和多行文本框这，在其他地方比较少用。

▶ 举例：搜索框

```html
<!DOCTYPE html>
<html>
<head>
    <meta charset="utf-8" />
    <title></title>
    <style type="text/css">
        #search{color:#bbbbbb;}
    </style>
    <script>
        window.onload = function ()
        {
            //获取元素对象
            var oSearch = document.getElementById("search");

            //获取焦点
            oSearch.onfocus = function ()
            {
                if (this.value == "百度一下，你就知道")
                {
                    this.value = "";
                }
            };
            //失去焦点
            oSearch.onblur = function ()
            {
                if (this.value == "")
                {
                    this.value = "百度一下，你就知道";
                }
            };
        }
    </script>
</head>
<body>
    <input id="search" type="text" value="百度一下，你就知道"/>
    <input id="Button1" type="button" value="搜索" />
```

```
    </body>
</html>
```

浏览器预览效果如图 34-14 所示。

图 34-14　获得焦点和失去焦点

▶ 分析

在这个例子中，当文本框获得焦点（也就是有光标）时，提示文字就会消失。当文本框失去焦点时，如果没有输入任何内容，提示文字会重新出现。从这里小伙伴们可以感性地认识到"获取焦点"和"失去焦点"是怎么一回事。

上面例子中的搜索框的外观还有待改善，技巧已经教给大家了，大家可以自己动手尝试去实现一个更加美观的搜索框。

像上面这种搜索框的提示文字效果，其实我们也可以使用 HTML5 表单元素新增的 placeholder 属性来实现，代码如下。

```
<input id="search" type="text" placeholder="百度一下，你就知道" />
```

对于焦点事件来说，还有一点需要补充。默认情况下，文本框是不会自动获取焦点的，而必须点击文本框才可以。但是我们经常看到很多页面一打开，文本框就已经自动获取了焦点，如百度首页（大家可以去看看）。那么这个效果是怎么实现的呢？很简单，一个 focus() 方法就可以轻松搞定。

▶ 举例：focus() 方法

```
<!DOCTYPE html>
<html>
<head>
    <meta charset="utf-8" />
    <title></title>
    <script>
        window.onload = function ()
        {
            var oTxt = document.getElementById("txt");
            oTxt.focus();
        }
    </script>
</head>
<body>
    <input id="txt" type="text"/>
</body>
</html>
```

浏览器预览效果如图 34-15 所示。

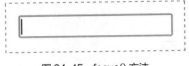

图 34-15　focus() 方法

▶ 分析

focus() 跟 onfocus 是不一样的。focus() 是一个方法，仅仅用于让元素获取焦点。而 onfocus 是一个属性，它是用于事件操作的。

34.5.2　onselect

在 JavaScript 中，当我们选中"单行文本框"或"多行文本框"中的内容时，就会触发 onselect 事件。

▶ 举例

```
<!DOCTYPE html>
<html>
<head>
    <meta charset="utf-8" />
    <title></title>
    <script>
        window.onload = function ()
        {
            var oTxt1 = document.getElementById("txt1");
            var oTxt2 = document.getElementById("txt2");

            oTxt1.onselect = function ()
            {
                alert("你选中了单行文本框中的内容");
            };
            oTxt2.onselect = function ()
            {
                alert("你选中了多行文本框中的内容");
            };
        }
    </script>
</head>
<body>
    <input id="txt1" type="text" value="如果我真的存在，也是因为你需要我。"/><br />
    <textarea id="txt2" cols="20" rows="5">如果我真的存在，也是因为你需要我。</textarea>
</body>
</html>
```

浏览器预览效果如图 34-16 所示。

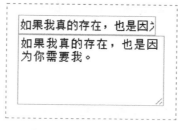

图 34-16　onselect() 方法

▼ 分析

当我们选中单行文本框或多行文本框中的内容时，都会弹出对应的对话框。onselect 事件在实际开发中用得极少，我们了解一下就行，不需要深入。再回到实际开发中，我们在使用搜索框的时候，每次点击搜索框，它就自动帮我们把文本框内的文本全选中了（大家先去看看百度搜索是不是这样的），这又是怎么实现的呢？此时就用到了 select() 方法。

▼ 举例：select() 方法

```
<!DOCTYPE html>
<html>
<head>
    <meta charset="utf-8" />
    <title></title>
    <script>
        window.onload = function ()
        {
            var oSearch = document.getElementById("search");
            oSearch.onclick = function ()
            {
                this.select();
            };
        }
    </script>
</head>
<body>
    <input id="search" type="text" value="百度一下，你就知道" />
</body>
</html>
```

浏览器预览效果如图 34-17 所示。点击文本框，预览效果如图 34-18 所示。

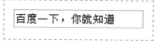

图 34-17　select() 方法

图 34-18　点击文本框后的效果

▼ 分析

select() 跟 onselect 是不一样的。select() 是一个方法，仅仅用于全选文本。而 onselect 是一个属性，它是用于事件操作的。select() 和 onselect 的关系，与 focus() 和 onfocus 的关系是相似的。

34.5.3　onchange

在 JavaScript 中，onchange 事件常用于"具有多个选项的表单元素"的操作。

▶ 单选框选择某一项时触发。

▶ 复选框选择某一项时触发。

▶ 下拉列表选择某一项时触发。

▼ 举例：单选框

```html
<!DOCTYPE html>
<html>
<head>
    <meta charset="utf-8" />
    <title></title>
    <script>
        window.onload = function ()
        {
            var oFruit = document.getElementsByName("fruit");
            var oP = document.getElementById("content");

            for (var i = 0; i < oFruit.length; i++)
            {
                oFruit[i].onchange = function ()
                {
                    if (this.checked)
                    {
                        oP.innerHTML = "你选择的是: " + this.value;
                    }
                };
            }
        }
    </script>
</head>
<body>
    <div>
        <label><input type="radio" name="fruit" value="苹果" />苹果</label>
        <label><input type="radio" name="fruit" value="香蕉" />香蕉</label>
        <label><input type="radio" name="fruit" value="西瓜" />西瓜</label>
    </div>
    <p id="content"></p>
</body>
</html>
```

浏览器预览效果如图 34-19 所示。选中任意一项，就会立即显示出结果，效果如图 34-20 所示。

图 34-19 onchange 用于单选框

图 34-20 选中某一项效果

分析

在这里，我们首先使用 getElementsByName () 方法来获得具有同一个 name 属性值的表单元素，然后使用for循环遍历，目的是给每一个单选按钮都添加onchange事件。当我们选中任意一个单选按钮（也就是触发 onchange 事件）时，就判断当前单选按钮是否被选中（this.checked）。如果当前按钮被选中，就将选中的单选按钮的值（this.value）赋值给 oP.innerHTML。

举例：复选框的全选与反选

```
<!DOCTYPE html>
<html>
<head>
    <meta charset="utf-8" />
    <title></title>
    <script>
        window.onload = function ()
        {
            var oSelectAll = document.getElementById("selectAll");
            var oFruit = document.getElementsByName("fruit");

            oSelectAll.onchange = function ()
            {
                //如果选中，即this.checked返回true
                if (this.checked) {
                    for (var i = 0; i < oFruit.length; i++)
                    {
                        oFruit[i].checked = true;
                    }
                } else {
                    for (var i = 0; i < oFruit.length; i++)
                    {
                        oFruit[i].checked = false;
                    }
                }
            };
        }
    </script>
</head>
<body>
    <div>
        <p><label><input id="selectAll" type="checkbox"/>全选/反选：</label></p>
        <label><input type="checkbox" name="fruit" value="苹果" />苹果</label>
        <label><input type="checkbox" name="fruit" value="香蕉" />香蕉</label>
        <label><input type="checkbox" name="fruit" value="西瓜" />西瓜</label>
```

```
        </div>
    </body>
</html>
```

浏览器预览效果如图 34-21 所示。

图 34-21　onchange 用于复选框的全选与反选

▌ 分析

当【全选】复选框被选中时，下面的复选框就会被全部选中。再次点击【全选】按钮，此时下面所有复选框就会被取消选中。

哪个元素在"搞事情"（触发事件），this 就是哪个。我们一定要非常清楚这一点，因为后面会经常碰到。

▌ 举例：下拉列表

```html
<!DOCTYPE html>
<html>
<head>
    <meta charset="utf-8" />
    <title></title>
    <script>
        window.onload = function ()
        {
            var oList = document.getElementById("list");

            oList.onchange = function ()
            {
                var link = this.options[this.selectedIndex].value;
                window.open(link);
            };
        }
    </script>
</head>
<body>
    <select id="list">
        <option value="http://www.lvyestudy.com">绿叶学习网</option>
        <option value="http://www.ptpress.com.cn">人民邮电出版社有限公司</option>
    </select>
</body>
</html>
```

浏览器预览效果如图 34-22 所示。

图 34-22 onchange 用于下拉列表

分析

当我们选择下拉列表的某一项时，就会触发 onchange 事件，然后就会在新的窗口打开对应的页面。下拉菜单这种效果比较常见，我们可以了解一下。

对于 select 元素来说，我们可以使用 obj.options[n] 的方式来得到某一个列表项，这个列表项也是一个 DOM 对象。并且还可以使用 obj.selectedIndex 来获取你所选择的这个列表项的下标。这两个都是下拉列表所独有的也是经常用的方法。

此外，window.open() 表示打开一个新的窗口，对于这块内容，我们在“13.2 窗口操作”这一节会详细介绍。

有一点要提醒大家：选择下拉列表的某一项时，触发的是 onchange 事件，而不是 onselect 事件。onselect 事件仅仅在选择文本框中的内容时才会触发，我们要清楚这两者的区别。

34.6 编辑事件

在 JavaScript 中，常用的编辑事件有 3 种。

- oncopy。
- onselectstart。
- oncontextmenu。

34.6.1 oncopy

在 JavaScript 中，我们可以使用 oncopy 事件来防止页面内容被复制。

语法

```
document.body.oncopy = function ()
{
    return false;
}
```

举例

```
<!DOCTYPE html>
<html>
<head>
    <meta charset="utf-8" />
    <title></title>
    <script>
        window.onload = function ()
        {
            document.body.oncopy = function ()
```

```
            {
                return false;
            }
        }
    </script>
</head>
<body>
    <div>不要用战术上的勤奋，来掩盖战略上的懒惰。</div>
</body>
</html>
```

浏览器预览效果如图 34-23 所示。

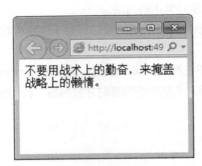

图 34-23　oncopy 防止文本被复制

▼ 分析

大家可能会疑惑：选取文本后点击鼠标右键，【复制】这个选项还可以点击，但实际上，点击【复制】选项后再粘贴，是粘贴不出内容来的。

34.6.2　onselectstart

在 JavaScript 中，我们可以使用 onselectstart 事件来防止页面内容被选取。

▼ 语法

```
document.body.onselectstart=function()
{
    return false;
}
```

▼ 举例

```
<!DOCTYPE html>
<html>
<head>
    <meta charset="utf-8" />
    <title></title>
    <script>
        window.onload = function ()
        {
```

```
            document.body.onselectstart = function ()
            {
                return false;
            }
        }
    </script>
</head>
<body>
    <div>一个人可能走得快，但是一群人却可以走得远。</div>
</body>
</html>
```

浏览器预览效果如图 34-24 所示。

图 34-24　onselectstart 防止文本被选取

▼ 分析

防止页面内容被选取，从本质上来说也是为了防止用户复制内容。为了防止用户复制内容，我们有两种实现方式：oncopy 事件和 onselectstart 事件。

34.6.3　oncontextmenu

在 JavaScript 中，我们可以使用 oncontextmenu 事件来禁止使用鼠标右键。

▼ 语法

```
document.oncontextmenu = function ()
{
    return false;
}
```

▼ 举例

```
<!DOCTYPE html>
<html>
<head>
    <meta charset="utf-8" />
    <title></title>
    <script>
```

```
            window.onload = function () {
                document.oncontextmenu = function () {
                    return false;
                }
            }
        </script>
    </head>
    <body>
        <div>每个人的人生掌握在自己的手里，而不是别人的评价里。</div>
    </body>
    </html>
```

浏览器预览效果如图 34-25 所示。

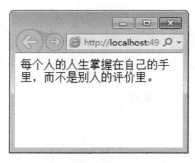

图 34-25　oncontextmenu 禁止鼠标右键

▮ 分析

虽然鼠标右键的功能被禁止使用，但是我们依旧可以使用快捷键，如可以使用【Ctrl+C】快捷键来复制内容，使用【Ctrl+S】快捷键来保存网页等。

总而言之，oncopy、onselectstart 和 oncontextmenu 在大多数情况下都是用来保护版权的。不过为了实现更好的用户体验，我们还是少用为妙，除非是在迫不得已的情况下。

34.7　页面事件

之前我们学习了各种事件，除了这些事件外，还有一种非常重要的事件：页面事件。在 JavaScript 中，常用的页面事件只有下面 2 个。

- ▸ onload。
- ▸ onbeforeunload。

34.7.1　onload

在 JavaScript 中，onload 表示文档加载完成后再执行的一个事件。

▮ 语法

```
window.onload = function(){
```

```
    ......
}
```

说明

并不是所有情况都需要用到 window.onload，一般地，只有在想要"获取页面中某一个元素"的时候才会用到。onload 事件非常重要，也是 JavaScript 中用得最多的事件之一，我们在此之前应该见识到了。

举例

```
<!DOCTYPE html>
<html>
<head>
    <meta charset="utf-8" />
    <title></title>
    <script>
        var oBtn = document.getElementById("btn");
        oBtn.onclick = function ()
        {
            alert("JavaScript");
        };
    </script>
</head>
<body>
    <input id="btn" type="button" value="提交" />
</body>
</html>
```

浏览器预览效果如图 34-26 所示。

图 34-26　没有加 window.onload

分析

当我们点击【提交】按钮时，浏览器会报错。这是因为在默认情况下，浏览器是从上到下来解析一个页面的。当解析到"var oBtn = document.getElementById("btn");"这一句时，浏览器找不到 id 为 btn 的元素，就会感到很疑惑：怎么半路杀出个不认识的程咬金来呢？

正确的解决方法就是使用 window.onload，实现代码如下。

```
<!DOCTYPE html>
<html>
<head>
    <meta charset="utf-8" />
    <title></title>
    <script>
        window.onload = function ()
        {
```

```
            var oBtn = document.getElementById("btn");
            oBtn.onclick = function ()
            {
                alert("JavaScript");
            };
        }
    </script>
</head>
<body>
    <input id="btn" type="button" value="提交" />
</body>
</html>
```

浏览器预览效果如图 34-27 所示。

图 34-27 加上 window.onload

◤ 分析

在这个例子中，浏览器从上到下解析到 window.onload 时，就会先不解析 window.onload 里面的代码，而是继续往下解析，直到把整个 HTML 文档解析完后才会回去执行 window.onload 里面的代码。这个时候，就算"程咬金"不报上名号，人家都知道是他来了。

有小伙伴就会问了：在下面这个例子中，为什么不需要加上 window.onload 也可以获取元素呢？

◤ 举例

```
<!DOCTYPE html>
<html>
<head>
    <meta charset="utf-8" />
    <title></title>
    <script>
        function change()
        {
            var oTitle = document.getElementById("title");
            oTitle.style.color = "white";
            oTitle.style.backgroundColor = "hotpink";
        }
    </script>
</head>
<body>
    <h3 id="title">绿叶学习网</h3>
    <input type="button" value="改变样式" onclick="change()" />
</body>
</html>
```

浏览器预览效果如图 34-28 所示。

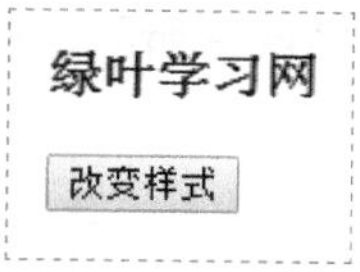

图 34-28 在元素中调用事件

分析

对于函数来说，有一句非常重要的话，不知道小伙伴们记不记得：**如果一个函数仅仅被定义而没有被调用，则函数本身是不会执行的。**

从上面我们可以知道，浏览器从上到下解析 HTML 文档，当它解析到函数的定义部分时，它也会直接跳过。如果浏览器立刻解析，函数岂不是自动执行了？会自动执行的，这还是函数吗？

这里的函数是在用户点击这个按钮的时候执行的，那时候文档已经加载好了。

34.7.2 onbeforeunload

在 JavaScript 中，onbeforeunload 表示离开页面之前触发的一个事件。

语法

```
window.onbeforeunload = function(){
    ……
}
```

说明

与 window.onload 相对的应该是 window.onunload，一般情况下，我们极少用到 window.onunload，而更倾向于使用 window.onbeforeunload。

举例

```
<!DOCTYPE html>
<html>
<head>
    <meta charset="utf-8" />
    <title></title>
    <script>
        window.onload = function ()
        {
            alert("欢迎来到绿叶学习网！");
        }
        window.onbeforeunload = function (e)
        {
            e.returnValue = "记得下来再来喔！";
        }
    </script>
</head>
<body>
</body>
</html>
```

　　打开页面的时候，浏览器预览效果如图 34-29 所示。关闭页面的时候，浏览器预览效果如图 34-30 所示。

图 34-29　onbeforeunload 事件

图 34-30　关闭页面时的效果

▼ **分析**

e 是一个 event 对象。对于 event 对象，我们在下一章会详细介绍。

34.8　本章练习

单选题

1. 在页面中，当按下键盘任意一个键时都会触发（　　）事件。

　　A. onfocus　　　　　　　　　B. onsubmit

　　C. onmousedown　　　　　　D. onkeydown

2. 下面有关事件操作的说法中，正确的是（　　）。

　　A. onfocus 和 focus() 方法是等价的

　　B. 选择下拉列表的某一项时，会触发 onselect 事件

　　C. 对于 select 元素来说，我们可以使用 obj.options[n] 的方式来得到某一个列表项

　　D. 在键盘事件中，onkeyup 事件发生在 onkeydown 事件之前

第 35 章

事件进阶

35.1 事件监听器

在 JavaScript 中，如果要给元素添加一个事件，可采用以下两种方式。

- ▶ 事件处理器。
- ▶ 事件监听器。

35.1.1 事件处理器

在前面的学习中，如果我们要给元素添加一个事件，一般会通过操作 HTML 属性的方式来实现，这种方式其实也叫作"事件处理器"，如下所示。

```
oBtn.onclick = function(){……};
```

事件处理器的用法非常简单，代码写出来也很易读。但是这种添加事件的方式有一定的缺陷。下面先来看一个例子。

�]▌ 举例

```
<!DOCTYPE html>
<html>
<head>
    <meta charset="utf-8" />
    <title></title>
    <script>
        window.onload = function ()
        {
            var oBtn = document.getElementById("btn");

            oBtn.onclick = function () {
```

```
            alert("第1次");
        };
        oBtn.onclick = function () {
            alert("第2次");
        };
        oBtn.onclick = function () {
            alert("第3次");
        };
    }
    </script>
</head>
<body>
    <input id="btn" type="button" value="按钮"/>
</body>
</html>
```

默认情况下，预览效果如图 35-1 所示。当我们点击按钮后，预览效果如图 35-2 所示。

图 35-1　事件处理器

图 35-2　点击按钮后的效果

▌ 分析

在这个例子中，我们一开始的目的是给按钮添加 3 次 onclick 事件，但 JavaScript 最终只会执行最后一次 onclick。可以看出，事件处理器不能为一个元素添加多个相同事件。

你可能会在心里问：那又如何？没错，对于同一个元素来说，确实很少需要添加多个相同事件。可是，有些情况下也确实需要这么做，如在点击【提交表单】按钮时，需要验证用户输入的全部数据，然后再通过 AJAX 将其提交给服务器。

如果要为一个元素添加多个相同的事件，该如何实现呢？这就需要用到另外一种添加事件的方式了，那就是——事件监听器。

35.1.2　事件监听器

1.　绑定事件

所谓的"事件监听器"，指的是使用 addEventListener() 方法为一个元素添加事件，我们又称之为"绑定事件"。

▌ 语法

```
obj.addEventListener(type , fn , false)
```

▶ 说明

obj 是一个 DOM 对象，指的是使用 getElementById()、getElementsByTagName() 等方法获取的元素节点。

type 是一个字符串，指的是事件类型。如单击事件用 click，鼠标移入用 mouseover 等。一定要注意，这个事件类型是不需要加上"on"前缀的。

fn 是一个函数名，或是一个匿名函数。

false 表示事件冒泡阶段调用。对于事件冒泡，我们在 JavaScript 进阶教程中再详细介绍，这里简单了解即可。

此外，由于现在 IE8 浏览器及以下版本的使用率已经很低了，所以对于 addEventListener() 的兼容性我们不需要考虑 IE 浏览器。

▶ 举例

```html
<!DOCTYPE html>
<html>
<head>
    <meta charset="utf-8" />
    <title></title>
    <script>
        window.onload = function ()
        {
            var oBtn = document.getElementById("btn");
            oBtn.addEventListener("click", alertMes, false);

            function alertMes()
            {
                alert("JavaScript");
            }
        }
    </script>
</head>
<body>
    <input id="btn" type="button" value="按钮"/>
</body>
</html>
```

浏览器预览效果如图 35-3 所示。

图 35-3　addEventListener() 绑定事件

▼ 分析

```
//fn是一个函数名
oBtn.addEventListener("click", alertMes, false);
function alertMes()
{
    alert("JavaScript");
}

//fn是一个匿名函数
oBtn.addEventListener("click", function () {
    alert("JavaScript");
}, false);
```

上面两段代码是等价的：一种是使用函数名，另一种是使用匿名函数。

▼ 举例

```
<!DOCTYPE html>
<html>
<head>
    <meta charset="utf-8" />
    <title></title>
    <script>
        window.onload = function ()
        {
            var oBtn = document.getElementById("btn");

            oBtn.addEventListener("click", function () {
                alert("第1次");
            }, false);
            oBtn.addEventListener("click", function () {
                alert("第2次");
            }, false);
            oBtn.addEventListener("click", function () {
                alert("第3次");
            }, false);
        }
    </script>
</head>
<body>
    <input id="btn" type="button" value="按钮"/>
</body>
</html>
```

浏览器预览效果如图 35-4 所示。

▼ 分析

当我们点击按钮后，浏览器会依次弹出 3 个对话框。也就是说，我们可以使用"事件监听器"这种方式来为同一个元素添加多个相同的事件，而这一点是事件处理器做不到的。

图 35-4　添加多次点击事件

此外，一般情况下，如果是只为元素添加一个事件，下面两种方式其实是等价的。

```
obj.addEventListener("click", function () {……}, false);
obj.onclick = function () {……};
```

▌举例：多次调用 window.onload

```
<!DOCTYPE html>
<html>
<head>
    <meta charset="utf-8" />
    <title></title>
    <script>
        //第1次调用window.onload
        window.onload = function ()
        {
            var oBtn1 = document.getElementById("btn1");
            oBtn1.onclick = function ()
            {
                alert("第1次");
            };
        }

        //第2次调用window.onload
        window.onload = function ()
        {
            var oBtn2 = document.getElementById("btn2");
            oBtn2.onclick = function ()
            {
                alert("第2次");
            };
        }

        //第3次调用window.onload
        window.onload = function ()
        {
            var oBtn3 = document.getElementById("btn3");
            oBtn3.onclick = function ()
            {
                alert("第3次");
```

```
            };
        }
    </script>
</head>
<body>
    <input id="btn1" type="button" value="按钮1" /><br/>
    <input id="btn2" type="button" value="按钮2" /><br />
    <input id="btn3" type="button" value="按钮3" />
</body>
</html>
```

浏览器预览效果如图 35-5 所示。

图 35-5　添加多次 window.onload

▶ 分析

在实际开发中，我们有可能会多次使用 window.onload，但是会发现 JavaScript 只执行最后一次 window.onload。为了解决这个问题，我们可以使用 addEventListener() 来实现。在这个例子中，我们只需要将每一个 window.onload 改为以下代码即可。

```
window.addEventListener("load",function(){……},false);
```

实际上，还有一种解决方法，就是使用网上流传甚广的 addLoadEvent() 函数。addLoadEvent 不是 JavaScript 的内置函数，而是需要自己定义的。其中，定义 addLoadEvent() 函数的代码如下。

```
//装饰者模式
function addLoadEvent(func)
{
    var oldonload = window.onload;
    if (typeof window.onload != "function")
    {
        window.onload = func;
    }else {
        window.onload = function()
        {
            oldonload();
            func();
        }
    }
}
```

这样我们只需要调用 addLoadEvent() 函数，就等于调用 window.onload 了。调用方法如下。

```
addLoadEvent(function(){
    ……
});
```

对于 addLoadEvent() 函数的定义代码，作为初学者，我们暂时不需要去理解。有兴趣的小伙伴可以自行查阅。

2. 解绑事件

在 JavaScript 中，我们可以使用 removeEventListener() 方法为元素解绑（或解除）某个事件。解绑事件与绑定事件是功能相反的操作。

▌ 语法

```
obj.removeEventListener(type , fn , false);
```

▌ 说明

obj 是一个 DOM 对象，指的是使用 getElementById()、getElementsByTagName() 等方法获取的元素节点。

type 是一个字符串，指的是事件类型。如单击事件用 click，鼠标移入用 mouseover 等。一定要注意，这里我们不需要加上 on 前缀。

对于 removeEventListener() 方法，fn 必须是一个函数名，而不能是一个函数。

▌ 举例：解除"事件监听器"添加的事件

```
<!DOCTYPE html>
<html>
<head>
    <meta charset="utf-8" />
    <title></title>
    <script>
        window.onload = function ()
        {
            var oP = document.getElementById("content");
            var oBtn = document.getElementById("btn");

            //为p添加事件
            oP.addEventListener("click", changeColor, false);

            //点击按钮后，为p解除事件
            oBtn.addEventListener("click", function () {
                oP.removeEventListener("click", changeColor, false);
            }, false);

            function changeColor()
            {
                this.style.color = "hotpink";
```

```
                }
            }
    </script>
</head>
<body>
    <p id="content">绿叶学习网</p>
    <input id="btn" type="button" value="解除" />
</body>
</html>
```

浏览器预览效果如图 35-6 所示。

绿叶学习网

解除

图 35-6　解除"事件监听器"添加的事件

▶ 分析

当我们点击【解除】按钮后，再点击 p 元素，会发现 p 元素的点击事件无效了。有一点要跟大家说明：如果你想使用 removeEventListener() 方法来解除一个事件，那么在使用 addEventListener() 添加事件的时候，就一定要用定义函数的形式。

我们观察这个例子会发现，removeEventListener() 和 addEventListener() 的语法形式是一模一样的，直接抄过去就可以了。

```
addEventListener("click",fn,false);
removeEventListener("click",fn,false);
```

实际上，removeEventListener() 只可以解除"事件监听器"添加的事件，不可以解除"事件处理器"添加的事件。如果要解除"事件处理器"添加的事件，我们可以使用"obj. 事件名 = null;"来实现，请看下面的例子。

▶ 举例：解除"事件处理器"添加的事件

```
<!DOCTYPE html>
<html>
<head>
    <meta charset="utf-8" />
    <title></title>
    <script>
        window.onload = function ()
        {
            var oDiv = document.getElementById("content");
            var oBtn = document.getElementById("btn");

            //为p添加事件
            oDiv.onclick = changeColor;

            //点击按钮后，为p解除事件
```

```
        oBtn.addEventListener("click", function () {
            oP.onclick = null;
        }, false);

        function changeColor()
        {
            this.style.color = "hotpink";
        }
    }
    </script>
</head>
<body>
    <p id="content">绿叶学习网</p>
    <input id="btn" type="button" value="解除" />
</body>
</html>
```

浏览器预览效果如图 35-7 所示。

绿叶学习网

解除

图 35-7 解除"事件处理器"添加的事件

▼ **分析**

学习了那么多内容，小伙伴们不禁要问：解除事件都有什么用呢？一般情况下我们都是添加完事件就可以了，没必要去解除事件。其实在大多数情况下确实如此，但是在不少情况下是必须要解除事件的。下面再来看一个例子。

▼ **举例**

```
<!DOCTYPE html>
<html>
<head>
    <meta charset="utf-8" />
    <title></title>
    <script>
        window.onload = function ()
        {
            var oBtn = document.getElementById("btn");
            oBtn.addEventListener("click", alertMes, false);

            function alertMes()
            {
                alert("那你很棒棒噢~");
                oBtn.removeEventListener("click", alertMes, false);
            }
        }
    </script>
```

```
</head>
<body>
    <input id="btn" type="button" value="弹出" />
</body>
</html>
```

浏览器预览效果如图 35-8 所示。

图 35-8 解除事件的应用

◤ 分析

这个例子实现的效果：限制按钮只可以执行一次点击事件。实现思路很简单，在点击事件函数的最后解除事件就可以了。在实际开发中，像拖拽这种效果，我们在 onmouseup 事件中就必须要解除 onmousemove 事件，如果没有解除就会有 bug。当然，拖拽效果是比较复杂的，这里不详细展开。对于解除事件，我们学到后面就知道它的作用了。

35.2 event 对象

当一个事件发生的时候，这个事件有关的详细信息都会临时保存到一个指定的地方，这个地方就是 event 对象。每一个事件，都有一个对应的 event 对象。给大家打个比喻，我们都知道飞机都有黑匣子，飞机若失事，我们可以从黑匣子中获取详细的信息。这里，飞机失事可以看作一个事件，而黑匣子，就是我们所说的 event 对象。

在 JavaScript 中，我们可以通过 event 对象来获取一个事件的详细信息。这里只是介绍一些常用的属性，更深入的内容我们在 JavaScript 进阶中再详细介绍。其中，event 对象的常用属性如表 35-1 所示。

表 35-1 event 对象的常用属性

属性	说明
type	事件类型
keyCode	键码值
shiftKey	是否按下【Shift】键
ctrlKey	是否按下【Ctrl】键
altKey	是否按下【Alt】键

35.2.1 type

在 JavaScript 中，我们可以使用 event 对象的 type 属性来获取事件的类型。

▼ **举例**

```
<!DOCTYPE html>
<html>
<head>
    <meta charset="utf-8" />
    <title></title>
    <script>
        window.onload = function ()
        {
            var oBtn = document.getElementById("btn");
            oBtn.onclick = function (e)
            {
                alert(e.type);
            };
        }
    </script>
</head>
<body>
    <input id="btn" type="button" value="按钮" />
</body>
</html>
```

浏览器预览效果如图 35-9 所示。

图 35-9　event.type

▼ **分析**

几乎所有的初学者（包括当年的我）都会有一个疑问：这个 e 是什么？为什么写一个 e.type 就可以获取事件的类型？

实际上，每次调用一个事件的时候，JavaScript 都会默认给这个事件函数加上一个隐藏的参数，这个参数就是 event 对象。一般来说，event 对象是作为事件函数的第 1 个参数传入的。

其实 e 只是一个变量名，它存储的是一个 event 对象。也就是说，e 可以换成其他名字，如

ev、event、a 等，大家可以测试一下。

　　event 对象在 IE8 浏览器及以下版本还有一定的兼容性，可能还需要采取"var e=e||window.event;"来处理。但是随着 IE 的使用率变低，这些兼容性问题我们慢慢可以不用考虑了，这里简单了解一下就行。

35.2.2　keyCode

　　在 JavaScript 中，如果我们想要获取键盘中的键对应的键码，可以使用 event 对象的 keyCode 属性。

▼ **语法**

```
event.keyCode
```

▼ **说明**

event.keyCode 返回的是一个数值，常用的按键及对应的键码如表 35-2 所示。

表 35-2　常用的按键及对应的键码

按键	键码
W（上）	87
S（下）	83
A（左）	65
D（右）	68
↑	38
↓	40
←	37
→	39

　　如果是【Shift】键、【Ctrl】键和【Alt】键，我们不需要通过 keyCode 属性来获取，而可以通过 shiftKey、ctrlKey 和 altKey 属性来获取。

▼ **举例：禁止【Shift】键、【Alt】键、【Ctrl】键**

```
<!DOCTYPE html>
<html>
<head>
    <meta charset="utf-8" />
    <title></title>
    <script>
        window.onload = function () {
            document.onkeydown = function (e) {
                if (e.shiftKey || e.altKey || e.ctrlKey) {
                    alert("禁止使用shift、alt、ctrl键! ")
                }
            }
        }
```

```
        </script>
</head>
<body>
    <p> 鱼对水说：你看不见我的眼泪，因为我在水中。<br/>水对鱼说；我能感觉到你的眼泪，因为你在我心中。</p>
</body>
</html>
```

浏览器预览效果如图 35-10 所示。

图 35-10　禁止【Shift】键、【Alt】键、【Ctrl】键

▼ 分析

e.keyCode 返回的是一个数字，而 e.shiftKey、e.ctrlKey、e.altKey 返回的都是布尔值（true 或 false），我们需要注意一下两者的区别。

▼ 举例：获取"上下左右"方向键

```
<!DOCTYPE html>
<html>
<head>
    <meta charset="utf-8" />
    <title></title>
    <script>
        window.onload = function ()
        {
            var oSpan= document.getElementsByTagName("span")[0];

            window.addEventListener("keydown", function (e)
            {
                if (e.keyCode == 38 || e.keyCode == 87) {
                    oSpan.innerHTML = "上";
                } else if (e.keyCode == 39 || e.keyCode == 68) {
                    oSpan.innerHTML = "右";
                } else if (e.keyCode == 40 || e.keyCode == 83) {
                    oSpan.innerHTML = "下";
                } else if (e.keyCode == 37 || e.keyCode == 65) {
                    oSpan.innerHTML = "左";
                } else {
                    oSpan.innerHTML = "";
                }
            }, false)
```

```
        }
    </script>
</head>
<body>
    <div>你控制的方向是：<span style="font-weight:bold;color:hotpink;"></span></div>
</body>
</html>
```

浏览器预览效果如图 35-11 所示。

图 35-11　获取"上""下""左""右"方向键

▶ 分析

在游戏开发中，我们一般都是通过键盘中的"上""下""左""右"以及"W""S""A""D"键来控制人物行走的方向，这种做法用得非常多。当然以我们现在的水平，离游戏开发还很远啦。有兴趣的小伙伴可以看一下"从 0 到 1"系列的《从 0 到 1：HTML5 Canvas 动画开发》。

35.3　this

在 JavaScript 中，this 的语法非常复杂。这一节我们只针对 this 在事件操作中的使用情况进行介绍，而对于 this 在其他场合（如面向对象开发等）的使用，我们在 JavaScript 进阶部分再详细介绍。

在事件操作中，可以这样理解：**哪个 DOM 对象（元素节点）调用了 this 所在的函数，那么this 指向的就是哪个 DOM 对象。**

▶ 举例

```
<!DOCTYPE html>
<html>
<head>
    <meta charset="utf-8" />
    <title></title>
    <script>
        window.onload = function ()
        {
            var oDiv = document.getElementsByTagName("div")[0];
            oDiv.onclick = function ()
```

```
                {
                    this.style.color = "hotpink";
                }
            }
        </script>
    </head>
    <body>
        <div>绿叶，给你初恋般的感觉~</div>
    </body>
    </html>
```

浏览器预览效果如图 35-12 所示。

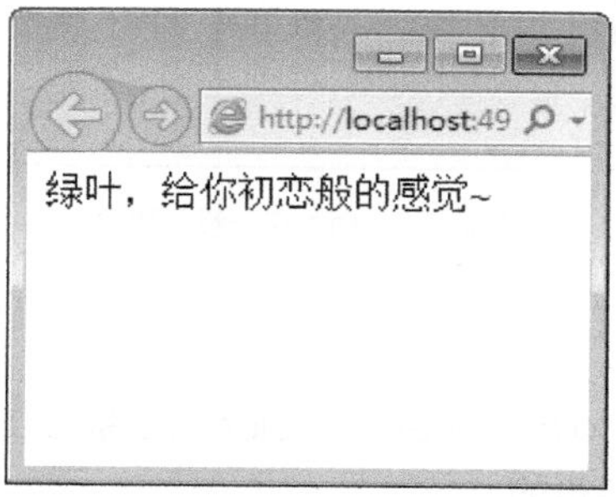

图 35-12 this 在匿名函数中

分析

this 所在的函数是一个匿名函数，这个匿名函数被 oDiv 调用了，因此 this 指向的就是 oDiv。

在这里，“this.style.color = "hotpink";” 等价于 “oDiv.style.color = "hotpink";”，我们可以自行测试一下。

举例

```
<!DOCTYPE html>
<html>
<head>
    <meta charset="utf-8" />
    <title></title>
    <script>
        window.onload = function ()
        {
            var oDiv = document.getElementsByTagName("div")[0];

            oDiv.onclick = changeColor;
            function changeColor()
            {
                this.style.color = "hotpink";
            }
        }
    </script>
</head>
```

```
<body>
    <div>绿叶，给你初恋般的感觉~</div>
</body>
</html>
```

浏览器预览效果如图 35-13 所示。

图 35-13 this 在一般函数中

▶ 分析

this 所在的函数是 changeColor，changeColor 函数被 oDiv 调用了，因此 this 指向的就是 oDiv。实际上，上面两个例子是等价的。

▶ 举例

```
<!DOCTYPE html>
<html>
<head>
    <meta charset="utf-8" />
    <title></title>
    <script>
        window.onload = function ()
        {
            var oDiv = document.getElementsByTagName("div")[0];
            var oP = document.getElementsByTagName("p")[0];

            oDiv.onclick = changeColor;
            oP.onclick = changeColor;
            function changeColor()
            {
                this.style.color = "hotpink";
            }
        }
    </script>
</head>
<body>
    <div>绿叶，给你初恋般的感觉~</div>
    <p>绿叶，给你初恋般的感觉~</p>
</body>
</html>
```

浏览器预览效果如图 35-14 所示。

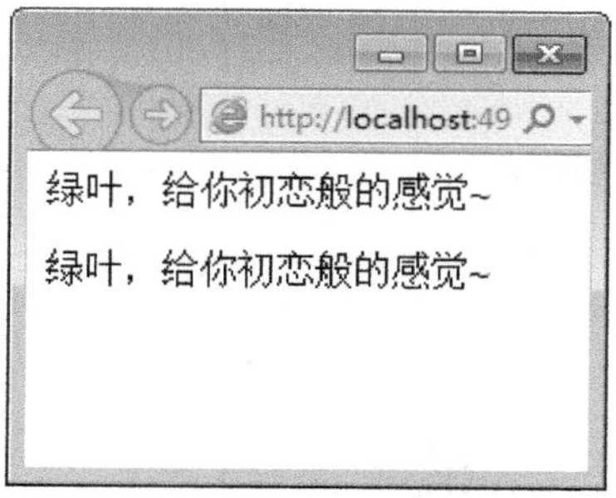

图 35-14 this 的指向

分析

这里的 changeColor() 函数被两个元素节点调用，那它究竟指向的是哪一个呢？其实 this 只有在被调用的时候才会确定下来。当我们点击 div 元素时，此时 this 所在的函数 changeColor 被 div 元素调用，因此 this 指向的是 div 元素。当我们点击 p 元素时，此时 this 所在的函数 changeColor 被 p 元素调用，因此 this 指向的是 p 元素。

总而言之，哪个 DOM 对象（元素节点）调用了 this 所在的函数，那么 this 指向的就是哪个 DOM 对象。

举例

```
<!DOCTYPE html>
<html>
<head>
    <meta charset="utf-8" />
    <title></title>
    <script>
         window.onload = function ()
         {
             var oUl = document.getElementById("list");
             var oLi = oUl.getElementsByTagName("li");

             for (var i = 0; i < oLi.length; i++)
             {
                 oLi[i].onclick = function ()
                 {
                      oLi[i].style.color = "hotpink";
                 }
             }
         }
    </script>
</head>
<body>
    <ul id="list">
         <li>HTML</li>
         <li>CSS</li>
         <li>JavaScript</li>
    </ul>
```

```
</body>
</html>
```

浏览器预览效果如图 35-15 所示。

图 35-15　闭包造成的 bug

▶ 分析

一开始想要实现的效果：点击哪一个 li 元素，就改变这个 li 元素的颜色。因此很多人自然而然就写下了上面这种代码。然后测试的时候，会发现完全没有效果。这是怎么回事？我们试着把 oLi[i].style.color = "hotpink"; 这一句换成 this.style.color = "hotpink"; ，就有效果了。

那么，为什么用 oLi[i] 不正确，而必须要用 this 呢？其实这就是典型的闭包问题。对于闭包，我们在 JavaScript 进阶中再详细介绍。

在事件函数中，如果想要使用当前的元素节点，我们应该尽量使用 this 来代替 oBtn、oLi[i] 等写法。

35.4　本章练习

单选题

下面有关事件操作的说法中，正确的是（　　　）。

A. 可以使用事件监听器为一个元素添加多个相同的事件

B. 一般情况下，给一个元素绑定事件后就无需解绑该事件了，这也说明解绑事件没有任何用处

C. removeEventListener() 方法不仅可以解除"事件处理器"添加的事件，也可以解除"事件监听器"添加的事件

D. oBtn.onclick = function(){}; 跟 oBtn.addEventListener("click", function(){}, false); 是完全等价的

第 36 章
window 对象

36.1　window 对象简介

在 JavaScript 中，一个浏览器窗口就是一个 window 对象（这句话很重要）。图 36-1 所示有 3 个窗口，也就是有 3 个不同的 window 对象。

图 36-1　3 个窗口

简单地说，JavaScript 会把一个窗口看成一个对象，这样我们就可以用这个对象的属性和方法来操作这个窗口。实际上，我们在打开一个页面时，浏览器都会自动为这个页面创建一个 window 对象。

window 对象存放了这个页面的所有信息，为了更好地分类处理这些信息，window 对象下面又分为很多对象，如图 36-2 和表 36-1 所示。

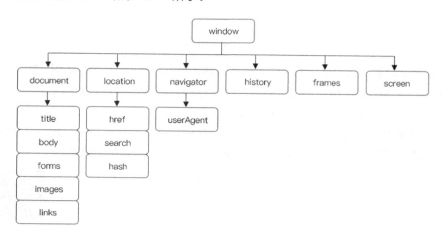

图 36-2　window 对象及其子对象

表 36-1　window 对象下的子对象

子对象	说明
document	文档对象，用于操作页面元素
location	地址对象，用于操作 URL 地址
navigator	浏览器对象，用于获取浏览器版本信息
history	历史对象，用于操作浏览历史
screen	屏幕对象，用于操作屏幕宽度高度

　　你没看错，document 对象也是 window 对象下的一个子对象。很多人以为一个窗口就是一个 document 对象，其实这个理解是错的。因为一个窗口不仅包括 HTML 文档，还包括浏览器信息、浏览历史、浏览地址等。而 document 对象仅仅专门用来操作 HTML 文档中的元素。一句话概括：**一个窗口就是一个 window 对象，这个窗口里面的 HTML 文档就是一个 document 对象，document 对象是 window 对象的子对象。**

　　window 对象及下面这些 location、navigator 等子对象，由于都是用于操作浏览器窗口的，所以我们又称之为"BOM"，也就是 Browser Object Module（浏览器对象模型）。BOM 这个术语很常见，我们至少要知道它的意思。BOM 和 DOM 都是"某某对象模型"，所谓的对象模型，可以简单理解为"把它们看成一个对象来处理"。

　　此外，你也可以把 window 下的子对象看成它的属性，只不过这个属性也是一个对象，我们称之为"子对象"。对象一般都有属性和方法，表 36-1 介绍的是 window 对象的属性。实际上，window 对象也有非常多的方法，常用的方法如表 36-2 所示。

表 36-2　window 对象的常用方法

方法	说明
alert()	提示对话框
confirm()	判断对话框
prompt()	输入对话框
open()	打开窗口
close()	关闭窗口
setTimeout()	开启"一次性"定时器
clearTimeout()	关闭"一次性"定时器
setInterval()	开启"重复性"定时器
clearInterval()	关闭"重复性"定时器

　　对于 window 对象，无论是它的属性，还是方法，都可以省略 window 前缀。如 window.alert() 可以简写为 alert()，window.open() 可以简写为 open()，甚至 window.document.getElementById() 可以简写为 document.getElementById()，以此类推。

　　window 对象的属性和方法非常多，但是大多数都用不上。在这一章中，我们只介绍最实用的属性和方法。掌握好这些已经完全够了，其他的属性和方法，可以直接忽略掉。

36.2　窗口操作

　　在 JavaScript 中，窗口常见的操作有两种：一种是"打开窗口"，另一种是"关闭窗口"。打开窗口和关闭窗口，在实际开发中经常用到。

在绿叶学习网的在线工具中，如图 36-3 所示，点击【调试代码】按钮，就会打开一个新的窗口，并且把内容输出到新的窗口页面中。这个功能就涉及打开窗口的操作。

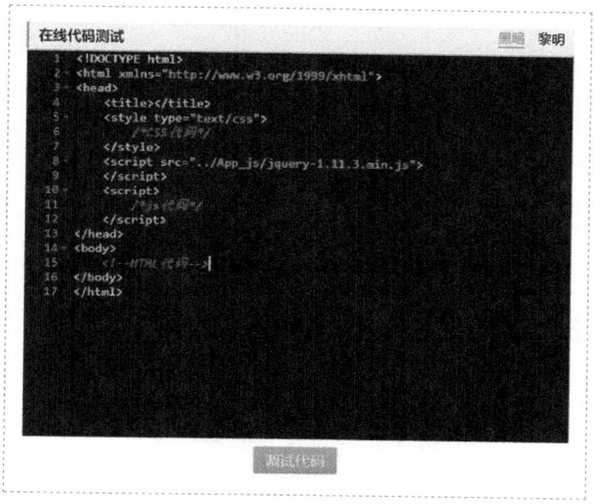

图 36-3 绿叶学习网的在线工具

36.2.1 打开窗口

在 JavaScript 中，我们可以使用 window 对象的 open() 方法来打开一个新窗口。

语法

```
window.open(url, target)
```

说明

window.open() 可以直接简写为 open()，但是我们一般都习惯加上 window 前缀。window.open() 的参数有很多，但是只有 url 和 target 这两个用得上。

url 指的是新窗口的地址，如果 url 为空，则表示打开一个空白窗口。空白窗口很有用，我们可以使用 document.write() 往空白窗口输出文本，甚至输出一个 HTML 页面。

target 表示打开方式，它的取值跟 a 标签中 target 属性的取值是一样的，常用取值有两个：_blank 和 _self。当 target 为"_blank（默认值）"时，表示在新窗口中打开；当 target 为"_self"时，表示在当前窗口中打开。

举例：打开新窗口

```
<!DOCTYPE html>
<html>
<head>
    <meta charset="utf-8" />
    <title></title>
    <script>
        window.onload = function ()
```

```
        {
            var oBtn = document.getElementById("btn");
            oBtn.onclick = function ()
            {
                window.open("http://www.lvyestudy.com");
            };
        }
    </script>
</head>
<body>
    <input id="btn" type="button" value="打开"/>
</body>
</html>
```

浏览器预览效果如图36-4所示。

图36-4 打开新窗口

◤ 分析

window.open("http://www.lvyestudy.com") 其实等价于下面的代码。

```
window.open("http://www.lvyestudy.com", "_blank")
```

它表示在新窗口中打开。如果改为window.open("http://www.lvyestudy.com", "_self") 则表示在当前窗口中打开。

◤ 举例：打开空白窗口

```
<!DOCTYPE html>
<html>
<head>
    <meta charset="utf-8" />
    <title></title>
    <script>
        window.onload = function ()
        {
            var oBtn = document.getElementById("btn");
            oBtn.onclick = function ()
            {
                var opener = window.open();
                opener.document.write("这是一个新窗口");
                opener.document.body.style.backgroundColor = "lightskyblue";
```

```
            };
        }
    </script>
</head>
<body>
    <input id="btn" type="button" value="打开" />
</body>
</html>
```

默认情况下，预览效果如图 36-5 所示。点击【打开】按钮，预览效果如图 36-6 所示。

图 36-5　打开空白窗口

图 36-6　点击按钮后的效果

分析

这段代码实现的效果：打开一个新的空白窗口，然后往里面输出内容。可能很多人会对 var opener = window.open(); 这句代码感到困惑：为什么 window.open() 可以赋值给一个变量呢？

实际上，window.open() 就像函数调用一样，会返回（也就是 return）一个值，这个值就是新窗口对应的 window 对象。也就是说，此时 opener 就是这个新窗口的 window 对象。既然我们可以获取新窗口的 window 对象，那么想要在新窗口页面做点什么，如输出内容、控制元素样式等，就很简单了。

有一点需要提醒大家：如果你打开的是同一个域名下的页面或空白窗口，就可以像上面那样操作新窗口的元素或样式；但是如果你打开的是另外一个域名下的页面，是不允许操作新窗口的内容的，因为涉及跨域的问题。举个例子，如果你用 window.open() 打开百度首页，百度肯定是不会允许你随意操作它的页面的。

举例：往空白窗口输出一个页面

```
<!DOCTYPE html>
<html>
<head>
    <meta charset="utf-8" />
    <title></title>
    <script>
        window.onload = function ()
        {
            var oBtn = document.getElementById("btn");
            var opener = null;
```

```
            oBtn.onclick = function ()
            {
                opener = window.open();
                var strHtml = '<!DOCTYPE html>\
                            <html>\
                            <head>\
                                <title></title>\
                            </head>\
                            <body>\
                                <strong>小心偷影子的人，他会带走你的心。</strong>\
                            </body>\
                            </html>';

                opener.document.write(strHtml);
            };
        }
    </script>
</head>
<body>
    <input id="btn" type="button" value="打开" />
</body>
</html>
```

默认情况下，预览效果如图 36-7 所示。点击【打开】按钮，此时浏览器预览效果如图 36-8 所示。

图 36-7 往空白窗口输出一个页面

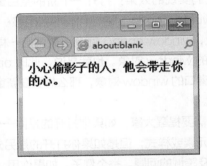

图 36-8 点击按钮后的效果

▼ 分析

opener 是一个空白页面窗口，我们可以使用 document.write() 方法来输出一个 HTML 文档。利用这个技巧，我们可以开发一个在线代码测试的小工具，非常棒！

▼ 举例：操作空白窗口中的元素

```
<!DOCTYPE html>
<html>
<head>
    <meta charset="utf-8" />
    <title></title>
    <script>
```

```
        window.onload = function ()
        {
            var oBtn = document.getElementsByTagName("input");
            var opener = null;

            oBtn[0].onclick = function ()
            {
                opener = window.open();
                var strHtml = '<!DOCTYPE html>\
                            <html>\
                            <head>\
                                <title></title>\
                            </head>\
                            <body>\
                                <div>小心偷影子的人，他会带走你的心。</div>\
                            </body>\
                            </html>';
                opener.document.write(strHtml);
            };
            oBtn[1].onclick = function ()
            {
                var oDiv = opener.document.getElementsByTagName("div")[0];
                oDiv.style.fontWeight = "bold";
                oDiv.style.color = "hotpink";
            };
        }
    </script>
</head>
<body>
    <input type="button" value="打开新窗口" />
    <input type="button" value="操作新窗口" />
</body>
</html>
```

默认情况下，浏览器预览效果如图 36-9 所示。

图 36-9　操作空白窗口中的元素

点击【打开新窗口】按钮，浏览器预览效果如图 36-10 所示。

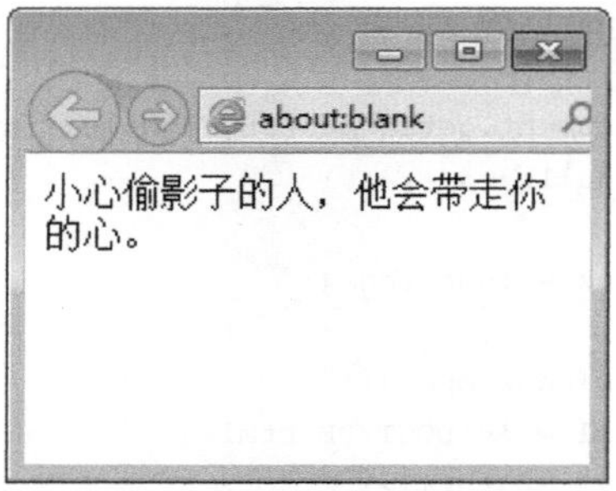

图 36-10　点击【打开新窗口】按钮后的效果

再点击【操作新窗口】按钮，预览效果如图 36-11 所示。

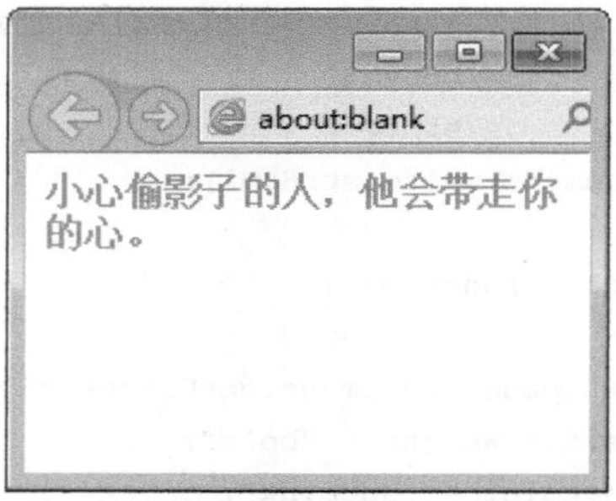

图 36-11　点击【操作新窗口】按钮后的效果

分析

如果我们获取了 opener（也就是新窗口的 window 对象），就可以随意操作页面的元素了。

36.2.2 关闭窗口

在 JavaScript 中，我们可以使用 window.close() 来关闭一个新窗口。

语法

```
window.close()
```

说明

window.close() 方法是没有参数的。

举例：关闭当前窗口

```
<!DOCTYPE html>
<html>
<head>
    <meta charset="utf-8" />
    <title></title>
    <script>
        window.onload = function ()
```

```
        {
            var oBtn = document.getElementById("btn");
            oBtn.onclick = function ()
            {
                window.close();
            };
        }
    </script>
</head>
<body>
    <input id="btn" type="button" value="关闭" />
</body>
</html>
```

浏览器预览效果如图 36-12 所示。

图 36-12 关闭当前窗口

分析

当我们点击【关闭】按钮后，就会关闭当前窗口。如果想要实现打开一个新窗口，然后关闭该新窗口，该怎么做呢？请看下面的例子。

举例：关闭新窗口

```
<!DOCTYPE html>
<html>
<head>
    <meta charset="utf-8" />
    <title></title>
    <script>
        window.onload = function ()
        {
            var btnOpen = document.getElementById("btn_open");
            var btnClose = document.getElementById("btn_close");
            var opener = null;

            btnOpen.onclick = function ()
            {
                opener = window.open("http://www.lvyestudy.com");
            };
            btnClose.onclick = function () {
```

```
                opener.close();
            }
        }
    </script>
</head>
<body>
    <input id="btn_open" type="button" value="打开新窗口" />
    <input id="btn_close" type="button" value="关闭新窗口" />
</body>
</html>
```

浏览器预览效果如图 36-13 所示。

图 36-13　关闭新窗口

▌ 分析

点击【打开新窗口】按钮，再点击【关闭新窗口】按钮，就会把新窗口关闭掉。window.close() 关闭的是当前窗口，opener.close() 关闭的是新窗口。从本质上来说，window 和 opener 都是 window 对象，只不过 window 指向的是当前窗口，opener 指向的是新窗口。对于这两个，小伙伴们一定要认真琢磨清楚。

此外，窗口最大化、最小化、控制窗口大小、移动窗口等，这些操作在实际开发中用得不多，大家暂时不需要记忆。

36.3　对话框

在 JavaScript 中，对话框有 3 种：alert()、confirm() 和 prompt()。它们都是 window 对象的方法。前面我们说过，对于 window 对象的属性和方法，是可以省略 window 前缀的，如 window.alert() 可以简写为 alert()。

36.3.1　alert()

在 JavaScript 中，alert() 对话框一般只用于提示文字。这个方法在之前用了很多次，这里不再多说。对于 alert()，只需记住一点：**在 alert() 中实现文本换行，用的是 \n。**

语法

```
alert("提示文字")
```

举例

```
<!DOCTYPE html>
<html>
<head>
    <meta charset="utf-8" />
    <title></title>
    <script>
        alert("HTML\nCSS\nJavaScript");
    </script>
</head>
<body>
</body>
</html>
```

浏览器预览效果如图 36-14 所示。

图 36-14 alert() 对话框

36.3.2 confirm()

在 JavaScript 中，confirm() 对话框不仅提示文字，还提供确认。

语法

```
confirm("提示文字")
```

说明

如果用户点击【确定】按钮，confirm() 会返回 true；如果用户点击【取消】按钮，则会返回 false。

举例

```
<!DOCTYPE html>
<html>
<head>
    <meta charset="utf-8" />
```

```
    <title></title>
    <script>
        window.onload = function ()
        {
            var oBtn = document.getElementById("btn");

            oBtn.onclick = function ()
            {
                if (confirm("确定要跳转到绿叶首页？")) {
                    window.location.href = "http://www.lvyestudy.com";
                }else{
                    document.write("你取消了跳转");
                }
            };
        }
    </script>
</head>
<body>
    <input id="btn" type="button" value="回到首页"/>
</body>
</html>
```

默认情况下，预览效果如图 36-15 所示。点击【回到首页】按钮，浏览器预览效果如图 36-16 所示。

图 36-15   confirm() 对话框

图 36-16   点击按钮后的效果

▚ 分析

在弹出的 confirm() 对话框中，当我们点击【确定】按钮时，confirm() 会返回 true，当前窗口就会跳转到绿叶学习网首页。当我们点击【取消】按钮时，confirm() 会返回 false，就会输出内容。

36.3.3   prompt()

在 JavaScript 中，prompt() 对话框不仅会提示文字，还会返回一个字符串。

▚ 语法

```
prompt("提示文字")
```

▰ 举例

```html
<!DOCTYPE html>
<html>
<head>
    <meta charset="utf-8" />
    <title></title>
    <script>
        window.onload = function ()
        {
            var oBtn = document.getElementById("btn");

            oBtn.onclick = function ()
            {
                var name = prompt("请输入你的名字");
                document.write("欢迎来到<strong>" + name + "</strong>");
            };
        }
    </script>
</head>
<body>
    <input id="btn" type="button" value="按钮"/>
</body>
</html>
```

默认情况下，预览效果如图 36-17 所示。点击按钮后，预览效果如图 36-18 所示。

图 36-17　prompt() 对话框

图 36-18　点击按钮后的效果

▰ 分析

在弹出的对话框中，有一个输入文本框。输入内容，然后点击对话框中的【确定】按钮，就会返回刚刚输入的文本。

对于 alert()、confirm() 和 prompt() 对话框，总结如表 36-3 所示。

表 36-3　3 种对话框

方法	说明
alert()	仅提示文字，没有返回值
confirm()	具有提示文字，返回"布尔值"（true 或 false）
prompt()	具有提示文字，返回"字符串"

在实际开发中，这 3 种对话框经常会用到，但一般我们不会采用浏览器默认的对话框，因为这些默认对话框的外观不太美观。为了提供更好的用户体验，我们都倾向于使用 div 元素模拟出自己想要的对话框，并且结合 CSS3、JavaScript 等来实现酷炫的动画效果。

下面就是使用 div 元素模拟出来的对话框，简约扁平，并且还带有各种 3D 动画，用户体验非常好，如图 36-19、图 36-20 和图 36-21 所示。对于这个例子的源代码，大家可以从本书的配套文件中下载并查看。

图 36-19　类似 alert() 的对话框

图 36-20　类似 confirm() 的对话框

图 36-21　类似 prompt() 的对话框

36.4　定时器

在浏览网页的过程中，我们经常可以看到这样的动画：轮播效果中，图片每隔几秒就切换一次；在线时钟中，秒针每隔一秒转一次。如绿叶学习网，首页的图片轮播每隔 5 秒就"爆炸"一次，十分酷炫，大家可以去感受一下，如图 36-22 所示。

图 36-22　酷爆的图片轮播（绿叶学习网）

上面说到的这些动画特效中，其实就用到了"定时器"。所谓的"定时器"，指的是每隔一段时间就执行一次代码。在 JavaScript 中，对于定时器的实现，有以下两组方法。

▸ setTimeout() 和 clearTimeout()。

▸ setInterval 和 clearInterval()。

36.4.1　setTimeout() 和 clearTimeout()

在 JavaScript 中，我们可以使用 setTimeout() 方法来**"一次性"**地调用函数，并且可以使用 clearTimeout() 来取消执行 setTimeout()。

▌语法

```
setTimeout(code, time);
```

▌说明

参数 code 可以是一段代码，可以是一个函数，也可以是一个函数名。

参数 time 是时间，单位为毫秒，表示要过多长时间才执行 code 中的代码。

▌举例：code 是一段代码

```
<!DOCTYPE html>
<html>
<head>
    <meta charset="utf-8" />
    <title></title>
    <script>
        window.onload = function ()
        {
            setTimeout('alert("欢迎来到绿叶学习网");', 2000);
        }
    </script>
</head>
<body>
    <p>2秒后提示欢迎语。</p>
</body>
</html>
```

浏览器预览效果如图 36-23 所示。

图 36-23　code 是一段代码

▶ 分析

打开页面，2 秒后会弹出对话框，如图 36-24 所示。由于 setTimeout() 方法只会执行一次，所以只会弹出一次对话框。

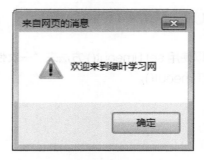

图 36-24　弹出的对话框

▶ 举例：code 是一段函数

```
<!DOCTYPE html>
<html>
<head>
    <meta charset="utf-8" />
    <title></title>
    <script>
        window.onload = function ()
        {
            setTimeout(function () {
                alert("欢迎! ");
            }, 2000);
        }
    </script>
</head>
<body>
    <p>2秒后提示欢迎语。</p>
</body>
</html>
```

浏览器预览效果如图 36-25 所示。

图 36-25　code 是一段函数

▶ 分析

在这里，setTimeout() 的第一个参数是一个函数，这个函数是没有名字的，也叫匿名函数。匿名函数属于 JavaScript 进阶的内容。我们从图 36-26 中就能很清楚地看出来第 1 个参数是一段函数。

图 36-26　setTimeout() 分析图

▶ 举例: code 是一个函数名

```html
<!DOCTYPE html>
<html>
<head>
    <meta charset="utf-8" />
    <title></title>
    <script>
        window.onload = function ()
        {
            setTimeout(alertMes, 2000);
        }
        function alertMes(){
            alert("欢迎来到绿叶学习网");
        }
    </script>
</head>
<body>
    <p>2秒后提示欢迎语。</p>
</body>
</html>
```

浏览器预览效果如图 36-27 所示。

图 36-27　code 是一个函数名

▉ 分析

在这里，setTimeout() 的第一个参数是一个函数名，这个函数名是不需要加括号的！下面两种写法是等价的。

```
setTimeout(alertMes, 2000)
setTimeout("alertMes()", 2000)
```

之前接触过不少初学者，很多人都容易搞混这两种写法，如写成 setTimeout(alertMes(), 2000) 或 setTimeout("alertMes", 2000)，我们一定要注意这一点。一般情况下，我们只需要掌握 setTimeout(alertMes, 2000) 这一种写法就可以了，原因有两个：一是这种写法性能更高，二是可以避免两种写法造成记忆混乱。

▉ 举例：clearTimeout()

```
<!DOCTYPE html>
<html>
<head>
    <meta charset="utf-8" />
    <title></title>
    <style type="text/css">
        div{width:100px;height:100px;border:1px solid silver;}
    </style>
    <script>
        window.onload = function ()
        {
            //获取元素
            var oBtn = document.getElementsByTagName("input");
            //timer存放定时器
            var timer = null;

            oBtn[0].onclick = function ()
            {
                timer = setTimeout(function () {
                    alert("欢迎来到绿叶学习网");
                }, 2000);
            };
```

```
            oBtn[1].onclick = function ()
            {
                clearTimeout(timer);
            };
        }
    </script>
</head>
<body>
    <p>点击"开始"按钮，2秒后提示欢迎语。</p>
    <input type="button" value="开始"/>
    <input type="button" value="暂停"/>
</body>
</html>
```

浏览器预览效果如图 36-28 所示。

图 36-28　clearTimeout()

▶ 分析

如果点击【开始】按钮，2 秒后就会弹出对话框。如果在 2 秒内再次点击【暂停】按钮，就不会弹出对话框。

这里定义了一个变量 timer，用于保存 setTimeout() 这个定时器，以便使用 clearTimeout(timer)来暂停。

36.4.2　setInterval() 和 clearInterval()

在 JavaScript 中，我们可以使用 setInterval() 方法来"重复性"地调用函数，并且可以使用 clearInterval() 来取消执行 setInterval()。

▶ 语法

```
setInterval(code, time);
```

▶ 说明

参数 code 可以是一段代码，可以是一个函数，也可以是一个函数名。

参数 time 是时间，单位为毫秒，表示要过多长时间才执行 code 中的代码。

此外，setInterval() 跟 setTimeout() 语法是一样的，唯一不同的是 setTimeout() 只执行一次，而 setInterval() 可以重复执行无数次。对于 setInterval() 来说，下面 3 种方式都是正确的，这个跟 setTimeout() 是一样的。

```
//方式1
setInterval(function(){…}, 2000)
```

```
//方式2
setInterval(alertMes, 2000)
//方式3
setInterval("alertMes()", 2000)
```

一般情况下，我们只需要掌握前面两种方式就可以了。

举例：倒计时效果

```
<!DOCTYPE html>
<html>
<head>
    <meta charset="utf-8" />
    <title></title>
    <script>
        //定义全局变量，用于记录秒数
        var n = 5;
        window.onload = function ()
        {
            //设置定时器，重复执行函数countDown
            setInterval(countDown, 1000);
        }
        //定义函数
        function countDown()
        {
            //判断n是否大于0，因为倒计时不可能有负数
            if (n > 0) {
                n--;
                document.getElementById("num").innerHTML = n;
            }
        }
    </script>
</head>
<body>
    <p>倒计时：<span id="num">5</span></p>
</body>
</html>
```

浏览器预览效果如图36-29所示。

图36-29 倒计时效果

分析

如果这里使用setTimeout()来代替setInterval()，就没办法实现倒计时效果了。因为setTimeout()只会执行一次，而setInterval()会重复执行。

举例：clearInterval()

```
<!DOCTYPE html>
<html>
<head>
    <meta charset="utf-8" />
    <title></title>
    <style type="text/css">
        div{width:100px;height:100px;border:1px solid silver;}
    </style>
    <script>
        window.onload = function ()
        {
            //获取元素
            var oBtn = document.getElementsByTagName("input");
            var oDiv = document.getElementsByTagName("div")[0];

            //定义一个数组colors，存放6种颜色
            var colors = ["red", "orange", "yellow", "green", "blue", "purple"];
            //timer用于定时器
            var timer = null;
            //i用于计数
            var i = 0;

            //"开始"按钮
            oBtn[0].onclick = function ()
            {
                //每隔1秒切换一次背景颜色
                timer = setInterval(function () {
                    oDiv.style.backgroundColor = colors[i];
                    i++;
                    i = i % colors.length;
                }, 1000);
            };

            //"暂停"按钮
            oBtn[1].onclick = function ()
            {
                clearInterval(timer);
            };
        }
    </script>
</head>
<body>
    <input type="button" value="开始"/>
    <input type="button" value="暂停"/>
    <div></div>
```

```
    </body>
    </html>
```

浏览器预览效果如图 36-30 所示。

图 36-30　clearInterval()

▶ 分析

当我们点击【开始】按钮后，div 元素每隔一秒就会切换一次背景颜色。当我们点击【暂停】按钮后，就会停止切换。i = i % colors.length; 使 i 可以在"1、2、3、4、5"之间不断循环，这是一个非常棒的技巧，在图片轮播的开发中非常有用，小伙伴们认真琢磨一下。

如果我们快速不断地点击【开始】按钮，神奇的一幕发生了：背景颜色切换的速度加快了。此时点击【暂停】按钮，却发现根本停不下来！这是什么原因导致的呢？

其实每点击一次，都会新开一个 setInterval()，如果你不断点击按钮，setInterval() 就会累加起来。也就是说，当你点击 3 次按钮时，其实已经开了 3 个 setInterval()，此时如果想要停下来，就必须点击 3 次【暂停】按钮。为了避免产生这个累加的 bug，我们在每次点击【开始】按钮时就要清除一次定时器，改进后的代码如下。

▶ 举例：改进后的定时器

```html
<!DOCTYPE html>
<html>
<head>
    <meta charset="utf-8" />
    <title></title>
    <style type="text/css">
        div{width:100px;height:100px;border:1px solid silver;}
    </style>
    <script>
        window.onload = function ()
        {
            //获取元素
            var oBtn = document.getElementsByTagName("input");
            var oDiv = document.getElementsByTagName("div")[0];

            //定义一个数组colors，存放6种颜色
            var colors = ["red", "orange", "yellow", "green", "blue", "purple"];
            //timer用于存放定时器
            var timer = null;
            //i用于计数
```

```
            var i = 0;

            //"开始"按钮
            oBtn[0].onclick = function ()
            {
                //每次点击"开始"按钮，一开始就清除一次定时器
                clearInterval(timer);
                //每隔1秒切换一次背景颜色
                timer = setInterval(function () {
                    oDiv.style.backgroundColor = colors[i];
                    i++;
                    i = i % colors.length;
                }, 1000);
            };
            //"暂停"按钮
            oBtn[1].onclick = function ()
            {
                clearInterval(timer);
            };
        }
    </script>
</head>
<body>
    <input type="button" value="开始"/>
    <input type="button" value="暂停"/>
    <div></div>
</body>
</html>
```

浏览器预览效果如图 36-31 所示。

图 36-31 改进后的定时器

分析

此时即使我们快速不间断地点击【开始】按钮，也不会出现定时器累加的 bug 了。定时器在实际开发中会大量用到，小伙伴们要重点掌握。

36.5 location 对象

在 JavaScript 中，我们可以使用 window 对象下的 location 子对象来操作当前窗口的 URL。

所谓的 URL，指的就是页面地址。对于 location 对象，我们只需要掌握以下 3 个属性（其他不用管），如表 36-4 所示。

表 36-4　location 对象的属性

属性	说明
href	当前页面地址
search	当前页面地址 "？" 后面的内容
hash	当前页面地址 "#" 后面的内容

36.5.1　window.location.href

在 JavaScript 中，我们可以使用 location 对象的 href 属性来获取或设置当前页面的地址。

▶ 语法

```
window.location.href
```

▶ 说明

window.location.href 可以直接简写为 location.href，但我们一般都习惯加上 window 前缀。

▶ 举例：获取当前页面地址

```
<!DOCTYPE html>
<html>
<head>
    <meta charset="utf-8" />
    <title></title>
    <script>
        var url = window.location.href;
        document.write("当前页面地址是:" + url);
    </script>
</head>
<body>
</body>
</html>
```

浏览器预览效果如图 36-32 所示。

图 36-32　获取当前页面地址

▼ 举例：设置当前页面地址

```
<!DOCTYPE html>
<html>
<head>
    <meta charset="utf-8" />
    <title></title>
    <script>
        setTimeout(function () {
            window.location.href = "http://www.lvyestudy.com";
        }, 2000);
    </script>
</head>
<body>
    <p>2秒后跳转</p>
</body>
</html>
```

浏览器预览效果如图 36-33 所示。

图 36-33 设置当前页面地址

36.5.2 window.location.search

在 JavaScript 中，我们可以使用 location 对象的 search 属性来获取和设置当前页面地址 "?"
后面的内容。

▼ 语法

```
window.location.search
```

▼ 举例

```
<!DOCTYPE html>
<html>
<head>
    <meta charset="utf-8" />
    <title></title>
    <script>
        document.write(window.location.search);
    </script>
```

```
</head>
<body>
</body>
</html>
```

浏览器预览效果如图 36-34 所示。

图 36-34　window.location.search

▌ 分析

　　此时页面是空白的，我们在浏览器地址后面加上 ?id=1（要自己手动输入），再刷新页面，就会出现结果了，浏览器预览效果如图 36-35 所示。

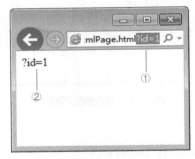

图 36-35　手动输入 ?id=1

　　地址 "?" 后面的这些内容，也叫作 querystring（查询字符串），一般用于数据库查询。如果你还没有接触过后端技术，这里了解一下即可，暂时不需要深入。

36.5.3　window.location.hash

　　在 JavaScript 中，我们可以使用 location 对象的 hash 属性来获取和设置当前页面地址井号（#）后面的内容。井号（#）一般用于锚点链接，这个相信大家见过不少了。

▌ 举例

```
<!DOCTYPE html>
<html>
<head>
    <meta charset="utf-8" />
```

```
    <title></title>
    <script>
        document.write(window.location.hash);
    </script>
</head>
<body>
</body>
</html>
```

浏览器预览效果如图 36-36 所示。

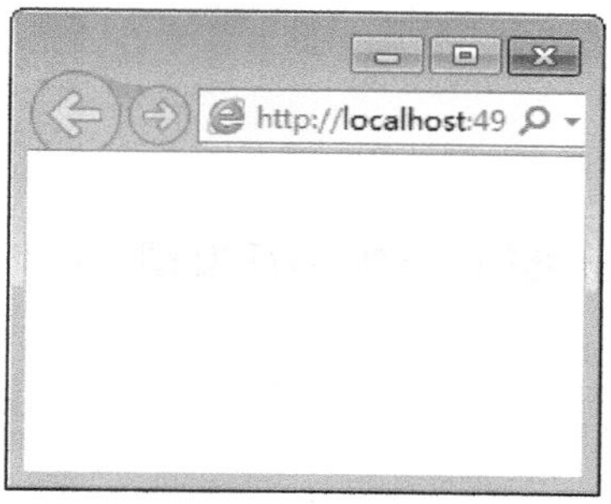

图 36-36 window.location.hash

分析

此时页面是空白的，我们在浏览器地址后面加上 #imgId（要自己手动输入），再刷新页面，就会出现结果了，效果如图 36-37 所示。

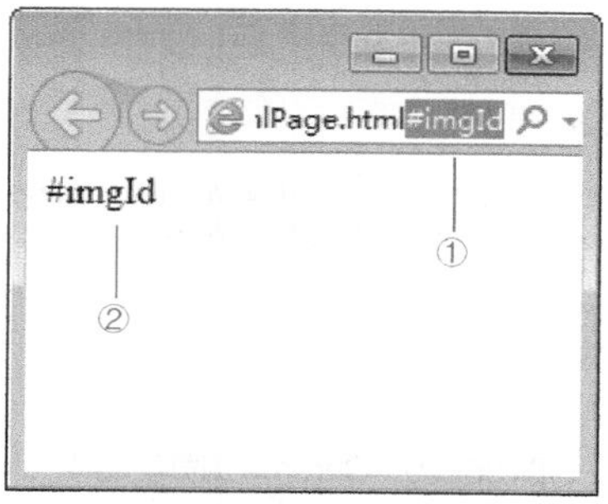

图 36-37 手动输入 #imgId

在实际开发中，window.location.hash 用得比较少，我们了解一下就行。

36.6 navigator 对象

在 JavaScript 中，我们可以使用 window 对象下的子对象 navigator 来获取浏览器的类型。

语法

```
window.navigator.userAgent
```

▶ 举例

```
<!DOCTYPE html>
<html>
<head>
    <meta charset="utf-8" />
    <title></title>
    <script>
        alert(window.navigator.userAgent);
    </script>
</head>
<body>
</body>
</html>
```

在 IE、Chrome、Firefox 浏览器的预览效果分别如图 36-38、图 36-39 和图 36-40 所示。

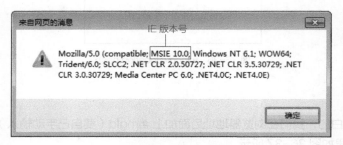

图 36-38　IE 浏览器效果

图 36-39　Chrome 浏览器效果

图 36-40　Firefox 浏览器效果

▶ 分析

不同的浏览器，会弹出相应的版本号信息。这 3 种浏览器都含有独一无二的字符：IE 含有"MSIE"，Chrome 含有"Chrome"，而 Firefox 含有"Firefox"。根据这个特点，我们可以判断当前的浏览器的类型。

▶ 举例

```
<!DOCTYPE html>
<html>
<head>
    <meta charset="utf-8" />
    <title></title>
    <script>
        if (window.navigator.userAgent.indexOf("MSIE") != -1) {
            alert("这是IE");
        }else if (window.navigator.userAgent.indexOf("Chrome") != -1) {
            alert("这是Chrome");
        }else if (window.navigator.userAgent.indexOf("Firefox") != -1) {
            alert("这是Firefox");
        }
    </script>
</head>
<body>
</body>
</html>
```

浏览器预览效果如图 36-41 所示。

图 36-41 获取当前浏览器类型

▶ 分析

这里注意一下，对于 IE 浏览器来说，上面的代码只能识别 IE10 及以下版本，如果想要识别所有的 IE 浏览器，我们应该使用下面的代码来进行判断。

```
if (!!window.ActiveXObject || "ActiveXObject" in window){
    alert("这是IE");
}
```

判断浏览器类型也是经常用到的，特别是在处理不同浏览器的兼容性上，我们需要根据浏览器的类型来加载对应的 JavaScript 代码进行处理。不过现在浏览器更新迭代非常快，随着 IE 逐渐退出历史舞台，很多时候我们已经不再需要考虑浏览器之间的兼容性了。

36.7　本章练习

单选题

1. setInterval('alert("welcome!")', 1000) 这一句代码的意思是（　　　）。

    A. 等待 1 秒后弹出一个对话框

    B. 等待 1000 秒后弹出一个对话框

    C. 每隔一秒弹出一个对话框

    D. 语法有问题，程序报错

2. window 对象的 open() 方法返回的是（　　　）。

    A. 返回新窗口对应的 window 对象

    B. 返回 boolean 类型的值，表示当前窗口是否打开成功

    C. 返回 int 类型的值，表示窗口的个数

    D. 没有返回值

3. 下面关于 alert() 和 confirm() 这两个方法的说法中，正确的是（　　　）。

    A. alert() 和 confirm() 都是 window 对象的方法

    B. alert() 和 confirm() 功能相同

    C. alert() 的功能是显示带有【确定】和【取消】按钮的对话框

    D. confirm() 的功能是显示带有【确定】按钮的对话框

第 37 章
document 对象

　　从上一章中我们知道，document 对象其实是 window 对象下的一个子对象，它操作的是 HTML 文档里所有的内容。实际上，浏览器每次打开一个窗口，就会为这个窗口生成一个 window 对象，并且会为这个窗口内部的页面（即 HTML 文档）自动生成一个 document 对象，这样我们就可以通过 document 对象来操作页面中所有的元素了。

　　window 是浏览器为每个窗口创建的对象。通过 window 对象，我们可以操作窗口，如打开窗口、关闭窗口、浏览器版本等，这些操作又被统称为"BOM（浏览器对象模型）"。

　　document 是浏览器为每个窗口内的 HTML 页面创建的对象。通过 document 对象，我们可以操作页面的元素，这些操作又被统称为"DOM（文档对象模型）"。

　　由于 window 对象是包括 document 对象的，所以我们可以"简单"地把 BOM 和 DOM 的关系理解成 **BOM 包含 DOM**。只不过对于文档操作来说，我们一般不会把它看成 BOM 的一部分，而是看成独立的，也就是 DOM。

　　其实，在前面的章节中，我们就已经在大量使用 document 对象的属性和方法了，如 document.write()、document.getElementById()、document.body 等。这一章我们来系统学习一下 document 对象。

37.2　document 对象属性

document 对象的属性非常多，但是大多数都不常用，表 37-1 列出比较常用的属性。

表 37-1　document 对象常用的属性

属性	说明
document.title	获取文档的 title
document.body	获取文档的 body
document.forms	获取所有 form 元素
document.images	获取所有 img 元素
document.links	获取所有 a 元素
document.cookie	文档的 cookie
document.URL	当前文档的 URL
document.referrer	返回使浏览者到达当前文档的 URL

在表 37-1 中，有以下 3 点需要大家注意。

▶ document.title 和 document.body 这两个我们在"32.4 获取元素"一节已经介绍过了，此处不赘述。

▶ document.forms、document.images、document.links 这 3 个分别等价于下面 3 个，所以我们一般用 document.getElementsByTagName 来获取就行了，不需要记忆。

```
document.getElementsByTagName("form")
document.getElementsByTagName("img")
document.getElementsByTagName("a")
```

▶ cookie 一般在结合后端技术操作时用得比较多，document.cookie 单纯在前端中用得也不多，我们简单看一下就行。

下面我们来介绍一下 document.URL 和 document.referrer。

37.2.1　document.URL

在 JavaScript 中，我们可以使用 document 对象的 URL 属性来获取当前页面的地址。

▼ 语法

```
document.URL
```

▼ 举例

```
<!DOCTYPE html>
<html>
<head>
    <meta charset="utf-8" />
    <title></title>
    <script>
        var url = document.URL;
        document.write("当前页面地址是: " + url);
    </script>
</head>
<body>
</body>
</html>
```

浏览器预览效果如图 37-1 所示。

图 37-1　document.URL 获取当前页面地址

▶ **分析**

document.URL 和 window.location.href 都可以获取当前页面的 URL，但是它们也有区别：document.URL 只能获取不能设置，window.location.href 既可以获取也可以设置。

37.2.2　document.referrer

在 JavaScript 中，我们可以使用 document 对象的 referrer 属性来获取用户在访问当前页面之前所在页面的地址。例如，我从页面 A 的某个链接进入页面 B，如果在页面 B 中使用 document.referrer，就可以获取页面 A 的地址。

document.referrer 非常酷，因为我们可以通过它来统计"用户都是通过什么方式来到你的网站的"。

我们可以建立两个页面，然后在第 1 个页面设置一个超链接指向第 2 个页面。当我们通过第 1 个页面的超链接进入第 2 个页面时，在第 2 个页面使用 document.referrer 就可以获取第 1 个页面的地址了。小伙伴们可以自行在本地编辑器中测试一下，非常简单。

37.3　document 对象方法

document 对象的方法也非常多，表 37-2 中列出了比较常用的方法。

表 37-2　document 对象常用的方法

方法	说明
document.getElementById()	通过 id 获取元素
document.getElementsByTagName()	通过标签名获取元素
document.getElementsByClassName()	通过 class 获取元素
document.getElementsByName()	通过 name 获取元素
document.querySelector()	通过选择器获取元素，只获取第 1 个
document.querySelectorAll()	通过选择器获取元素，获取所有
document.createElement()	创建元素节点

续表

方法	说明
document.createTextNode()	创建文本节点
document.write()	输出内容
document.writeln()	输出内容并换行

表 37-2 中的大多数方法在前面的章节中已经介绍过了，这里我们顺便复习一下，可以用手遮住右边，看着左边，然后回忆一下这些方法的用途。

下面我们重点来介绍一下 document.write() 和 document.writeln()。在 JavaScript 中，如果要往页面输出内容，可以使用 document 对象的 write() 和 writeln() 这 2 个方法。

37.3.1   document.write()

在 JavaScript 中，我们可以使用 document.write() 输出内容。这个方法我们已经接触了多次，此处不赘述。

▼ **语法**

```
document.write("内容");
```

▼ **举例**

```
<!DOCTYPE html>
<html>
<head>
    <meta charset="utf-8" />
    <title></title>
    <script>
        document.write('<div style="color:hotpink;">绿叶学习网</div>');
    </script>
</head>
<body>
</body>
</html>
```

浏览器预览效果如图 37-2 所示。

图 37-2   document.write()

▶ 分析

document.write() 不仅可以输出文本，还可以输出标签。此外，document.write() 都是在 body 标签内输出内容的。对于上面这个例子，我们打开浏览器控制台（按【F12】键）就可以看出来了，如图 37-3 所示。

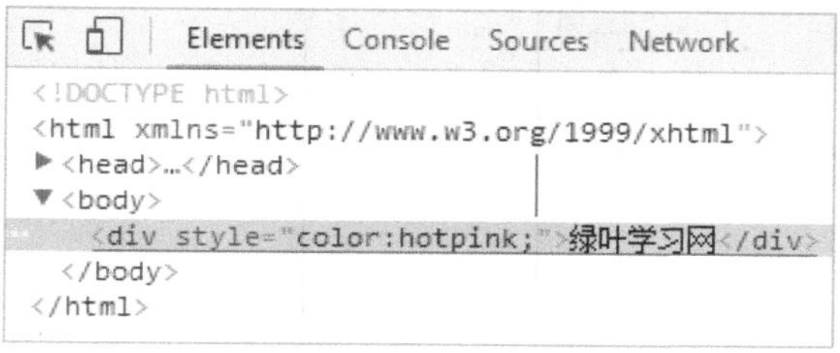

```
⌖ ⧉    Elements  Console  Sources  Network

<!DOCTYPE html>
<html xmlns="http://www.w3.org/1999/xhtml">
▶ <head>…</head>
▼ <body>
      <div style="color:hotpink;">绿叶学习网</div>
   </body>
</html>
```

图 37-3　控制台效果

37.3.2　document.writeln()

writeln() 方法跟 write() 方法相似，唯一区别是 writeln() 方法会在输出内容后面多加上一个换行符 "\n"。

一般情况下，这两种方法在输出效果上看不出有区别，但当我们把内容输出到 pre 标签内时，就可以看出它们之间的区别了。

▶ 语法

```
document.writeln("内容")
```

▶ 说明

writeln 是 "write line" 的缩写，大家不要把 "l" 写成字母 "i" 的大写，很多初学者容易犯这个错误。

▶ 举例

```
<!DOCTYPE html>
<html>
<head>
    <meta charset="utf-8" />
    <title></title>
    <script>
        document.writeln("绿叶学习网")
        document.writeln("HTML")
        document.writeln("CSS")
        document.writeln("JavaScript")
    </script>
</head>
<body>
</body>
</html>
```

浏览器预览效果如图 37-4 所示。

▶ 分析

我们把 writeln() 换成 write()，浏览器预览效果如图 37-5 所示。

图 37-4 document.writeln()

图 37-5 把 writeln() 换成 write()

从上面可以看出，writeln() 方法输出的内容之间有空隙，而 write() 方法输出的内容之间则没有。

```
document.writeln("绿叶学习网");
document.writeln("HTML");
document.writeln("CSS");
document.writeln("JavaScript");
```

上述代码其实等价于以下代码。

```
document.write("绿叶学习网\n")
document.write("HTML\n")
document.write("CSS\n")
document.write("JavaScript\n")
```

但是当我们把 writeln() 方法输出的内容放进 <pre></pre> 标签内，效果就不一样了。

▶ 举例

```
<!DOCTYPE html>
<html>
<head>
    <meta charset="utf-8" />
    <title></title>
    <script>
        document.writeln("<pre>绿叶学习网")
        document.writeln("HTML")
        document.writeln("CSS")
        document.writeln("JavaScript</pre>");
    </script>
</head>
<body>
</body>
</html>
```

浏览器预览效果如图 37-6 所示。

```
绿叶学习网
HTML
CSS
JavaScript
```

图 37-6　writeln() 方法输出的内容到 <pre></pre> 标签中

▶ 分析

writeln() 方法在实际开发中用得较少，我们简单了解一下就可以了。

【 最后的问题 】

1.　学完这本书之后，接下来我们应该学习哪些内容呢？

本书是 HTML、CSS 和 JavaScript 的基础部分，不过我相信已经把市面上大多数同类图书的知识点都讲解了。但是要想达到真正的前端工程师水平，仅凭这些是远远不够的，小伙伴们还得继续学习更高级的技术才行。

如果你使用的是"从 0 到 1"系列图书，那么下面是推荐的学习顺序。

《从 0 到 1：HTML+CSS+JavaScript 快速上手》→《从 0 到 1：CSS 进阶之旅》→《从 0 到 1：jQuery 快速上手》→《从 0 到 1：HTML5+CSS3 修炼之道》→《从 0 到 1：HTML5 Canvas 动画开发》→未完待续。

2.　为什么不把《从 0 到 1：CSS 进阶之旅》的内容合并到《从 0 到 1：HTML+CSS+JavaScript 快速上手》这本书中去呢？

《从 0 到 1：CSS 进阶之旅》涉及的都是实际开发项目或者前端面试级别的内容，难度比较大，而且内容也非常多，所以独立开来会更好。这样小伙伴们有一个循序渐进的学习过程，学起来也不至于走太多的弯路。

37.4　本章练习

单选题

下面有关 document 对象的说法中，不正确的是（　　　）。

A.　document 对象其实就是 window 对象的一个子对象

B.　document.URL 和 window.location.href 都可以获取当前页面的地址

C.　DOM 操作的大多数方法都是属于 document 对象的

D.　document.writeln() 跟 document.write() 是完全等价的

附录 A

HTML 常用标签

在 HTML 中，语义化是最重要的东西。学习 HTML 的目的并不是记住所有的标签，更重要的是在你需要的地方使用正确的语义化标签。

下面两个表都是一个非常有价值的表，它列举了 HTML 最常用的标签及其语义，我们可以很方便地记忆和查询。

表 A-1 常用标签

标签	英文全称	语义
div	division	区块（块元素）
span	span	区块（行内元素）
p	paragraph	段落
ol	ordered list	有序列表
ul	unordered list	无序列表
li	list item	列表项
dl	definition list	定义列表
dt	definition term	定义术语
dd	definition description	定义描述
h1~h6	header1~header6	1~6 级标题
hr	horizontal rule	水平线
a	anchor	锚点（超链接）
strong	strong	强调（粗体）
em	emphasized	强调（斜体）
sup	superscript	上标
sub	subscript	下标
table	table	表格
thead	table head	表头
tbody	table body	表身

续表

标签	英文全称	语义
tfoot	table foot	表脚
th	table header	表头单元格
td	table data cell	表身单元格
caption	caption	标题（用于表格和表单）
figure	figure	图片域（用于图片）
figcaption	figure caption	图片域标题（用于图片）
form	form	表单
fieldset	fieldset	表单域（用于表单）
legend	legend	图例（用于表单）

表 A-2 表单标签

标签	说明
\<input type="text" /\>	单行文本框
\<input type="password" /\>	密码文本框
\<input type="radio" /\>	单选框
\<input type="checkbox" /\>	复选框
\<input type="button" /\>	普通按钮
\<input type="submit" /\>	提交按钮
\<input type="reset" /\>	重置按钮
\<input type="file" /\>	文件域
\<textarea\>\</textarea\>	多行文本框
\<select\>\</select\>	下拉列表

附录B

CSS 常用属性

表 B-1　CSS 常用属性

字体样式	
font-family	字体类型
font-size	字体大小
font-weight	字体粗细
font-style	字体风格
color	字体颜色
文本样式	
text-indent	首行缩进
text-align	水平对齐
text-decoration	文本修饰
text-transform	大小写转换
line-height	行高
letter-spacing	字间距
word-spacing	词间距（只针对英文单词）
边框样式	
border	边框的整体样式
border-width	边框的宽度
border-style	边框的外观
border-color	边框的颜色
列表样式	
list-style-type	列表项符号
list-style-image	列表项图片

续表

表格样式	
caption-side	标题位置
border-collapse	边框合并
border-spacing	边框间距
图片样式	
width	图片宽度
height	图片高度
border	图片边框
text-align	图片对齐
float	文字环绕
背景样式	
background-image	背景图片地址
background-repeat	背景图片重复
background-position	背景图片位置
background-attachment	背景图片固定
超链接样式	
a:link{}	超链接"未访问"的样式
a:visited{}	超链接"访问后"的样式
a:hover{}	鼠标"经过"超链接的样式
a:active{}	鼠标"点击"超链接时的样式
cursor	鼠标外观
盒子模型	
width	宽度
height	高度
border	边框
margin	外边距
padding	内边距
浮动布局	
float:left;	左浮动
float:right;	右浮动
clear:both;	清除浮动
定位布局	
position:fixed;	固定定位
position:relative;	相对定位
position:absolute;	绝对定位
position:static;	静态定位

附录 C

JavaScript
常用方法

下面 4 张表列举了字符串、数组、时间、数学这几个对象的常用方法，以便小伙伴们记忆或查询。

表 C-1　字符串的方法

方法	说明
toLowerCase()	将大写字母转换为小写字母
toUpperCase()	将小写字母转换为大写字母
charAt(n)	获取第 n+1 个字符
substring(start, end)	截取字符串一部分，范围为 [start, end]
replace(原字符串，替换字符串)	用某个字符串替换字符串的某一部分
replace() 正则表达式，替换字符串)	用正则表达式替换字符串的某一部分
split(" 分割符 ")	把字符串分割成数组
indexOf(指定字符串)	查找子字符串的下标位置

表 C-2　数组的方法

方法	说明
slice(start, end)	截取数组某一部分，范围为 [start, end]
unshift()	在数组开头添加元素
push()	在数组结尾添加元素
shift()	删除数组第一个元素
pop()	删除数组最后一个元素
sort(函数名)	将数组元素大小排序
reverse()	将数组元素颠倒顺序
join(" 连接符 ")	将数组元素连接成字符串

表 C-3　时间对象的方法

方法	说明
getFullYear()	获取年份，取值为 4 位数字
getMonth()	获取月份，取值为 0（一月）到 11（十二月）之间的整数
getDate()	获取日数，取值为 1~31 之间的整数
getHours()	获取小时数，取值为 0~23 之间的整数
getMinutes()	获取分钟数，取值为 0~59 之间的整数
getSeconds()	获取秒数，取值为 0~59 之间的整数
setFullYear()	可以设置年、月、日
setMonth()	可以设置月、日
setDate()	可以设置日
setHours()	可以设置时、分、秒、毫秒
setMinutes()	可以设置分、秒、毫秒
setSeconds()	可以设置秒、毫秒

表 C-4　数学对象的方法

方法	说明
max(a,b,…,n)	返回一组数中的最大值
min(a,b,…,n)	返回一组数中的最小值
floor(x)	向下取整
ceil(x)	向上取整
random()	生成随机数
sin(x)	正弦
cos(x)	余弦
tan(x)	正切
asin(x)	反正弦
acos(x)	反余弦
atan(x)	反正切
atan2(x)	反正切

附录 D

常用的随机数

下面两个表是实际开发中最常见的随机数表达式，特别注意一点：Math.random() 生成随机数范围是 [0,1) 而不是 [0,1]（即不包含 1）。

表 D-1　随机任意数

范围	表达式
0~m	Math.random()*m
-m~0	Math.random()*m-m
n~m+n	Math.random()*m+n
-n~m-n	Math.random()*m-n

表 D-2　随机整数

范围	表达式
0~m	Math.floor(Math.random()*(m+1))
1~m	Math.floor(Math.random()*m)+1
n~m	Math.floor(Math.random()*(m-n+1))+n